1년 반 만에 북경대 청화대 입학하기

이채경 엄마가 들려주는
두 아이의 중국유학 성공 풀 스토리

과외, 홈스테이, 청강수업, 로컬학교 입학부터 북경대 · 청화대 입학까지

이채경 지음

어문학사

G2가 되어 버린 중국, 점점 다가오는 아시아시대에 발맞춰 중국유학을 하려는 분에게 자신에게 맞는 시스템을 만들어 유학에 임하시길 바라는 마음으로 저의 가족 유학 경험담을 적었습니다.

준비과정 없이 유학생활을 시작하면 열심히 공부하여도 목표점에 도달하기란 쉽지 않고 공부하는 중간에 우왕좌왕하며 헛된 시간을 보내기 때문입니다.

우리가 중국어를 배우고 중국문화에 적응하는 데도 올바른 시스템이 없이 하다 보니 늦거나 도태하기도 합니다. 모든 사람들이 본인에게 맞는 시스템을 개발 운영할 수 있다면 누구나 쉽게 중국어를 배우고 중국문화에 적응하는 데 시간을 절약하고 성공적인 결실을 얻을 수 있을 것이라고 생각합니다. 성공하는 이는 성공하는 시스템을 가지고 있고, 실패하는 이는 실패하는 시스템을 가지고 있습니다. 시스템 설정을 잘하고 그에 맞추어 습관을 들인다면 우리의 인생을 정말 멋지게 살아갈 것입니다.

　우리는 입으로는 성공을 말하면서도 습관은 실패하는 습관을 가지고 살아가고 있습니다. 나에게 맞는 시스템을 만드는 것에 전문가의 조언이 필요하며 맞다고 판단하면 아무리 힘든 과정이 가로막고 있다 하더라고 끝까지 믿고 헤쳐 나가는 인내가 필요하다고 생각합니다.

　중국의 면적은 남한의 100배, 남북한의 44배, 인구는 공식 인구로 26배 되는 나라입니다. 제가 감히 중국을 안다고 말하기는 어렵지만 대만과 홍콩생활을 하면서 중국과 중국인 그리고 중국문화에 대해 겪어 봤던 경험으로 어디를 가든 적응할 수 있다는 자신감은 가지고 있었습니다.

　홍콩생활을 하던 중 친정어머니께서 중풍으로 쓰러져 약 6개월 정도 심천에서 요양생활을 하셨습니다. 처음으로 중국대륙 생활을 하면서 중국병원과 중의, 안마의 필요성과 효험도 느꼈고 아직도 병원의 하드웨어와 소프트웨어가 다소 부족한 중국의 현실을 보면서 우리 아이들을 중국에서 한 분야의 전문가로 키워보겠다는 생각을 했습니다.

　저는 홍콩에 있을 때 중국유학생활을 위해 나름대로 준비를 했습니다. 23개 성 중 좋은 공립학교를 찾다가 학교는 물론 선생님과 학생 등 구성원이 좋은 곳, 학비가 저렴한 곳, 한국과 가까운 곳을 찾다 보니 그곳이 칭다오(靑島)였습니다. 칭다오에 대해서 파악하고 고등학교를 거쳐 대학에 진학하는 가장 빠른 길을 찾아보고, 중국문화에 가능한 빨리 적응하는 방법을 고민하고 준비한 결과 큰 어려움 없이 빠른 시간에 중국 생활에 적응할 수 있었고, 특히 아이들의 적응은 예상보다 훨씬 더 빨랐습니다.

이후 고등학교 과정을 무사히 마치고 두 아이가 청화대와 북경대에 한꺼번에 합격하니 저처럼 중국유학을 꿈꾸는 분들에게 희망의 메시지를 전달하고자 평범한 제가 이렇게 글을 쓰게 되었습니다.

북경대 입시를 위하여 북경에 올 때마다 상담과 조언을 해주신 북경니하오유학원 박현정 원장님, 북경고려입시학원 홍경미 원장님께 지면을 빌려 고마움을 표하고 싶습니다.

또 그동안 물심양면으로 지원을 아끼지 않고 응원을 해주신 남편께 감사드리고, 오늘이 있기까지 저를 따라 열심히 공부해준 딸과 아들에게 사랑의 마음을 전합니다.

차례

북경대·청화대 입학하기까지의 여정

북경대
백주년 기념당 앞

대만생활
↓
한국으로 귀국(아이 2명 모두 초등학교, 중학교 졸업)
↓
3년간의 홍콩생활(캐나다 국제학교 졸업)
↓
국제학교 다니면서 중간에 봄·가을 휴가 때마다 홈스테이를 함
↓
칭다오에서 7일간의 청강수업을 받음
↓
칭다오로 이사하기로 결정
↓
칭다오에서 두 달간 학원, 과외, 홈스테이 병행
↓
칭다오 A중학교에서 1년 2개월의 기숙사 생활
↓
입시를 위해 베이징으로 이사
↓
베이징의 입시학원에 등록
↓
북경대, 청화대 입학!

청화대

청화대 도서관 앞

중국유학 전

몸풀기 운동 I

01

홍콩에서 꿈꾸기 시작한 중국유학

대만에서 한국으로, 다시 홍콩으로…

한 사람의 아내로, 두 아이의 엄마로 살면서 3년간 대만에서 유학생활을 했습니다. 유학생활 동안 대만 문화와 중국어를 배웠고, 섬나라 특유의 인심과 풍습을 익혔습니다. 대만에서 생활하며 1992년 한국−대만의 가슴 아린 단교와 한국−중국 수교를 보았지요. 한중수교가 되던 그날 우리 집 창문으로 돌이 날아왔고, "한국인들은 수십 년간 이어온 우정을 하루아침에 짓밟는다"며 그렇게 대만 친구들과의 교류는 끊어졌습니다. 국가간의 인심도 세상 이치에 부합한다는 것을 목격한 것이지요.

그 후 우리 가족은 한국으로 돌아왔고, 두 아이들은 한국에서 초등학교와 중학교를 다녔습니다. 그러나 한국에서 생활한 지 10년 만에 남편이 홍콩 주재원으로 파견됨에 따라 남편과 함께 아이들과 저는 홍콩으로 떠나게 되었습니다.

아이 실력에 맞춘 적절한 학교 선택

홍콩 생활은 달콤하였습니다. 생활의 모든 것이 여성에게 편리하게끔 갖춰져 있어 여성 천국의 도시 같았습니다. 하루 24시간이 저를 위한 시간이라고 생각하기에 전혀 부족함이 없을 만큼 편리한 생활을 했습니다. 홍콩에는 광동 특유의 외식문화가 매우 발달해, 식사 후엔 쇼핑과 관광을 한 번에 할 수 있게 되어 있습니다. 소비자를 위한 서비스가 아주 세심하고 아기자기하게 잘 짜여 있는 것이지요.

하지만 홍콩에서의 즐거운 생활을 만끽하는 것도 잠시. 우선 아이들의 학교를 어떻게 할까가 문제였습니다. 홍콩에는 크고 작은 국제학교가 60여 개가 있습니다. 우리 아이들처럼 처음 국제학교를 다닐 경우에는 초보 위주로 커리큘럼이 구성돼 있는 캐나다 국제학교를 선택할 수밖에 없었습니다. 수준이 높은 학교는 필기시험과 인터뷰를 통과해야 하는데 그것을 통과하기란 쉽지 않았기 때문이지요. 아이들 수준에 맞는 학교를 선택해서 ESL 과정을 마치고 본 수업에 참가하더라도 이 학교가 제격이었기에 선택의 여지가 없었습니다.

국제학교에의 적응 그리고 또 다른 도전

말로만 듣던 국제학교 생활은 역시나 어려웠습니다. 아이들은 영어가 안 되서 수업 시간에 질문을 하지 않고, 학교 숙제를 하지 못해 선생님으로부터 '학교생활의 규칙을 지키지 않는다'는 레터를 받았습니다. 잠깐 충격을 받았습니다.

가족들이 홍콩에서 지내는 처음 1년 동안은 의사소통이 안돼 생활이 버거웠습니다. 처음 ESL 과정을 보낼 때만 해도'애들이 영어 벙어리라 학교 수업이 부담스러워 학교를 가지 않는다면 어떡할까?', '학교 숙제는 어떻게 할까?', '영어를 못하는데 교우관계, 사제관계는 자연스럽게 해 나갈까?'라는 등의 고민을 하면서 노심초사하는 시절을 보냈습니다.

하지만 6개월 정도 ESL 과정을 마치고 외국인 학생들과 수업을 하면서 자유로운 분위기에 차차 익숙해졌고, 그러면서도 규칙을 엄격히 지키는 아이들로 변화해 갔습니다.

규율은 엄격했습니다. 등교시간 지키기, 점심시간 이후 오후 수업시간 지키기 같은 사소한 규칙이었는데, 그것을 지키기란 쉽지 않았습니다. 이 학교는 큰 쇼핑몰과 함께 있어 점심시간엔 언제나 쇼핑몰에서 식사도 하고, 쇼핑도 할 수 있었기 때문이지요. 지각을 3번 이상 하면 정학이고, 5번 이상 하면 퇴학입니다. 너무나 자유로운 환경 속에서도 아이들은 규칙을 잘 지켜 나갔습니다.

아이들이 캐나다 국제학교를 마치기도 전에 우리 가족은 또

한 번의 중대한 결정을 해야 할 시기를 맞게 되었습니다. 그것은 남편이 홍콩 주재원 생활을 마치자마자 온 가족이 한국으로 귀국할 것인가, 아니면 아이들의 유학을 위해 기러기 가족이 될 것인가의 문제였습니다.

하지만 우리 가족의 선택은 단호했습니다. 아이들의 미래를 생각한다면 매우 간단한 문제였지요.

우려와 걱정 속에 선택한 중국유학

3년 동안의 홍콩 주재원 생활을 마치고 남편은 귀국길로, 저와 애들은 중국유학 길로 들어섰습니다. 아이들을 중국유학의 길로 이끌기로 결심한 데에는 주위의 우려는 물론, 다소 우여곡절도 있었습니다. 지인들 중 중국유학을 탐탁지 않게 생각하시는 분이 거의 대다수였고, 대부분 아이 교육은 미국이나 유럽 등 선진국으로 가야 한다고 말씀하셨지요.

그러나 이 주변의 모든 상황이 중국유학을 향한 저와 아이들의 꿈과 열정을 꺾을 수는 없었습니다.

남편 역시 대만 유학파로 중국에 대한 관심이 누구보다도 높았습니다. 중국에 관한 정보를 모으고, 애들과 대화를 나누면서 앞으로 세계 속 중국의 위치, 영향력 등에 대해 설명했습니다.

남편은 한국으로 귀국할 즈음, 마지막으로 아이들과 대화를 나누었습니다.

"앞으로 북경이 전 세계가 주목하는 도시가 될 것이고, 영어와 중국어가 동시에 필요한 시기가 도래할 거다."

남편은 중국에 대한 비전을 제시하며 중국어의 중요성을 알려 주었습니다. 또 어학실력을 갖춘 사람이 높은 연봉을 받을 기회가 많다면서, 중국어 공부에 관심을 갖도록 아이들을 독려했습니다.

"한국에서 영어를 잘하면 월급이 최소한 ○○○만 원 이상이 되고, 중국어만 잘하면 ○○○만 원이 되는데, 영어와 중국어를 모두 잘하면 그 합의 배가 된단다."

요즘 아이들은 경제관념이 똑 부러져서 모든 것을 연봉으로 따지니, 그 말에 더욱 솔깃해했습니다.

그리고 10대 때에는 발음 교정이 쉽고 이해력이 빨라 20대, 30대 때와는 달리 매우 빠르게 외국어를 습득할 수 있고, 노력 여하에 따라 여러 개의 강한 무기(언어)를 가지고 전공에 전념할 수 있다고 말했습니다.

중국행을 결심한 결정적인 이유

현재 한국의 교육 방식에 따른다면 10대에 배워야 할 과목 수는 매우 많습니다. 국어, 영어, 수학, 역사, 사회, 윤리, 가정, 가사, 기술, 생물, 물리, 화학 등. 모두 필요한 과목들이지만 고등학교를 졸업하기 전에 '외국어'란 무기를 하나 만들어 자유자재로 구사할 수 있다면 얼마나 좋을까요?

전 세계에서 가장 많은 지역에서 쓰는 언어인 영어, 그리고 전 세계에서 가장 많은 사람이 쓰는 언어인 중국어를 사용하면, 국제화 시대에 적합한 인재가 될 수 있을 것이 분명했지요. 이후 중국에 대한 지지도가 높은 신문, 잡지나 책을 읽으면서 중국유학의 결심을 굳혔습니다.

그간 대만, 한국, 홍콩 등을 오가며 쌓은 풍부한 외국 생활의 경험과 한국학교와 국제학교를 다니면서 익힌 어학실력을 바탕으로 하면 아이들도 새로운 유학생활에 크게 두려움을 느끼지 않을 것 같았습니다.

02

중국어, 이제부터가 시작이다!

중국어 감을 잡아주는 홈스테이 체험

사실 홍콩에서 국제학교를 다니며 영어를 공부하는 아이들에게 중국어도 배우게 하고 싶은 마음은 굴뚝같았습니다. 하지만 영어 벙어리 딱지를 떼기 시작한 지 얼마 되지도 않은 상황에서 중국어까지 시키기란 그리 쉬운 일이 아니었습니다.

홍콩 국제학교에서는 오전 8시 30분부터 오후 3시까지 영어로만 수업이 진행되고, 일주일에 1시간 중국어 과목이 편성되어 있었습니다. 아이들은 방과 후면 학교에서 거의 매일 농구, 축구를 하며 세계 각국에서 온 친구들과 사귀는 데 정신이 없었습니다.

재미있는 학교생활을 계속할 수 있도록 아이들을 배려하고 싶었지만 중국어에 대한 미련은 버릴 수 없었습니다. '앞으로 아이들이 자라 사회로 나갈 때쯤이면 영어도 잘해야겠지만, 중국어도 필수적으로 해야 할 것이다'라는 강한 믿음이 있었습니다. 그러기 위해서는 한 살이라도 어릴 때 기회를 만들어 주어야 했지요. 그래서 오랜 고심 끝에 홈스테이를 하기로 결정했습니다.

국제학교에서는 봄에 부활절 휴가 2주, 여름방학 10주, 10월 2주라는 긴 방학이 있습니다. 홍콩에 적응한 1년을 제외하고 봄, 가을 휴가 때마다 심천으로 가서 틈틈이 홈스테이를 하면서 중국어 공부를 시작했습니다. 배드민턴, 마작 등 중국인들이 좋아하는 놀이도 하게 하면서, 하루에 8시간 중국어를 배우도록 했습니다. 사실 공부만 힘들게 한다고 해서 능률이 오르는 것은 아니므로 운동과 놀이 등을 겸하게 했습니다. 중국어 공부는 영어보다는 빨리 적응한다는 생각이 들었습니다.

▶ 첫 번째 홈스테이-2004년 4월 10일~20일, 심천 남산구에서

첫 번째 홈스테이를 할 때에는 공부방법이나 시간 등에 대해 전혀 아무것도 몰랐고, 중국인 선생님도 처음 중국어를 가르치는지라 거의 아이들과 놀아주는 수준으로 중국어를 가르쳤습니다. 처음부터 큰 기대를 할 수는 없었지요.

선생님은 아이들이 호감 가는 분으로 선택하여, 중국어 선생이라기보다는 아이들의 언니로, 누나로 그리고 친구로 함께 지냈습니다. 선생님과 아침, 점심, 저녁식사를 함께 하면서 아이

들이 중국어를 반복 사용하도록 해, 말문이 저절로 트이는 식
으로 공부를 하게 했지요.

　이렇게 생활 속에서 익힌 실전 중국어는 어린 아이들에게 하
나씩 배워 익히는 외국어라기보다, 하나의 새로운 문화로 받아
들여졌습니다. 한국인 가정에서 이뤄지는 홈스테이였지만, 중국
인 가족과 함께 하는 홈스테이로 옮겨가는 중간 과정의 홈스테
이라고 봐도 과언이 아닐 만큼, 아이들은 중국인 선생님과 가
깝게 생활하며 중국어에 익숙해져 갔습니다.

　처음에 아이들은 싱가포르 2학년 어문 교과서 한 권을 외우
는 수준으로, 하루에 10시간 정도 중국어 공부를 했습니다. 한
시간은 공부, 한 시간은 배드민턴 치기, 한 시간은 자전거 타
기, 한 시간은 공부, 틈틈이 간식 먹기로 아이들이 지루하지
않게 스케줄을 짜주었습니다. 하루에 8시간을 중국인과 생활하
다 보니 10일 정도 내에 발음 및 성조뿐만 아니라, 얇은 교과
서 한 권으로 외우기, 쓰기, 듣기를 할 수 있었습니다.

　선생님 역시 홈스테이는 처음이었지만 책 한 권을 준비해두
고, 노는 방법에 대해서도 준비를 해두었습니다. 중학생과 어
울려서 노는 법, 운동하는 법, 학습 방법에 대해서 연구를 해
두었던 것입니다. 인도에서 오랫동안 생활하면서 영어를 할 줄
모르는 답답함에 대해 고민했던 적이 있었는지, 자신의 경험을
토대로 처음 중국어를 배우는 아이들에게 중국어를 한꺼번에
마구 들려주는 식으로 가르쳤습니다.

2004년도 기준으로 중국어 선생님 과외 비용은 한 시간에 10위안, 홈스테이 비용은 1인당 하루에 100위안 정도였습니다. 약 10일 정도 수업을 하고, 여가 시간에 공원에 놀다오기도 하면 총 7,000위안 정도의 경비가 소요되었습니다. 요즘은 하루 1인당 150위안, 한 시간당 30위안 정도면 되겠습니다.

중국인 홈스테이의 경우 비용은 한 달에 3천 위안 이내입니다. 하지만 홈스테이 비용은 지역마다 차이가 난다는 점에 유념해야 합니다.

▶ 두 번째 홈스테이－2004년 10월 15일~24일, 심천 동해화원에서

두 번째 홈스테이를 할 때에는 중국 상황이 아직 익숙지 않아 선생님 구하기가 참 힘들었습니다. 심천에는 사람들은 많았지만 상업지역이라 교육적으로 학원사업이 원활치 못해 학원 찾기가 힘듭니다. 또 민박집은 많았지만 홈스테이를 하는 집 역시 구하기가 어려웠습니다. 그래서 그때에는 선생님을 구하지 않고, 또래 중국 아이들을 소개해 주었습니다.

하루에 3~4시간 정도 마작과 같은 놀이를 하며 중국 아이들과 노는 법을 배웠는데, 이때 놀아주었던 중국 아이들은 안마소 아이들이었습니다.

교재는 홍콩 국제학교에서 배우는 교과서를 위주로 하였고, 10일 정도 안에 모두 배울 수 있도록 예습 시간을 가졌습니다.

선생님 없이 중국어 공부를 했지만 결과는 만족스러웠습니다. 홍콩으로 돌아와 중국어 시험에서 1등을 하였고, 중국어 수업도 1, 2, 3, 4단계에서 가장 높은 1단계 수업을 선택할 수 있었습니다.

▶ 세 번째 홈스테이-2005년 12월 23일~2006년 1월 15일

세 번째 홈스테이 때에는 친정어머니가 중풍 때문에 심천에 계셨기에 아예 집을 얻기로 했습니다. 3개월씩 집을 빌려주기를 꺼리는 집주인에게 어머니의 사정을 설명하면서 겨우 집을 얻었지요.

선생님은 한국인이 거주하는 동해화원이란 곳에 거주하면서 구했습니다. 한국 아주머니를 통하니 선생님 구하기가 비교적 쉬웠으나, 교육비는 시간당 30위안 정도로 저렴하지 않았습니다. 가르치는 수준은 이전보다 훨씬 좋았으나 아이들이 중국어를 배우려는 의지가 떨어져 이전보다 효과는 별로 좋지 않았습니다.

지금 후회하는 점이 있다면, '그 당시 왜 중국인 집에서 홈스테이를 시작하지 못했을까?'라는 점입니다. 중국인 홈스테이를 했다면, 중국 음식이나 문화를 바로바로 접하면서 중국식 사고방식으로 중국어를 한 번 더 듣고 말하고 배울 수 있었을 텐데 말입니다. 만약 중국에 거주하고 있다면, 중국인 집에서 홈스테이 하는 것을 추천하고 싶습니다.

차차 시간이 흐르면서 아이들은 홍콩 국제학교의 중국어 수업에서 수위를 차지해, 선생님들의 귀여움을 독차지하며 자신감을 얻어갔습니다.

중국어와 영어 공부의 병행

휴가가 끝나면 홈스테이도 끝나고 다시 국제학교 수업이 시작됩니다. 아이들은 중국어에 익숙해지기 전에 또 다시 영어와 친숙해져야 했습니다. 국제학교에서는 인터넷으로 하는 숙제가 많아서 아이들은 저녁에 2시간 이상은 컴퓨터와 씨름을 했습니다.

영어는 그날그날의 복습과 숙제를 해야 합니다. 가끔 숙제하는 중에 몰래 메신저를 해 시간을 허비하는 아이를 보며, 때론 나무라기도 하고, 가슴앓이도 많이 했습니다. 영어 실력이 생각보다 늘지 않는 데 대한 불안감으로 아이들을 채찍질한 것이지요.

다행스럽게도 3년간 홍콩 국제학교에 다니며 아이들의 영어 실력이 기대에는 미치지 못했지만, 일정 수준에는 도달했던 것 같습니다. 영어로 수필을 쓰고, 파워포인트 작업을 하여 수업 시간에 발표를 하고, 친구들과 재미있게 떠들며 놀 정도는 되었으니까요. 그리고 무엇보다 한 살이라도 어린 나이에 영어에

대한 두려움을 떨칠 수 있었다는 것과 영어의 기초를 다져놓았
다는 데서 다소 안심하였습니다.

유학생활 동안 해야 할 한국 엄마의 역할

네 식구는 홍콩에서 살아남기 위해 각자 자기가 맡은 바 일
을 빠짐없이 해냈습니다. 아이들은 공부로, 남편은 업무로, 저
는 가사 일을 하는 것과 홍콩사회를 알아가는 것. 그 외에도
아이들 수업을 보충하기 위해 홍콩대학이나 중문대학의 대학생
을 면접 보면서 과외선생을 알아보는 것까지 바쁜 시간을 보냈
지요.

우리 가족이 살던 아파트에는 홍콩인, 일본인, 인도인, 한국
인이 어우러져 살고 있어 다국적인 맛을 느낄 수 있었던 곳이
었습니다. 특히 일본인이 30~40% 이상 살고 있었습니다. 1년
에 한 번씩은 자기 나라를 알리는 시간도 갖곤 했었지요. 그래
서 한국어를 가르치는 침례대학에 가서 한국을 알리는 방법도
눈여겨봤습니다. 외국에서 한국을 알리는 방법을 알아야, 저
역시 자연스럽게 제가 한국인이라는 점과 한국이라는 나라를
주변 이웃에 알릴 수 있을 것 같았기 때문입니다. 유학생활 동
안 엄마는 만능인이 돼야 한다는 걸 처음 깨닫게 되었지요.

홍콩 아줌마들의 무서운 어학교육열

홍콩 생활을 하면서 유명 시사주간지 아주주간이나 그 외의 월간지에 실린, '날로 새로워지는 중국의 비전', '중국화폐가치의 상승', '점점 늘어나는 외환보유고' 등의 중국 관련 기사로 세상의 변화를 읽기 시작했습니다.

또 『10년 후 중국』, 『미국에 도전하는 중국』, 『부의 미래』, 『세계를 움직이는 축』 등 한국에서 쏟아져 나오는 중국에 관한 책들을 많이 봤기 때문에, 서툰 중국어와 영어 실력이었지만 기사의 헤드라인만 보고도 미래 중국기업의 위상을 가늠할 수 있었습니다. 중국어 교육이 더욱 시급하게 느껴졌지요. 특히 이런 생각은 동남아 지역을 여행하면서 더욱 강해졌습니다. 1997년부터 시작하여 홍콩, 인니, 싱가포르, 말레이시아, 베트남, 태국을 여행하면서 느낀 것이지요. 동남아 쪽에는 중국어가 통하지 않는 나라가 없었으니까요.

중국으로 유학가기 전, 최적의 교육 지역을 찾기 위해 홍콩과 가까운 마카오, 주하이, 심천을 방문했습니다. 그곳에서 홍콩과는 다른 문화, 습관의 차이를 느꼈고, 중국의 북방문화와 남방문화를 비교하게 되었습니다. 대만과 홍콩, 심천 생활을 통해서 중국이라는 한 나라 안에 존재하는 대만, 홍콩, 심천(중국), 마카오(과거 포르투갈 식민지)의 4개국 체제를 체험할 수 있게 된 것이죠.

그 기간 동안 특히 주목한 것은 대만과 홍콩 여성들의 외국어 교육법이었습니다. 대만과 홍콩은 보통 한 가정에서 중국어 표준어, 광동어, 영어, 일어 혹은 프랑스어 등 4개 언어를 구사하고 있었습니다.

제가 만난 어떤 홍콩 아줌마의 집에서는 평소 광동어를 사용하는데, 4월과 10월 2주의 방학 동안에는 중국대륙으로 아이들을 청강수업 보내는 일들이 일상적으로 이뤄지고 있었습니다. 이런 일들이 생활의 일부분이 된 만큼 아이들이 받는 문화적 충격은 최소한으로 줄어들 수밖에 없었고, 부모가 원하는 언어교육은 자연스럽게 이뤄지고 있었던 것입니다.

또 주말마다 2시간씩 일어나 불어 교육을 시킵니다. 말문이 트일 때까지 꼬박 4년을 기다려주는 엄마의 인내심을 보았습니다. 주말마다 4시간씩 가르치는 외국어는 4년 이상이 되면 말문이 트이고 귀가 뚫린다고 합니다. 2주간 갔다 오는 중국대륙의 청강수업은 2번 이상만 다녀오면 말문이 트인다고 했습니다. 제가 알고 지내는 홍콩 가정은 대부분 이런 과정을 거쳤습니다.

또 어떤 국제결혼을 한 가정에서는 엄마는 한국어를, 아빠는 이태리어를, 학교에서는 영어를, 제2외국어로는 중국어를 자녀에게 가르쳤습니다. 현재 그 아들은 29세로 이태리에 위치한 다국적 기업에서 일하는데, 4개 외국어를 모두 구사하면서 업무수행능력도 인정받는 것을 보았습니다.

그 홍콩 아줌마와의 만남은 저를 본격적인 중국유학의 길로 접어들게 한 커다란 계기가 되었습니다.

국제학교는 어떤 학교인가요?

▶ 국제학교는 영어를 사용하여 수업하는 학교로 인터내셔널 학교와 같은
용어입니다. 홍콩이란 조그만 도시 국가에서 국제학교가 초, 중, 고등
학교를 합쳐 60여 개 정도 있습니다.

국제학교는 어떻게 나뉘어 있나요?

▶ 영어 수준에 따라 국제학교에 입학할 수 있습니다. 국제학교는 나라별
(일본, 프랑스, 독일, 싱가포르, 미국, 캐나다, 유럽 등)로 나뉘어 있습
니다. 홍콩에선 가장 좋은 국제학교가 HKIS(Hongkong International
School)이며, 그 외에 CIS(중국), JIS(일본), FIS(프랑스), GIS(독일),
AIS(미국), DOC(Delia Of Canada), KIS(한국), SIS(싱가포르), ESF(영
국) 등이 있습니다

국제학교에 입학하는 학생들은 어떤 학생인가요?

▶ 대부분 주재원 가족으로 영어뿐만 아니라 스포츠나 악기 등을 다양하
게 잘하는 학생들이 많습니다.

국제학교에서는 수업을 어떻게 진행하나요?

▶ 국제학교에서는 한 반에 보통 20여 명 내외가 수업을 받습니다. 수업
시간마다 한 사람씩 발표를 해야 하는 부담감이 있어서, 영어 벙어리
인 아이들이 받는 스트레스는 큽니다.

　하지만 커리큘럼이 학생들의 흥미를 끌도록 구성되어 있어 영어를
배우면서 친구도 사귀고, 스포츠 교류도 할 수 있어 많은 도움이 됩니
다. 또 좋은 학교일수록 학기 중에 학년별로 해외여행을 다니거나 극
기 훈련을 하러 다니기도 합니다.

국제학교에 입학할 때 특별히 어떤 점에 유의해야 하지요?

▶ 부모 중 워킹비자가 있어야 하고, 기숙사가 없으므로 부모와 함께 생활하는 것을 원칙으로 합니다.

또 국제학교를 다니면서 방과 후 활동이 필수적이므로 취미나 특기 등을 정확히 밝혀야 합니다. 이는 나중에 취미활동이나 체육 성적에 포함됩니다. 만약 악기 중 피아노를 친다면 몇 급인지, 수영이라면 100미터에 몇 분인지, 모든 것이 기록으로 명확히 나와야 특기나 취미로 인정합니다. 봉사활동의 경우에도 느낀 점을 쓰지 않으면 인정이 안 되는 경우가 있습니다. 느낀 점을 학술지나 학교에 제출해서 인정을 받아야 하는 제도가 정착이 되어 있습니다.

국제학교 학비는 어느 정도인가요?

▶ 홍콩은 학교별로 학비 차이가 납니다. 1년 10개월 기준으로 명문 학교는 13만~15만 위안 정도입니다. 영국학교의 경우 당시 영국정부의 보조가 있어서 10만~12만 위안 정도였습니다. 그 외에 학비가 저렴한 학교는 7만~8만 위안 정도였습니다.

국제학교 수업이 끝나면 주말이나 휴일에는 어떤 활동을 하나요?

▶ 홍콩에서 자란 한국 아이들은 토요일마다 한국국제학교에서 한국어, 국사 수업에 참가합니다. 우리 아이들의 경우에는 그 수업에 참가하지 않고 주말에도 검도와 스포츠 교류에 힘을 쏟았습니다.

제2부
중국유학 전 몸풀기 운동 II

01

내 자녀만을 위한 교육정보를 검색하라

최적의 유학 지역을 탐색한다

아이들의 중국유학을 생각하면 수도인 북경으로 가는 것이 당연한 듯 보였습니다. 하지만 북경에는 이미 한국 유학생의 절반이 몰려 있었습니다. 또 고등학교에서는 국제부란 이름을 내걸고 외국인 학생들만 따로 모아 수업을 받게 하고 있었습니다. 한국 학생들이 대부분이지요. 또 고액의 학비를 받고 있는 등 중국어를 배우는 환경으로는 그다지 적절치 않다고 생각했습니다. 물론 아이들이 대학에 진학할 때면 북경으로 입성해야겠지만, 고등학교 과정은 지방에서 마치는 것도 좋겠다는 생각이 들었습니다.

그래서 심천을 시작으로 칭다오까지 여행하면서 홍콩 인근의 도시들을 세밀하게 돌아보고 최적의 유학 지역을 찾기 시작했습니다. 먼저 홍콩 인근의 광동성 심천(深圳), 주하이(珠海),

후이저우(惠州) 등지를 살펴보기로 하였지요.

▶ 심천

심천은 중국정부가 홍콩의 자본과 기술 도입을 겨냥하여 개방한 중국 최초의 개방 도시 중 하나입니다. 1979년 초 개방 이후 인구가 20여 년 만에서 1천만 명으로 가파르게 증가하는 등 중국 그 어느 도시보다도 빠르게 발전해 왔고, 지금도 발전하고 있는 신흥 도시입니다. 교육, 예술, 문화 방면의 발전은 경제발전의 속도에 비해 다소 뒤쳐진 느낌이 있으나, 생동감 넘치고 매력 있는 도시입니다. 인구비율이 남자 100에 여자 140 이상 되는 곳으로, 전국에서 유입되는 인구가 많으며 쇼핑, 안마, 먹거리 등 소비문화가 발달되어 있습니다. 교육환경을 살펴보면, 심천대학이 있지만 중국유학 지역으로서는 많은 호감을 느끼지 못했습니다.

▶ 주하이

주하이는 심천과 함께 개방된 도시로, 마카오와 가장 가까운 도시입니다. 곧 홍콩과 이어지는 다리가 생긴다는 이유로 부동산 가격이 치솟고 있는 도시이며, 인구 400만 명이 거주하고 있습니다. 79년 심천과 개혁개방을 동시에 했지만 여기는 IT산업만 받아들임에 따라 유해환경이 없는 업체만 선정해서 아주 깨끗하고 안정된 도시로 알려져 있습니다. 북경대, 중산대 등 7개의 중국 유명대학 분교가 밀집한 대학성(大學城)이 있어 교육지역으로서는 좋은 환경입니다.

▶ 후이저우

후이저우는 네덜란드인들이 많이 들어와 거주하여 석유화학단지로 성장하는 아주 깨끗한 도시입니다. 국제학교가 설립되는 중이었습니다.

▶ 산토우와 쟝먼

산토우(山頭)와 쟝먼(江門)은 재생산업(폐수지)이 발달하여 부자가 많은 도시이지요. 개혁개방 이후 세계 각지의 쓰레기를 매입하여 재생산 수출하는 도시로, 방문할 때마다 재생산되는 품목을 보면서 얼마나 놀랐는지 모릅니다. 특히 다국적기업의 비닐 포장지는 모두 여기서 만들어지는 것 같았습니다.

▶ 마카오

　마카오 역시 좋은 교육 도시였습니다. 카지노를 포함한 유해환경도 있었지만, 해외가족여행 시대에 마카오 역시 빼놓을 수 없는 교육의 한 도심이었습니다. 취업률도 좋았으나 아이들과 생각했던 전공이 달라 마카오는 처음부터 배제를 하였습니다.

▶ 칭다오

　저는 날씨가 따뜻한 남방을 좋아했으므로 주하이에 있는 고등학교를 방문해서 교장 선생님은 물론 학교 아이들도 만나보았습니다. 저렴한 학비도 마음에 들었고, 교민 수도 그리 많지 않아 중국어 공부하기에 알맞다는 생각이 들었지만, 표준어도 모르는데 광동어를 먼저 배우지나 않을까? 하는 고민도 했습니다. 단점은 서울로 오가는 교통이 불편했습니다. 꼭 홍콩을 들러야만 하고, 비행시간 등을 계산해 봐도 곤란한 점이 많았지

요. 그래서 홍콩을 통해 남방인 광동성 여행을 하면서, 동시에
북방지역도 알아야 된다고 생각했습니다. 광동성의 도시인 남
방이 금융이나 비즈니스의 도시라면, 북방지역은 정치, 경제,
교육의 도시라 할 수 있습니다. 한국과 비슷한 날씨, 서울과
가까운 거리, 북경과 가까운 곳으로 선택하기엔 칭다오가 가장
좋았습니다.

칭다오는 우리나라와 가장 가까운 산동성의 동쪽 항구도시
로, 옛날에 산동성에서 닭이 울면 인천에서 들을 수 있다고 했
다는 곳입니다. 우리나라 기업들도 가장 많이 진출해 있고, 북
경, 상하이에 이어 우리나라 사람이 가장 많이 살고 있는 곳이
기도 하지요. 무엇보다도 깨끗한 도시환경, 좋은 학교, 훈훈한
인심이 교육 환경으로서는 가장 적합한 조건으로 보였습니다.

저는 서슴없이 칭다오(靑島)를 아이들 중국유학의 시발점으
로 삼기로 결심했습니다.

내 자녀에게 꼭 맞는 중국학교는 어디일까?

중국 고등학교 내에 있는 국제부 대부분의 학생은 한국 학생
이 많았습니다. 칭다오에는 23개 중국학교 내에 국제부가 있었
습니다. 대부분 한국 학생들끼리 수업을 받고 있어서, 제가 생
각한 중국어 학습 환경에 적합하지 않았습니다.

물론 중국에 오자마자 바로 중국 로컬학교에서 공부하려면

적응하기가 매우 어렵습니다. 중학생이나 고등학생 이상은 더욱 그러합니다. 하지만 제가 본 국제부의 교육 환경에 만족할 수 없었습니다. 더군다나 한국 학생들은 그들의 중국어 실력 수준에 맞지 않는 수업을 받고 있다는 생각이 들었습니다. 중국에 온 지 얼마 되지 않은 학생들이건, 그 외 학생들이건 중국어 실력 차에 별 상관없이 수업을 받고 있었던 것이지요. 중국어 실력 배양에는 도움이 되지 않을 것 같았습니다.

중국학교 국제부 외에도 한국국제학교도 고려할만한 학교 중의 하나였습니다. 한국국제학교는 영어부와 중국어부로 나뉘어 있습니다. 영어부는 영어를 위주로 공부하면서 한국대학 특례를 준비하고, 중국어부는 중국 대학을 목표로 공부하고 있었습니다.

저는 내 아이에게 가장 적합한 환경의 고등학교는 어디가 좋을까 고민했지요. 한 가지 기준을 세웠습니다. 우리 아이들에겐 단순히 어학만을 익히는 것이 아니라, 또래 중국 학생들과 어울리면서 중국인들의 습관을 몸소 체험하고, 24시간 중국의 생활문화에 젖어 중국식 사고를 해보는 시간을 갖는 것이 중요했습니다. 중국 학생들과 함께 하는 기숙사 생활, 중국학교를 다니는 것 외에는 생각할 것이 없었지요. 본토로 온 이유는 오직 중국이란 바다에 푹 빠져보는 것이었습니다. 한국, 홍콩의 생활을 경험한 아이들로서는 갑자기 중국 음식을 먹고, 중국식으로 생활해야 한다는 상황이 무리였을 겁니다. 하지만 인생의 1, 2년 정도를 투자해 중국을 체험해보는 것은 꼭 필요하다는 판단이 섰기에, 그러한 결정을 내리는 데 어떤 망설임이나 주저함이 없었습니다.

유학 관련 정보를 얻을 수 있는 노하우!

중국유학을 준비할 때 daum, naver, Yahoo, google 등 정보를 얻을 수 있는 사이트가 무척 많습니다. 제가 주로 정보를 수집하던 경로는 다음과 같습니다.

일단 중국유학 사이트 5개 정도를 찾아다니면서 전체 개괄적인 정보를 얻은 다음, 선택한 지역의 카페에 가입을 합니다.

▶ 저는 주로 daum 카페를 이용했습니다. 공부방법이나 진로 선택 그리고 학교나 학원 알아보기, 집 구하기, 물가 조사하기, 식당 찾기 등 필요한 정보들을 일괄적으로 찾을 수 있어서, 카페는 종합 안내서나 다름없었습니다.

그 다음엔 직접 오프라인상의 정보를 얻으러 다닙니다.

▶ 우선 발품을 팔아 유학원 10곳 정도만 다니면 유학의 장단점과 그림을 스스로 그려볼 수 있게 됩니다. 처음엔 유학에 관하여 질문할 것이 없지만, 이곳저곳을 다니며 유학원 원장님의 생각을 듣다 보면 같은 생각을 가진 분도 있고, 전혀 생각이 다른 분도 있다는 것을 알게 됩니다. 하지만 결국 목표의 꼭짓점은 하나, 중국유학 성공이라는 것도 알게 됩니다. 그 목적지에 다다르는 방법이 다를 뿐이며, 내 아이에게 어떤 방법을 어떻게 접목을 시켜야 하는지만 알면 되는 것이지요.

수시로 카페와 유학원 홈페이지 등 온라인상의 정보를 수집합니다.

▶ 저는 홍콩에서 하루 평균 3~4시간 정도 카페와 유학원 홈페이지를 리서치 했습니다.

가장 힘들었던 것이 글의 사실 여부를 검증하는 일이었습니다. 주관성과 객관성을 판단하는 것이지요. 펌글도 많지만 다른 사람들의 경험을 자기 것인 양 작성해 전혀 신빙성 없는 글도 많았습니다. 조금이라도 시행착오를 덜 겪기 위해 카페 활동을 통하여 혼자서 이것저것을 고민하고, 정보를 찾고 기준을 세우는 데 많은 시간을 들였습니다.

〈중국유학정보 관련 사이트〉

북경유학생의 모임 http://cafe.daum.net/studentinbejing

북경학부모모임 http://cafe.daum.net/hao21

중국영어마을 http://cafe.daum.net/woaiyingyu

중국여행동호회 http://cafe.daum.net/chinacommunity

칭다오 도우미 카페 http://cafe.daum.net/qingdao77

청도대학 CLS www.cls.or.kr

기러기 아빠/엄마들의 쉼터 http://cafe.daum.net/4wildgoose

엄마의 밀착 코치

　카페를 이용할 땐 온라인, 오프라인을 잘 활용해야 합니다. 저는 카페를 리서치 할 때 온라인상으로만 열심히 정보를 교류하고, 오프라인에서는 만남을 자제했습니다. 오프라인을 이용하다 보면 너무 많은 시간을 투자해서 효율도 떨어지고, 온라인상에서만큼 많은 정보를 얻기가 어려워 기대가 와르르 무너지는 경우도 있습니다. 사생활에 침해를 받는 경우도 생깁니다.

02

자녀를 중국학교에 잘 적응시키는 법

말에게 소금을 먹여라

아이들은 처음에 중국유학에 대해 거부반응을 보였지요. 홍콩에서 국제학교를 다니면서 중국 학생들이 거의 자기 위주로 생각하고, 남의 말을 듣지 않고, 마치 버릇없는 소황제처럼 행동하는 것을 보았던 터라, 아이들의 눈에 비춰진 중국 학생들에 대한 인상은 그리 좋지 않았던 것 같습니다.

하지만 아이들이 버릇없고, 독선적이며, 이해심 없는 중국 학생들에 대해 미리 파악(?)해 두었으니, 직접 몸으로 부딪히며 중국을 체험하는 것이 괜찮겠다는 생각이 들었습니다. 일단 머릿속으로만 생각하는 중국보다는, 직접 경험하는 중국으로 다가가게 하는 게 중요했습니다.

결국 아이들과 대화에 대화를 거듭하여 칭다오에 가서 홈스테이를 하며 중국학교를 경험해 보는 것으로 결론을 지었지요.
아이들과 함께 칭다오로 출발했습니다. 그때가 저의 다섯 번째
칭다오 방문이었습니다.

중국유학을 한참 고민하던 때, 시행착오를 겪을 것이 있다면
미리 가서 겪어야겠다는 생각에 1년 전부터 봄, 여름, 가을, 겨
울, 네 차례에 걸쳐 칭다오를 다녀왔습니다. 학교도 둘러보고,
선생님의 상담도 받고, 칭다오에 사는 우리 한국인들의 생활상
등도 살펴보았지요. 칭다오 고등학교로 가면 아이들이 직접 중
국 학생들과 사귀고, 같이 공부하며 중국문화에 친숙해질 수
있겠다는 기대를 했습니다. 하지만 아이들은 거부감을 보였지
요.

말을 우물가에 데리고 갈 수는 있지만, 물을 먹일 수는 없는
노릇입니다. 그래서 우물가로 데려가며 소금을 조금씩 치는 방
법으로 택한 것이 중국 고등학교 청강수업이었습니다. 아이들
은 엄마의 이벤트에 머리를 절레절레 흔들며 반대하였지만 그
래도 강행해 보았습니다.

중국의 명문 고등학교, 칭다오 A中

중국에 고등학교가 수없이 많지만, 그 많은 학교 중에 저희
는 칭다오 A中을 선택하였습니다.

제가 선택한 학교는 공부를 위주로 하는 학교로, 중카오(中

考, 고등학교 입학시험)를 치러야 입학할 수 있습니다. 학생들은 점수별로 학교를 선택할 수 있습니다. 한 학년 당 940명 정도로 한국 학생이 6~8명 정도 있었습니다. 한국 학생 역시 고등학교 시험을 치러야 올 수 있는 명문 고등학교였습니다. 한 반에 학생 수가 30~40여 명 정도인 사립학교에 비해서 60여 명 정도로 많지만, 전통이나 학교 시설 등에선 아주 좋은 환경이었습니다. 또 학비가 저렴하고, 중국 학생 중 성적이 우수하거나 명문가의 자녀들과 함께 생활할 수 있습니다.

칭다오 A中 또한 국제부가 있었습니다. 하지만 그 당시의 국제부는 중국 학생들만을 위한 국제부로, 기숙사나 모든 생활이 중국 학생들 위주였습니다. 더군다나 영어를 위주로 공부하였고, 원어민 선생님이 7명 정도 더 있다는 것 외에는 특별한 상황이 없었습니다.

저는 먼저 칭다오 A中에 편지를 썼습니다.

'홍콩에 거주하고 있는 한국인 유학생 엄마입니다. 칭다오 A中이 너무 좋다는 소문을 듣고 우리 아이들의 청강수업을 신청하오니 허락해주시기 바랍니다'라는 식으로 편지를 보냈지요. 그리고 일주일 후에 학교로부터 허락한다는 통지를 받았습니다.

칭다오 A中 교장 선생님은 아이들의 청강수업에 흔쾌히 동의해 주셨습니다.

아이들은 홍콩 국제학교의 부활절 공휴일 2주를 이용해 4월 중순경 칭다오로 가서 중국 학생들과 어울리는 시간을 일주일

정도 가졌습니다.

중국의 고등학교는 한 반에 60명이 함께 수업을 듣고, 거의 한국과 비슷한 주입식 교육을 했지만, 발표 시간에 학생들의 의견은 아주 날카로웠습니다. 60명 중 6명 정도는 1년에 한두 번 해외여행을 다녀 영어를 잘하는 학생이 있었습니다. 또 예의가 바르며, 외모도 아주 단정한 학생들이 있는 반면, 잘 씻지 않는 학생들도 있었지요.

학교수업 외에도 집으로 푸다오 선생님을 불러 가르치고, 심천에서 홈스테이를 하고, 홍콩 국제학교에서도 일주일에 한 번씩 중국어 수업을 하는 등 중국어에 몰입할 수 있는 환경을 만들어주었습니다.

하지만 칭다오 A中에서의 청강수업은 완전한 벙어리, 귀머거리 수업이었습니다. 중국 학생들과는 간간히 영어로 대화를 나누는 정도에 그쳤습니다.

칭다오 고등학교의 본격적인 청강수업

▶ 첫날 청강수업

막상 중국어를 잘 못하는 아이들을 고등학교에 보내려고 하니 제가 다시 유치원생 학부모가 된 듯했습니다.

아침 6시에 아이들을 깨워, 7시에 아이들과 함께 학교에 갑니다. 아이들이 정규수업을 마친 후 자습 1시간을 더하고 하교하는 시각이 오후 5시입니다. 그때 교문에서 아이들을 만나 홈스테이 숙소로 돌아옵니다.

첫날 하루 종일 벙어리, 귀머거리 생활을 하고 돌아온 우리 아이들은 마치 동물원 원숭이를 보듯 자기들을 신기하게 바라보는 중국 학생들 속에서 겪은 학교생활을 얘기해 주었지요.

수업은 아무것도 들리지 않았지만, 그래도 점심시간에 학교에서 제공하는 식사는 생각보다 잘 먹었답니다. 사실 중국학교 급식은 정말 먹기가 쉽지 않습니다. 느끼하고, 청결하지도 않아 어지간한 비위로는 먹기 힘듭니다. 다행히 음식에는 잘 적응하는 것 같았습니다. 둘째 아이는 체육시간에 달리기와 축구를 잘해서 박수도 많이 받았다고 합니다.

그렇게 청강수업 첫날은 나름대로는 좋은 출발로 시작하는 듯했습니다.

▶ 3~4일째 청강수업

청강수업은 금요일부터 다음주 목요일까지 모두 6일간이었습니다. 중국의 일반 사립학교는 주5일 수업이었지만, 공립학교는 주6일 수업입니다.

이 학교에서는 60명 학생 중 2명의 한국 학생이 무엇을 하든지 별로 상관하지 않아 수업시간에 졸기도 하고 눈치껏 놀기도 했다고 합니다. 하지만 하루 종일 거의 아무것도 하지 않고 벙어리, 귀머거리로 생활하니 얼마나 힘들었을까요.

아이들은 하루 빨리 홍콩으로 돌아가고 싶어 했습니다. 3일 차 월요일은 학교 가기 싫다고 했습니다. 한국 학생들이 없는 학교가 너무 힘들다면서. 4일차에는 중국어가 배울만하다는 반응을 보이기는 했으나 역시 또 한국에 가고 싶다고 하더군요. 저는 사과나무가 견실해도 때가 되어야 열매가 열리듯 계획한 바는 채우고 이루어야 다음을 기약할 수 있다고 달래었습니다.

▶ 마지막 날 청강수업

드디어 6일차 목요일 마지막 날이 되었습니다.

금요일 하루 쉬고 토요일에는 홍콩으로 돌아가야 하는데, 아이들이 중국에서 공부하는 것이 싫다고 하면 아빠랑 함께 한국으로 돌아갈 수밖에 없었습니다. 부모가 아무리 중국유학을 권유해도 아이들 스스로 싫다고 하면 아이들의 선택을 존중할 수밖에 없는 것이니까요.

그런데 마지막 날 학교를 다녀온 후 아이들의 대답이 달라졌습니다. 둘 다 중국유학을 하겠다고 한 것입니다. 과연 학교에서 어떤 일이 있었기에 아이들의 마음이 이렇게 180도 바뀔 수 있었을까요?

그날도 보통 때와 다름없이 3시 10분에 수업을 마치고 5시까지 자습을 하는데, 그 반에서 1등을 하는 학생이 보이지 않더랍니다. 이 학교에는 3층 건물의 식당이 있는데, 1층에서는 3학년 학생들(한 학년이 850명)이 식사를 하고, 2층에서는 2학년이, 1학년은 3층에서 식사를 합니다. 한꺼번에 2천 4백 명이 식사한다는 것은 정말 힘든 일이겠지요. 많은 학생들이 동시에 몰려들어 식사를 하다 보니 같은 반 학생들이 한곳에서 모여 앉아 함께 식사하기에는 무척 힘든 상황입니다.

그런데 그날은 반장이 자습도 하지 않고 미리 식당으로 달려가 식탁 위에 60권의 책을 펼쳐 자리를 확보하였답니다. 우리 아이들의 환송회를 하기 위해서였습니다. 일주일간 신기하게 우리 아이들을 바라보고 대하던 중국 학생들이 아이들에게 저녁을 사주고, 조그만 반팔 티를 선물로 주면서 다시 중국으로 와서 함께 공부하자고 했던 것입니다. 또 우리 아이들을 통해 한국을 알게 되어 너무 좋았다고 하더랍니다. 마지막으로 영어로, 중국어로 간단하게 한마디씩 글도 남겨주었습니다.

아이들은 감동을 받았습니다. 홍콩에서 본 중국 아이들과 마찬가지로 중국 본토에서 본 아이들도 99.9% 독생자녀였습니다. 그들은 철저한 개인주의적 성향을 가지고 있었지만, 일주일간 말이 잘 통하지 않아도 같이 수업을 듣고, 서로 바라보고 웃으며 생활하다 보니 서로 친해진 것입니다. 예전에 홍콩에서 생각했던 것과는 달리 중국아이들도 매너 있어 보이고, 정도 느껴지고, 그래서 같이 생활할 수 있겠구나 하는 생각을 하게 된 것이지요.

저는 날아갈 듯 기뻤습니다. 부모가 권유하고 아이들이 선택
했다면 이것은 안정적인 유학생활을 뜻하는 것이니까요.

일주일간의 청강수업으로 중국에 대한 인식이 바뀌고, 친구
도 사귀게 되었으니 정말 성공적인 청강수업이었다고 할 수 있
었습니다.

열흘간의 칭다오 생활을 마치고 다시 홍콩으로 돌아가 홍콩
국제학교 생활을 마무리했습니다. 그리고 본격적인 유학생활을
위해 7월에 칭다오로 이사를 했습니다. 아이들이 학교에서 청
강수업을 하는 동안 저는 가족들이 생활할 집을 찾고, 생활에
필요한 정보를 인터넷 카페와 주변 사람들을 통해 준비해 나갔
습니다.

중국유학은 스스로 선택하게 하라

만약 청강수업의 기회를 갖지 않았다면 본인들이 스스로 선
택하지 않았기 때문에 중국유학생활에 적응하는 데 힘들었을
것입니다. 또 대학 입시를 준비할 때 힘들어서 공부를 포기할
수도 있었을 텐데 청강수업을 하면서 다짐했던 첫 마음을 잊지
않고 중국유학생활에 적응하는 데 최선을 다해준 것 같습니다.

청강수업 방식을 선택하고 그것을 도와준 칭다오 A中학교
측에 심심한 감사를 표하고 싶습니다.

칭다오 홈스테이에서 얻은 값진 경험-2006년 4월 12일~22일

청강수업과 병행했던 홈스테이 과정도 빼놓을 수 없는 시간입니다.

청강수업을 마치고 학교 교문을 나서자마자 아이들은 곧장 홈스테이 하는 집으로 향했습니다. 홈스테이 하는 집에는 대학교 2학년생 1명, 고등학교, 중학교 학생 각각 1명씩과 주인집 아들인 초등학생 1명이 같이 생활했습니다.

칭다오 홈스테이 생활은 나름대로 좋았습니다. 처음으로 생활해보는 중국 북방, 한국과 비슷한 날씨, 이런 익숙한 생활 분위기의 한국식 홈스테이 생활은 잠시나마 중국을 잊을 수 있는 여유시간이었습니다. 하루 종일 중국 학생들에게 둘러싸여 지내다가 저녁시간대가 되면 한국 학생을 만날 수 있는 통로이기도 했으니까요. 또 홈스테이를 하는 다른 학생들이 생각하고 행동하는 방식을 지켜볼 수 있는 좋은 시간이기도 했습니다.

한편으로는 아이들만 중국유학을 보내고 부부가 한국으로 귀국하는 방안을 생각하기도 했습니다. 하지만 제 생각으로는 엄마와 함께 하는 중국생활이 더 안전하다는 판단이 들었습니다. 먹고, 입는 것은 물론, 10대 아이들의 생활에서 엄마가 좀 더 엄격하게 생활을 통제하며 사랑을 주어야겠다는 생각이 들었지요. 또 함께 생활하는 학생들의 분위기를 엄마도 알아야 할 것 같았습니다. 하루에 1/3을 보내야 하는 가족 같은 홈스테이 생활은 휴식과 안정과 습관을 결정짓는 데 중요한 역할을 한다고 믿었습니다. 홈스테이 운영자 분의 생각과 의지로 먹고, 자고, 입는 모든 것이 결정되고, 그 사랑 속에서 아이들이 성장하기에 더욱 중요하지요.

홈스테이 운영자의 경제적 상황도 고려해야 합니다. 좀 더 여유로운 곳에서의 생활은 기본적으로 풍족한 생활을 할 수 있지만, 그렇지 못할 경우에는 아이들 또한 불편한 생활을 할 수 있습니다.

만약 홈스테이를 해야 할 상황이라면 엄마가 일주일 정도는 그곳에서 같이 홈스테이 생활을 경험해보고, 나중에 결정하는 것을 추천하고 싶습니다.

중국에 오면 일단 비자문제를 해결해야 합니다. 대다수의 부모님들이 F비자(방문), L비자(여행) 등 체류비자로 몇 개월 정도 생활하시면서 두 번 정도 연기하시다가 한 번 한국에 다녀오시고는 합니다.

인터넷 카페를 보면 기러기 엄마들의 비자 상황을 더 자세히 엿볼 수 있습니다. 어떤 어머니는 직업을 가지고 있지 않으면서 Z비자(취업)를 받아 생활하고 계시더군요. 아이들을 학교에 보내야 하는데 엄마가 취업비자가 아니면 학교 입학이 안 된다고 하시면서요.

외국생활하면서 가장 기본인 비자에 관해서 공부를 해야 합니다. 여권에도 일반여권, 관용여권, 외교관여권 등 여러 가지 종류가 있지만 비자 종류는 너무도 다양합니다.

① 그린비자 : 명예시민이나 미화 1000만 불 이상 투자자에 해당합니다.

② Z비자 : 워킹비자로 가족동반비자가 가능하고 세금을 내야합니다.

③ J비자 : 기자비자입니다.

④ X비자 : 학생비자로, 학교마다 다르나 한꺼번에 몇 년 비자가 가능하며 체류나 출입국이 자유롭습니다. 유학생 송금이 가능하여 한국에서 은행에 재학증명서를 제출하면 1년에 5만 불 이내 환전을 안전하고 저렴하게 해줍니다.

⑤ F비자 : 방문비자로, 보통 3개월, 6개월, 1년이 있습니다. 비자 종류에 따라 체류기간이 한 달 이내라는 것을 명심해야 합니다. F비자에 한해서 비자기간과 체류기간이 다른 것이 있습니다. 비자는 1년인데 중국체류기간이 한 달밖에 되지 않는 상용 F비자입니다.

체류기간이 한 달이라는 것을 몰라 중국에 한 달 이상 체류하다 벌금을 내는 경우, 출입국상의 피해를 볼 수 있습니다.

⑥ L비자 : 여행비자로, 두 번 이상 중국 내에서 비자 연장이 가능합니다.

저는 아이들이 다니는 학교에 가서 학부모가 X비자(학생거류)를 발급 받을 수 있는지 문의했으나, 아이들이 학교 다니는 것만으로 부모가 X비자를 발급받을 수는 없었습니다. 고민을 하다가 저도 대학원에 가서 공부를 하기로 결정을 내렸습니다. 3명 모두 학생거류 비자를 낸다면 중국에서 생활할 때나 국내 입출국 등 모든 면에서 좋을 듯하여 그렇게 결론을 지었지요.

　참고로, 유학하는 학교에서 비자 해결이 가능한지, 재학증명도 가능한지를 문의해야 합니다. 중국학교의 상황이 한국과는 너무 판이하게 다른 줄 몰라 학기 중에 당황하는 부모님을 왕왕 볼 수 있습니다. 중국에서는 학교는 다니지만 재학증명을 해결해주지 못하는 경우가 있습니다. 국제부가 있는 학교는 상급학교로 진학 시 재학증명을 해결해줍니다. 그렇지 않을 경우 학교가 학교 자체 내에서의 재학증명은 해줄 수 있는데, 우리나라처럼 교육부에서 인정하는 재학증명을 발급해주지 못하는 경우가 있습니다.

　중국에는 청강수업이 가능한 학교가 있고, 외국인 학생들을 교육하는 국제부가 있는 학교가 있습니다. 청강수업이 가능한 학교는 중국 학생과 같이 수업을 받는 경우로, 재학증명을 해줄 수 없고, 외국인 학생을 따로 받지 않습니다.

　국제부가 있는 학교는 재학증명을 해주고 외국인이 학교에 적응할 수 있도록 여러 도움을 주지만, 한국 학생이 많을 경우에는 한국 학생만 따로 모아 수업하기도 합니다.

대만, 홍콩, 심천생활은 해봤지만 북방에서는 처음 생활하는 터라 가장 걱정되는 부분이 겨울나기였습니다. 2005년 10월 칭다오 나들이를 할 때부터 부동산을 통해 몇 군데 집을 보기 시작했습니다. 칭다오에서 집을 30군데 정도 돌아다니면서 보니 몇 가지 주의해야 할 사항이 있었습니다.

① 남향인 집

② 보일러가 있는 곳

　보통 냉난방이 동시에 되는 에어컨 같은 기계를 사용하면, 겨울엔 건조하여 생활하기가 불편하기 때문에 바닥 난방이 되어 있는 곳을 골랐습니다.

③ 엘리베이터가 있는 곳

　칭다오에는 저층 아파트가 많기에 엘리베이터가 없는 곳이 많았지요. 이전엔 8층 이하인 아파트에는 엘리베이터 설치를 못하게 했다고 합니다. 무거운 짐을 가지고 다닐 때가 많으므로 고층이든 저층이든 엘리베이터가 있는 곳을 선택합니다.

④ 주위 환경 : 등하교하는 길과 집 주변의 어둑어둑한 길에 보안이 잘 되어 있고, 출입하는 곳에 가로등 시설이 잘 되어 있는 곳을 선택합니다.

　또 이웃들의 생활을 볼 수 있는 곳이면 좋습니다. 칭다오에는 별장지대가 많아 집집마다 조그만 화단으로 꾸며져 있어 옆집 상황을 잘 볼 수 있는 집이 다른 지방에 비해 많았습니다. 자연히 이웃과 친해질 수 있는 기회가 많아지게 되는 것이지요.

03

유학동기·목적·과정을 그림으로 그려보게 하자

더 넓은 세상을 내다보게 하자

아이들의 미래에는 우리가 모르는 직업이 50% 이상 생기고, 우리가 알고 있는 직업 중 30% 이상이 사라진다고 합니다. 어떤 학자는 앞으로 우리 아이들은 결혼을 3번, 직업을 7번 정도 바꿀 수 있는 시대를 살게 될지도 모른다고 합니다. 우리가 상상하지 못했던 시대로 진입하고 있으며 이전 시대의 생각으로는 살아가기 힘든 시대가 온다고 하지요.

제가 개인적으로 좋아하는 이영권 박사님도 말씀하셨지만, 우리 국토가 중국의 완전한 진입로로서의 가치만 갖고 있더라도 중국의 발전은 곧 우리나라의 발전 기회로 이어질 수 있다고 합니다. 미국은 멀리 있지만 중국은 가까운 곳에 있는 나라입니다. 중국을 배제하고 우리의 미래를 생각할 수 없지요.

특히 홍콩에서 생활하면서 그러한 생각은 더욱 뚜렷해졌습니다. 동양의 진주, 금융의 도시라고 불리는 홍콩마저도 앞으로 중국의 협조 없이는 그 빛을 발할 수 없게 되었지요.

다른 나라들이 무시하는 가운데 중국의 외환보유고는 세계 1위로 뛰어올랐고, 미국 채권 약 8,000억 달러를 보유하게 되었습니다. 중국기업이 세계기업으로 부상하는 데는 그리 멀지 않아 보입니다. 미래 관광대국으로서의 위치도 더 공고해지고 있습니다.

이런 시점에서 중국유학을 생각하지 않을 수 없었습니다. 아이들은 초등학교는 한국에서, 중학교는 한국과 홍콩에서, 고등학교는 홍콩과 중국에서 교육을 받았습니다. 어쩔 수 없는 상황이었지요. 너무도 급변하는 세상에, 개인이든 기업이든 변화하고 앞서 나가지 않으면 도태되는 세상에, 한국생활보다 해외생활이 더 많아질 세상에 던져질 아이들에게, 어떤 환경에 처해도 적응할 수 있는 의지와 능력을 갖게 해주고 싶었습니다.

무엇보다 어느 한 분야에 뛰어난 능력을 가진 전문가로 키우고 싶었습니다. 하지만 어떤 분야에 아이들이 진정 흥미를 느끼고, 하고 싶어 하는 것이 무엇인지 몰라 많은 고민을 했습니다. 하지만 무엇을 하든 앞으로 세상을 사는 데 영어와 중국어는 반드시 우선적으로 필요한 수단임에 틀림없었지요.

대만, 홍콩, 심천, 칭다오 생활을 통해 지방에 따른 생활 습관과 풍습의 차이를 몸소 체험하면서, 광대한 중국에서의 적응은 나중에 더 넓은 세상에 적응하는 능력으로 승화될 수 있다는 생각을 했습니다. 중국은 하나의 나라이면서도, 하나의 나라가 아닙니다. 대만, 홍콩, 마카오만 보아도 특색이 매우 다르다는 것을 알 수 있고, 무엇보다 남방과 북방의 차이는 국내에서 느낄 수 없는 상당한 지역적 차이를 갖고 있습니다. 중국유학을 하기 위해서는 단지 중국어라는 언어를 습득하는 것 외에도 중국 내에서도 한 분야, 그 선택한 분야 안에서도 지역을 선택하는 안목을 가져야 함을 알게 되었습니다.

인생의 밑그림을 스스로 그릴 줄 알게 하자

저는 유학의 목적을 이렇게 봤습니다. 자신에게 주어진 과제가 있다면 좀 더 능동적으로 대처하고, 인생의 긴 터널을 통과할 때 겪는 충격을 보다 잘 흡수할 수 있도록 하기 위한 것이라고. 그러기 위해선 10대에 보다 다양한 문화 경험을 축적하고, 새로운 언어를 습득해야 앞으로 닥칠 인생의 고난을 극복할 수 있다고.

저는 개인적으로 그림 그리기를 잘하지 못하지만, 인생의 밑그림을 그려보는 것을 즐겨 하였습니다. 제 개인의 경험으로는 인생의 밑그림을 그린다는 건 참 흥미로운 일입니다. 그래서 아이들에게도 그림을 그리면서 자신의 생활을 돌아보고, 미래를 꿈꾸도록 했습니다.

사실 하얀 백지에 인생의 밑그림을 그리기란 쉬운 일이 아닙니다. 그림을 그리려면 자신이 살아온 세월과 노력이 들어가야 하기 때문이죠. 아이들은 그림을 그리면서, 한국에서 5년간 배운 검도, 홍콩에서 3년간 배운 영어, 초등학교·중학교 생활, 친구들과의 관계, 자신의 취미나 흥미 등을 그림으로 표현했습니다. 그림을 그린 후엔 자연스럽게 그동안 자신이 살아온 역사를 되새기며 반성도 하고, 미래도 구상하게 됩니다. 많은 시간과 노력이 요구되지만 그만큼 효과가 크다고 생각합니다. 밑그림을 그리고 색칠하면서 자신에게 부족한 것이 무엇인지 느끼고, 다시 또 새로운 그림을 그리게 되니까요.

아이가 유학을 마친 이후의 꿈을 크게 그리도록 하면서 그 꿈을 실현시키기 위해 무엇이 필요한지, 어떻게 해야 하는지를 스스로 깨닫게 해야 합니다. 언어든 스포츠든 대충대충 해서는 좋은 그림이 나올 수 없겠지요. 모든 분야에서 다 뛰어날 수는 없지만 기본적인 소양은 갖추고, 그 위에 나만의 특기라고 할 수 있는 멋진 그림을 그려내야 합니다. 다양한 인맥을 그려도 좋고, 국제 자격증을 그려도 좋습니다. 미래의 꿈을 위해 부족한 부분을 느끼고, 그것을 보충하기 위해 노력하는 모습까지 그려보는 겁니다. 인생 그림을 그리는 것만큼 행복한 일이 또 있을까요?

한국인 VS 조선동포 VS 중국인

중국에서는 같은 일을 해도 중국인이나 조선동포보다 한국인의 임금이 높습니다. 중국인들이 한국 기업에 "왜 한국인의 임금이 높아야 되느냐"고 묻는다면 어떤 답을 들을까요? 한국인은 열린 사고와 영어, 중국어와 전공과목을 갖추고 있어서? 아닙니다. "한국인이니까"라고 대답을 하더군요.

한국에서 채용되어 중국에 주재원으로 파견 나온 사람들은 월급과 보조수당이 많습니다. 주택 임차비, 자녀 학비, 차량 유지비 등. 이들 주재원들은 한국에서 그만큼 인정을 받고 파견 근무를 나온 사람들입니다. 하지만 중국 현지에서 채용된 사람들에게는 오직 월급만 지급되는 것이지요. 그래서 어떤 분들은 중국에서 대학을 나와 바로 중국 현지 채용에 응하지 않고, 한국으로 들어가 정식으로 입사시험을 치르라고 합니다. 한국에서의 취직은 쉽지 않습니다. 물론 중국에서의 현지 채용이 쉽다는 것은 아닙니다. 해외 주재원은 그만큼 어려운 경쟁을 뚫고 채용되고, 또 회사 내에서도 경쟁을 거쳐 선발되는 사람이므로 대우를 받는 게 아닌가 싶습니다.

결국 문제는 중국에서 대학을 졸업한 후 한국에서 대학을 나온 학생들과 경쟁해서 이길 수 있는가 하는 것이지요. 그러한 성취를 이루는 학생이 결코 많지 않다고 합니다. 중국에서 공부했다고 한국인인데도 중국인들과 같은 수준의 임금에 만족할 수는 없는 것이지요. 중국 국력이 신장되고 경제가 발전하면 그 차이는 줄어들겠지만, 일단 중국어만으로는 결코 경쟁력이 없습니다. 중국어만으로 승부가 되지 않는 이유는 중국어와 한국어를 동시에 잘하는 조선동포들이 많기 때문이죠. 그래서 저는 아이들에게 중국어도 물론이지만 국어와 영어 실력을 향상시키도록 노력할 것을 권합니다.

　저는 한국에 다녀올 때면 소설은 물론이거니와 고교 시절에 배웠던 좋은 수필집, 시집을 아이들에게 소개합니다. 무엇보다도 우선인 것은 한국어입니다. 한국어를 제대로 구사하지 못한 채 외국어만 잘해서는 중국에서 진정한 한국인 대우를 받을 수 없습니다. 그래서 무엇보다도 중국유학생활을 알차게 해야 한다고 봅니다.

　한국인들의 중국유학 역사가 20년이 되어가고 있는데, 이 시점에서 우리는 이제까지 한국 학생들의 중국유학생활을 한 번 반성해봐야 할 시기가 되지 않았나 생각합니다.

중국유학에 필요한 필수 체크 리스트

다음 아래의 리스트를 보고 몇 가지를 실행했는가를 자가 점검해 봅시다.

□ 학생이 다닐 학교를 직접 가서 확인하였는가?
□ 자녀가 스스로 중국유학에 대한 의지나 목표가 뚜렷한가?
□ 자녀가 현지 중국 로컬반이나 국제부, 한국국제학교 등 어느 곳에서 가장 잘 적응할 수 있는지 자녀의 실력을 객관적으로 점검하였는가?
□ 자녀가 공부하기에 적합한 중국유학 지역인지 점검하였는가?
□ 중국학교의 기숙사나 홈스테이를 직접 방문하여 확인하였는가?
□ 중국학교에서 중국어 어학 실력만 느는 것은 아닌지 확인하였는가? 기본 교과 수업을 소홀히 하는 것은 아닌가?

04

중국 현지 고등학교 입학 전 카운트다운

중국어 공부 No! 중국인 공부 OK!

2003년 홍콩에 갔을 때만 해도 우리 원화와 중국 인민폐의 환율은 120:1 정도였고, 미국 달러화와 인민폐의 환율은 8.2:1 이었습니다. 당시 스탠다드 차터 은행 행장은 한 잡지의 리포트에서 2008올림픽이 개최될 때쯤이면, 美화와 인민폐의 환율은 6.5:1 정도가 될 것이라고 예견했습니다. 저 역시 인민폐의 절상은 분명하다고 믿고 있었는데 과연 2009년 예견했던 상황에 원화의 절하까지 겹쳐 한화와 인민폐 환율은 200:1이 되었습니다. 중국인들의 임금이 전혀 상승하지 않았어도 40% 이상 상승한 효과를 내고 있습니다.

2003년도만 해도 중국 환율을 따지자면 우리나라에 비해 그리 비싸게 느껴지지 않는 나라였습니다. 빠른 시간 내에 중국 문화에 익숙해지고 싶었기에 용기를 갖고 중국으로 가는 모험을 하기로 결심했지요.

하지만 혼자가 아니라 두 아이들을 모두 데리고 간다는 것은 모험이 아닌 도박이 될 수도 있었습니다. 그래서 언어를 배우기 이전에 홍콩에서 약 반년 동안, 저와 아이들은 2주일에 한 번씩 심천으로 놀러 다니면서 심천의 여러 가지 상황들을 체험하기 시작했습니다.

홍콩과 가까운 심천은 광동성의 가장 화려한 상업도시로서, 중국의 경제특구입니다. 중국인들의 출입이 통제된 도시로 심천을 출입하기 위해서는 통행증 같은 것이 필요합니다. 비즈니스하기에는 좋은 도시이며, 유동인구가 많습니다. 또 아침부터 저녁까지 쇼핑하기에도 좋고, 먹을거리도 풍부하지요. 반면 외국인을 위한 중국어 학원이나 교육시설은 아주 부족했습니다. 심천대학은 있었으나 아이들에게 맞는 선생님 찾기가 힘들었고, 선생님을 구하더라도 혹시 표준어를 배우지 않고 광동어를 배우면 어떡하나 하며 노심초사하기도 했습니다. 광동어 또한 하나의 중국어로 배워두면 좋으나 우선은 중국 표준어인 푸통화가 우선이었기에 발음에 신경이 쓰이지 않을 수 없었습니다.

쇼핑센터나 안마소에 가면 고향이 사천, 신장, 호남 등 외지 중국인이 많아, 대화를 하다 보면 그 지방의 방언이 나오는 경우가 많습니다. 심천에서 아이들이 공부할 때에는 어쩔 수 없이 발음 및 성조에 신경이 쓰였지만, 나중엔 홍콩과 가까운 광동성에 자주 다니면서 광동성의 풍습이라도 익히기를 바라는 마음이었습니다.

점수만 따는 중국어 공부는 죽은 공부

칭다오에 도착해서 중국어 공부를 시작한 지 한 달 후, 학원 원장님께서 아이들에게 HSK(중국어능력검정시험)를 준비시키라고 말씀하셨습니다. '두 달 후면 중국 고등학교에 들어가야 하니까 말하기와 듣기능력을 기르는 것이 우선일까'라는 생각도 했지만, 결국 그 말에 동의하지 않았습니다. HSK는 어휘력과 독해, 듣기, 작문 실력을 갖춘 후 시험문제 유형을 연습하면 좋은 점수를 얻을 수 있다고 보았습니다. 물론 지금도 이 생각에는 변함이 없습니다.

전 세계에서 보습학원이 가장 잘 되어 있는 나라가 한국입니다. 토플, 토익 시험을 잘 보게 해주는 나라도 한국입니다. 중국어를 가장 잘 가르치는 나라도 한국일 것입니다.

하지만 언어라는 것은 그 나라 문화로부터 묻어나는 향기가 있습니다. 중국문화를 모르고 단지 점수만 따기 위해 중국어를 배우면 허점이 생기지요. 최상의 방법은 현지에서 중국어를 배우는 것이고, 중국 역사와 함께 공부하는 것이라고 생각했습니다. 중국문화에 적응하면서 배우는 중국어는 오랫동안 머리와 가슴에 남아 있을 것이고, 나중에 중국인과 대화를 하더라도 그들을 이해하는 데 많은 이점을 가지게 될 것이니까요.

학원 선생님으로부터 HSK 준비를 권유 받은 후부터는 아이들을 학원에 보내지 않고, 집에서 하루에 8시간씩 중국어를 배우게 했습니다. 아이들은 무척 지루해 하고 미칠 것 같다고 호소했습니다. 하지만 간간이 배드민턴과 마작을 하고, 유학 온 목적을 상기시키면서 매일 매일 훈련을 시켜나갔습니다.

하루에 6시간은 중국어 기초 책을 배우면서 매일 받아쓰기와 연습문제 풀이, 그리고 듣기 연습을 했습니다. 그리고 2시간은 초등학교 4학년 수학을 중국어로 배웠습니다. 중국어로 삼각형, 마름모꼴, 직선, 사선, 곡선 등 수학 어휘를 익혔습니다.

그렇게 무더운 7월과 8월 두 달 동안 9월부터 시작될 정식 수업 적응을 목표로 하여, 미친 듯이 중국어에만 매달렸습니다. 집에서 쉴 틈 없는 아이들을 항상 체크하며, 잘한다는 말, 믿는다는 말, 미래가 보인다는 말을 수없이 아이들과 저 자신에게 하고 또 했습니다.

중국어 공부에 꼭 필요한 '푸다오'

칭다오에는 과외 선생님이 무척 많았습니다. 처음에는 오전에 학원을 보내고, 오후에 과외를 했습니다. 학원을 한 달 보내보니 학습 진도가 무척 늦고 생각만큼 아이들의 실력도 늘지 않더군요.

오후에 하는 과외 선생님은 신중하게 엄선했습니다. 대학생과 대학원생이 많았지만 그들은 경험이 없었기에 비용은 저렴하지만 피했습니다. 대신 학원에서 한국 학생을 가르쳐 본 경험이 3년 이상인 선생님을 찾았습니다.

가장 힘든 게 아이들과 맞는 과외 선생님을 만나는 것입니다. 아이들의 중국어 실력을 빠르게 향상시킬 수 있으면서도, 비용이 저렴한 선생님을 구하는 것이 가장 어려웠습니다. 현직 초·중학교 선생님을 만나기란 처음 중국생활을 하는 저에게 가장 큰 숙제였습니다.

어학공부 외에도 신경 써야 할 것이 태산 같았습니다. 아이들에게 중국 친구 사귀는 모습을 보여 주려고, 옆집 중국 아주머니를 불러 차 마시기를 시도해보기도 하고, 집주인과도 친하게 지내려고 애를 썼습니다.

또 아이들이 나중에 학교에 가면 중국음식에 잘 적응할 수 있도록, 아침식사를 중국 사람들이 주로 먹는 유부과자와 두유로 하려고 몇 번 시도를 했습니다. 하지만 결국 성공하지 못했습니다. 안타깝게도 저 역시 아직도 잘 먹지 못합니다.

유학생은 정신병자라는 말이 있습니다. 말 못하는 그 답답함을 무엇에 비기겠습니까? 최대한 짧은 시간에 벙어리 신세를 면할 힘을 갖추기 위해 아이들과 저는 무엇이든 열심히 노력해야 했습니다.

중국 근대사 요점정리로 중국 문화·역사 익히기

한국과 중국은 지리적으로 매우 가까운 나라이고, 역사적으로도 많은 교류가 있었기에 우리는 중국에 대해 많이 알고 있다고 착각합니다. 하지만 자세히 들여다보면 한국과 중국의 관습이나 문화는 매우 다르고, 사고방식 역시 마찬가지입니다.

삼국지나 명청시대의 몇몇 나라에 관한 간단한 중국 역사만 알고 중국어를 배운다면, 한족 등에 대한 상식이 부족해 중국어가 점점 싫어지고 관심도 사라질 수 있습니다. 중국에 대한 기본 상식 없이 시작한 중국어와 역사적 상황을 가미해서 익힌 중국어는 처음엔 별 차이가 없을지도 모릅니다. 하지만 그 차이는 날이 갈수록 벌어지죠.

이런 점을 예견하고 중국어를 한 달 배우고 난 뒤부터 중국 근대사를 한국 관점에서부터라도 바로 알기를 권유했습니다. 한꺼번에 요점정리를 하게 하였으며, 중국어를 말할 수 있게 되면 그것을 중국어로 바꿔 말할 수 있는 능력을 갖추기를 바랐습니다. 중국 역사를 공부하고 난 다음부터 중국 문화에 좀 더 친숙해지고, 중국 관습이나 풍습을 익히기에 좀 더 쉬워졌다고 할까요?

우리나라 고등학교 교실에서 쓰이는 언어는 초·중학교에 비해 좀 더 고급스런 단어입니다. 중국어로 강의하는 정치, 경제, 사회, 특히 공산주의 사상 수업도 마찬가지겠지요. 아이들이 따라가지 못할 중국어 구사력이 필요할 것 같았지만, 무작정 듣고 일단 적응하는 연습이라도 해야 했습니다.

홍콩 국제학교와 달라서 일방적인 주입식 교육을 받기가 힘들겠지만 견뎌내야 된다고, 할 수 있다고 칭찬과 격려를 아끼지 않았습니다.

委 托 书
위 탁 서

我是___国留学生 中文名字 _____ 护照号码 ________英文名字__的(父/母),
我委托_中国籍____(小姐/女士/先生) 代管该生在中国学习期间的学习, 生活,
安全及其它一切事务。

저는__유학생 중문이름______여권번호_____영문이름____의 (부/모)입니다.
중국인 ___(miss/mrs/mr)에게 학생이 중국에서 공부하는 기간 동안 학습, 생활, 안
전 및 기타 일체 사무를 위탁합니다.

委托人 : _______
위탁인 : ______

年　　月　　日
년　　월　　일

중문과 한글로 되어 있는 위탁서 양식을 한국 법무사에서 영문으로 공증을 받은 후 중국 공증처에서 보증인과 함께 공증을 받아 학교에 제출해야 합니다. 아래의 북경공증처사무소 주소로 중국 각 지역 공증처에서 공증을 받습니다. 보증인 자격은 중국인이거나 한국인이면 Z비자(취업비자)가 있는 분이어야 합니다.

한 해에 한 번씩 비자를 만들 때 필요하므로 한꺼번에 여러 부를 준비해 두는 것이 좋습니다. 중국 공증처에서 한 부는 200위안이고, 2부 이상일 때마다 10위안씩 올라갑니다.

북경 주소 : 北京市 东城区 潮阳门北大街六号 首创大厦七层
북경 전화번호 : 010-6554-4478
www.gongzheng.gov.cn

제3부
유학생활 본격 시작
─칭다오A중─

01

현지 중국 로컬학교에 도전하다

낯익으면서도 낯선 칭다오 유학생활 첫날

칭다오의 날씨는 무척이나 좋았습니다. 쪽빛 하늘, 파란 바다, 붉은 지붕, 푸른 나무를 자랑하는 칭다오의 자연환경은 한국과 매우 흡사했습니다. 그것은 우리 가족의 삶에 청량제 역할을 해주었지요. 또 싱싱한 해산물과 저렴한 물가는 칭다오 생활의 고단함을 보상해 주었습니다. 칭다오에는 수많은 한국 기업이 진출해 있었고, 이에 따라 한국 식당, 한국 미용실도 많아 가끔씩 내가 한국에 있다는 착각이 들 정도였습니다.

처음 일 년 정도는 중국문화에 빨리 적응하기 위해 가급적 한국문화와 멀리하려고 노력했습니다. 가능한 많은 시간을 이웃 중국 사람들과 만나 얘기하고 그 사람들이 사는 모습을 보며 집에 와서 따라 해 보기도 했습니다. 천정, 벽, 콘센트, 라디오, 변기, 장롱, TV, DVD 등 집안 곳곳에는 중국어 명칭을

쓴 노란 포스트잇이 붙어 있었습니다. 마치 유치원 학생이 글
자를 배울 때처럼 빈틈없이 빼곡히 붙였지요.

중국의 고등학교 제도

중국의 고등학교 커리큘럼은 특이합니다. 고1, 2 시절에 고
등학교 전 과정을 마치고, 고3은 입시시험을 위한 문제풀이로
일관하는 경우가 대다수입니다. 외국인 전형과는 전혀 다른 방
식입니다. 중국의 교육제도는 각 성마다 제도가 달라서 초등,
중등, 고등 6-3-3 제도가 아닌 5-4-3 제도가 있는 성이 있기도
합니다. 또 북경대학에 교육정책(석박사반)과가 있을 정도로
지자체에 따라 교육방식도 다릅니다.
전 중국 통계를 보면 초등학교에서 중학교로 진학하는데
50%, 중학교에서 고등학교로 진학하는데 50% 미만, 고등학교
에서 대학을 진학하는데 30% 미만이라고 합니다. 매년 대학
졸업자가 600만 명, 석사 졸업자가 30만 명, 박사 졸업자가 10
만 명 내외라고 합니다.
대학 개수는 1,900여 개라고 합니다. 우리나라 5,000만 인구
중 180여 개와 13억 인구 중 1,900여 개니 많다고는 할 수 없
습니다.

중국의 중·고등학교는 공립과 사립의 차이점이 명확히 구분되어 있습니다.

	공립	사립
선생님	사대 출신이고 공무원	사대와 일반대 출신이며 국가 공무원이 아님
학비	저렴함	비쌈
수업일수	토요일까지 수업	주5일 수업
학생수	5~60여 명	3~40여 명

중국 고등학교의 군사훈련

중국 고등학교에는 공산주의 교육과 군사훈련이 있습니다. 특히 중·고·대학을 입학하면 의무적으로 군사훈련을 받습니다.

군사훈련이 있는 날엔 아침 6시에 기상하여 식사하고, 하루 종일 좌양좌, 우양우 등 제식훈련을 합니다. 8월의 하늘 아래 하루 종일 군인 지도자와 함께 제식훈련과 운동장 풀뽑기를 합니다. 땀이 비 오듯 하지만 이런 단순훈련을 하다 보면 참을성을 기르게 되고, 힘듦 속에 우정, 가족애를 느끼게 됩니다.

마지막 날에는 부모님께 편지를 써서 부칩니다. 눈물을 흘리면서 썼다고 하더군요.

중국학교의 군사훈련 모습

우리가 했던 교련과는 달라서 아이들에게 더욱 신선한 충격을 주는 교육제도라고 생각했습니다.

자기중심적 중국 학생들도 진실한 마음의 문을 연다

힘이 들 때 그 사람의 진면목을 알 수 있다고 할까요?

군사훈련을 받으면서 온몸에 땀띠가 나고, 사타구니가 짓무르고, 냄새가 나고……. 그 속에서 친구를 사귀고 돌아왔습니다. 선생님의 구령 소리를 알아듣지 못해 눈치껏 행동하면서 '혹시 틀리면 어떡하나' '나로 인해 다른 학생들이 피해를 당하면 어쩌나' 하는 염려에 온 신경을 곤두세우고 교관의 말을 들었답니다.

중국 학생들은 거의 대부분 독생 자녀라 자기 것만 알고, 자기만을 중심으로 성장하다 보니 다른 사람의 입장은 전혀 생각하지 않고 행동합니다. 이 때문에 참 적응하기가 힘들었다고 하네요.

8명이 한 방에 자는 기숙사에서 과일이나 과자 같은 간식을 서로 나누어 먹지 않는 모습을 처음 보았을 때, 얼마나 당황스럽고 어색하였을까요? 배가 고플 때에는 저절로 눈길이 먹을 것에 가기도 했지만 '이것이 이들의 문화구나'라고 이해할 수밖에 없었다고 합니다.

저는 아이들에게 중국에서 살면서 가능한 많은 중국 친구를 사귀는 것이 중요하다고 강조합니다. 친구는 미래의 자산이지요. 기숙사에서 자기밖에 모르던 친구들도 힘든 생활을 함께하면서 서로를 이해하게 되고, 나중에는 자연스럽게 친한 사이가 될 것으로 생각했습니다.

후에 아이들이 고1을 마치고 북경으로 올 때에는 정든 친구들과 헤어짐이 아쉬워 나중에 다시 만날 것을 기약하게 되었답니다.

중국에서 우리 유학생을 보면 너무 끼리끼리 모이는 게 아닌가 하는 생각을 자주 합니다. 중국유학생활에서 우리가 배워야할 것은 중국어뿐만이 아니라는 점은 앞서도 얘기했습니다. 중국인과 친하지 않고 어떻게 진정한 유학생활을 했다고 할 수있을까요? 가능한 많은 시간을 중국 친구를 사귀는 데 할애해야 하지 않을까 생각합니다. 물론 한국 친구를 사귀지 말라는 것은 아닙니다.

아무리 자기밖에 모르는 사람도 순수한 마음으로 다가서고 어려움에 처했을 때 위로하고 도움을 주면, 마음의 문을 열 것으로 믿습니다.

1년 2개월간 기숙사 생활의 여정

▶ 고달픈 일주일간의 기숙사 생활

7~8월 두 달 동안 아이들은 현지 학교의 중국수업에 적응하기 위해 열심히 중국어를 배웠습니다.

8월 마지막 날 칭다오 A中 기숙사에 일주일 동안 입을 옷들과 책 그리고 간식거리까지 챙겨 갔습니다. 월요일부터 수업을 시작하므로 대부분 학생들이 토요일부터 기숙사로 와서 다음 일주일간 사용할 물건을 갖다 두고 정리를 하더군요.

아침 9시에 학교에 갔지요. 한 방에 4개의 2층 침대와 8개의 수납장이 있었습니다. 침대 바닥은 너무 딱딱했습니다. 단체생활이기 때문에 자고난 뒤 정리정돈이 깨끗하게 되어 있지 않으면 기숙사 생활 점수가 감점됩니다. 그래서 이부자리는 항상 학교에서 규정한 모양과 규격대로 정돈해야 하고, 사물함도 깨끗이 정리 정돈해야 합니다. 마치 군대생활과 같은 규율과 질서가 요구되는 것 같았습니다.

모두 같은 물건을 사용하지 않으면 감점이 되므로 반드시 같은 것을 사용해야 합니다. 모기가 많아 모기장은 준비되어 있었으나 좁은 기숙사 방에는 조그만 창문 하나뿐 선풍기도 없었습니다. 간단한 세면장은 있었으나, 목욕은 샤워기가 설치된 공동 샤워실로 가야만 가능했습니다. 그나마도 3일만 허용됐습니다. 일주일 중 화, 수, 목 3일에는 샤워를 할 수 있지만 월요일과 금요일에는 샤워도 할 수 없었습니다. 월요일은 집에서 온 날이고, 금요일은 집으로 갈 하루 전이기 때문에 샤워를 할 수 없도록 샤워실 문을 잠가둔다고 합니다.

학교생활은 아침 6시에 기상해서 세수하고 6시 30분부터 아침식사, 7시 10분부터 아침 자습시간을 시작으로 하루 수업이 시작됩니다. 오전에 5시간 수업을 하고, 점심식사를 먹은 뒤 오후 수업과 자습이 있습니다. 오후 5시부터 저녁식사를 하고, 6시 10분부터 다시 저녁 자습시간을 갖습니다. 밤 10시에 기숙사로 들어가서 씻고, 10시 30분에 소등을 하게 되어 있습니다.

배도 고프고 여름이라 무덥지만 불을 켤 수도, 무엇을 먹을 수도, 밖으로 나올 수도 없지요. 이제까지 아이들이 살아온 환경과는 너무나도 다른 중국 고등학교 기숙사 생활이었습니다. 하지만 아이들은 잘 견뎌 내는 것 같았습니다. 특히 딸은 그런 기숙사 생활이 재미있다고까지 하였지요.

중국 일반 고등학교의 기숙사 비용은 반년에 약 500위안입니다. 한국으로 치면 10만 원 정도지요. 국립의 경우 보통 이러하나 사립과 국제부가 있는 학교의 경우 현저한 차이가 있습니다. 각 지역마다 차등은 있습니다.

처음 아이들을 기숙사에 보낼 때에는 아이들이 기숙사 생활하기 싫다고, 학교에 가기 싫다고 하면 어쩌나 하고 걱정을 많이 했습니다. 아이들이 기숙사 생활에 적응하지 못하는 사태를 방지하기 위해 저는 일주일에 2번 정도 아침 6시 20분경 또는 저녁에 도시락을 싸다 주기도 했습니다. 엄마가 칭다오에 함께 있으면서도 좀 더 빨리 문화와 언어를 습득할 수 있도록 굳이 고생스럽게 기숙사에 보냈지만, 엄마가 항상 자기들을 생각하고 사랑하고 있다는 것을 마음으로 또 행동으로 전해 주고 싶었습니다.

처음 일주일이 지나고 토요일 오후에 집으로 돌아왔을 때, 아이들은 집의 소중함을 더 느끼는 것 같았습니다. 일요일에는 아이들이 먹고 싶어 하는 것들을 준비해주고, 외국영화 DVD를 사주며, 아이들 눈치를 보고 비위를 맞추어 주었지요. 평일에도 수시로 아이들에게 전화를 걸어 "장하다, 우리 딸 아들"이라고 칭찬했습니다.

▶ 기숙사 생활 3개월 후 찾아온 고비

그러나 역시 고비가 있었습니다. 약 3개월이 지난 후 아들이 학교에 다니기 싫다고 했습니다. 매번 꼴찌만 하니 애들이 자기를 무시한다면서……. 3개월 동안 자기들도 엄마가 걱정할까 봐 힘들어도 참으려 많이 노력했다고 말했습니다. 하루 8시간씩 알아듣지도 못하는 수업을 빠짐없이 참석하면서 받았을 스트레스는 경험해보지 않은 사람은 알 수가 없겠지요.

부담스러운 기색이 역력했지만 저는 아이들을 격려하고 달랬습니다. "인생은 마라톤이며 지금 웃는 자보다 나중에 웃는 자가 되어야 한다. 지금의 어려움은 미래의 성공을 위한 밑거름이 될 거야. 훌륭한 리더가 되기 위해서는 많은 어려움과 외로움을 스스로 극복해야 한다"면서요.

그러면서 중국어로 하는 과목은 중국 학생들의 상대가 되지 못하지만, 영어 과목만큼은 절대 져서는 안 된다고 강조했습니다. 물론 영어시험도 중국어로 질문을 합니다. 그래서 초기에는 성적이 좋지 않았죠. 하지만 머지않아 영어는 1등 할 수 있을 것이라는 믿음을 불어 넣어 주었습니다. "조금만 더 참아보고 해보자. 어찌 3개월 만에 결과가 나오겠냐" 하면서 말이죠.

다행히 4개월째 영어 과목은 반에서 1등을 하였습니다. 전교 20등. 전 과목의 석차는 여전히 전교에서 꼴찌 수준이었지만, 영어 한 과목의 성적이 차차 나아지면서 학교생활을 하지 않으려는 행동은 사라지게 되었습니다.

중국 일반 고등학교의 기숙사 모습

★ 기숙사 내부 모습

한 기숙사에 8명 정도가 기숙하며 아주 딱딱한 침대생활을 해야 합니다.

기상과 취침 시간이 정해져서 한국 군대생활을 방불케 하지요. 냉난방 시설은 전혀 없습니다. 여름에는 덥고, 겨울에는 너무 추워 동상 걸릴 만큼 춥습니다.

창문 역시 단체생활인 관계로 작고 좁습니다.

★ 기숙사 생활 규칙

기숙사가 있는 학교에는 95% 이상의 학생이 기숙사 생활을 합니다.

도시에서는 일주일에 한 번 집으로 가지만, 촌에서는 한 달에 한 번 집으로 가기도 합니다. 일주일에 한 번 가도 되면 옷과 필수품만 챙겨서 학교에 갑니다.

★ 중국 아이들의 기숙사 생활 모습

중국인이 게을러서 그런 것도 있겠지만 어떤 학생은 씻는 시간조차 아끼려고 목욕을 하지 않는 아이도 있습니다. 심지어 어떤 학교에서는 머리 스타일만 바뀌어도 선생님이 무슨 멋을 부리느냐고 혼내기도 합니다.

교복은 추리닝 위주로 되어 있어, 많은 학생들이 대부분 추리닝을 입고 공부도 하고, 체육도 합니다. 너무 더러워지면 그냥 버리고 추리닝을 다시 구입하기도 합니다.

여학생의 경우 멋을 부리는 치마를 입는 일은 거의 상상하지 못하며 교내의 규칙을 잘 따릅니다.

중국에선 푸다오(辅导, 과외)가 필수?

중국에서 과외가 필수인 이유는 우선 중국어에만 있는 성조와, 영어에서 쓰이는 것과는 전혀 다른 영어 발음기호인 병음 때문입니다. 외국인이 어려워하는 발음이 있으므로 최대한 중국어에 가깝게 발음하기 위해서는 원어민과 함께 공부해야 정확하게 발음을 배울 수 있습니다. 그래야 훗날 중국 현지인들과 의사소통하는 데도 무리가 없지요. 또 중국어를 배우는 시간을 단축하기 위해서라도 과외를 해야만 한다고 생각합니다.

예를 들면 영어 'c' 발음이 중국어로는 'ㅊ' 발음이 납니다. 또 'ma' 발음이 1, 2, 3, 4성의 성조에 따라 '엄마', '말', '혼내다'라는 뜻으로 해석됩니다. 이러한 것들을 혼자 연습하기는 어렵습니다. 이 경우 선생님이 도와줬을 때 중국인과 의사소통하기가 한결 수월해집니다. 또한 성조가 합해졌을 때 달라지는 발음 역시 독학하기 힘든 과제입니다.

과외 선생님 구하는 방법

과외 선생님을 구하는 방법은 다양합니다. 중국 특유의 과외 선생님 구하는 법이 있지요.

칭다오에서 가장 먼저 찾았던 곳은 서점이었습니다. 여기선 한국에서 볼 수 없는 기이한 현상이 있었습니다. 학생들이 피켓에다 본인 이력을 써서 과외 할 학생을 구하는 것이었습니다. 하나 둘도 아니고 거의 30여 명이 되는 각 대학 학생들이 자신의 전공과 가르칠 수 있는 과목을 피켓에 써 놓았습니다. 저는 한 명씩 면담하면서 수업료를 문의했습니다.

2006년 기준으로 대학생의 수업료는 보통 시간당 20~30위안(약 3,600원) 정도였습니다. 2006년도 당시 환율은 1위안에 125배 정도였으나 지금은 170~180배 정도로 중국 화폐의 가치가 올랐습니다. 하지만 지금도 대학생의 수업료는 시간당 20~30위안 정도입니다.

대부분이 처음 한국 학생을 가르치는지라 좀 불안했습니다. 교과서로 삼아야 될 책도 없었지요. 만약 엄마나 가디언이 중국에 대한 상식만 있다면 교재로 삼을 책을 주면서 가르치는 것도 한 방법이 될 수 있었습니다. 하지만 이 또한 가르치는 실력을 믿을 수 없는 노릇이었죠. 내가 스스로 학원에 가서 직접 수업을 들어보기로 했습니다.

하지만 나와 수업 방식이 맞는다고 해서 아이들과 수업 방식이 맞는다고 확신할 수 없었습니다. 일단은 학원을 몇 군데 다니면서 3년 이상 한국인에게 중국어를 가르친 경험이 있는 학원 선생님을 위주로 섭외를 시작했습니다.

선생님과의 시간과 비용 조정도 필요했지요. 학원 선생님의 시간당 수업료는 40위안(현재 7,200원) 정도였습니다. 대학생보다 약 두 배의 수업료가 들어가는 셈이지요. 책을 선정하여 매일 배우고 단어 시험과 문장 시험을 보고, 그 결과를 엄마와 함께 의논하도록 했습니다. 최단 시간에 마칠 수 있도록 하고, 단어량과 문장량을 서로 의논하면서 공부하도록 했습니다. 언제나 공부할 땐 테이프를 손에서 놓지 않고 받아쓰기와 듣기를 병행했습니다. 공부하는 아이, 과외 선생님, 엄마가 함께 하는 공부였습니다.

푸다오(辅导, 과외) 선생님 구하기는 하늘의 별따기

보통 중국인 선생님은 착실하고 시간을 잘 지키며 아이들에게 성실하게 중국어를 가르칩니다. 그런데 경험이 없는 선생님은 아이들에게 무엇을 가르쳐야 되는지를 모릅니다. 우리가 외국인에게 한글을 가르치는 일도 처음에는 결코 쉽지 않듯이 말입니다. 경험 없는 대학생이나 대학원생들은 열정은 있으나, 한국 학생들이 처음 중국어를 배울 때 어떤 부분을 중점적으로 가르쳐야 하는지 모른 채 단순히 읽고 교정하는 방식으로 가르칩니다.

중국어는 처음 배울 때 발음의 강약과 성조의 기본 간격 같은 것이 매우 중요한데, 경험이 없는 사람은 그 중요성을 알지 못하지요. 아이들을 데리고 중국에 온 엄마들도 이것을 잘 모르기에 아이들에게 선생님만 구해주면 중국어를 배우게 된다고 생각하고 있습니다. 시간이 충분하면 시행착오를 겪더라도 괜찮겠지만, 되도록 빠른 시간 내 아이들의 중국어 실력을 향상시키고자 한다면 푸다오 선생님을 구하는 데 좀 더 신중할 필요가 있습니다.

　현직 초·중등 교사들 같은 경우에도 외국인을 가르친 경험이 없을 경우에는 외국인에 대한 배려나 생각이 없으므로 처음 중국어를 배우는 학생에겐 별 도움이 되지 않는 것 같았습니다. 그래서 저는 어학원에서 3년 이상 한국인을 가르친 경험이 있는 노련한 선생님을 선택하여 아이들에게 중국어와 수학을 가르치게 했습니다. 효과는 일반 선생님의 2배 이상이었습니다.

　경험 있는 선생님은 아이들의 문제점을 빨리 알아내고 정확하게 가르칩니다. 처음엔 발음과 성조를 확실하게 깨우치도록 합니다. 그리고 단어만 외우는 것이 아니라 문장 자체를 외워서 쓰도록 강조하면서 매일 받아쓰기를 합니다. 청취력과 작문 능력을 함께 키워 나가도록 하는 것이죠. 작문도 처음에는 교과서 본문에서 단어 몇 개만 바꾸도록 하여 구문에 익숙하게 하고, 시간이 지나면 교과서 본문 자체를 조금씩 변형하게 합니다. 그리고 점점 어려운 단어와 고사성어를 사용하여 고급 문장을 만들도록 수업을 진행했습니다. 선생님이 돌아간 후 아이들은 선생님이 가르친 것을 테이프로 들으면서 다시 받아쓰기를 하였습니다.

　영어의 경우에는 영화도 많고 공부할 교재의 가짓수도 많지만, 중국어의 경우에는 아직도 교육 자료로 사용할만한 영화나 교재가 많지 않아 선생님의 지도가 참 중요한 것 같습니다. 우리 아이들이 만난 선생님들은 풍부한 경험과 한국인에 대한 배려의 마음을 가졌기에 아이들이 좀 더 빨리 중국어를 배울 수 있게 되었습니다.

엄마의 밀착 코치 : 푸다오 선생님 구할 때 주의할 점

과외 선생님을 구할 때 몇 가지 조심해야 할 점이 있습니다.
① 표준화권 지역의 선생님을 구해야 합니다.
　그래야 표준 발음을 정확하고 빠르게 배울 수 있습니다.
② 한 선생님에게 너무 오래 배우는 것은 좋지 않습니다.
　3개월이나 6개월 단위로 끊어서 여러 사람에게 배우도록 하는 것이 좋습니다. 그것은 중국인의 발음이 개인마다 제각각이기 때문에 다양한 사람들의 목소리를 들어야 현지인과 의사소통하는 데에 저항감이 덜 생기기 때문입니다.

경험 많은 푸다오 선생님의 공부 방법

① 처음 중국어를 배울 때에는 발음과 듣기에 중점을 둡니다.

▶ 과외 경험이 있는 선생님은 한국인이 발음하기 어려운 권설음이나 움라우트 발음이 나오면 반복하면서 여러 가지 예를 들어줍니다. 하지만 처음 중국어를 가르치는 선생님은 어떤 발음을 어려워하는지 모르고, 성조 변화에 대해서도 민감하게 대처하지 못하는 경우가 많습니다.

② 발음과 듣기에 익숙해지면 문장을 가르치면서 간단한 어법을 배웁니다.

▶ 주로 회화 위주로 공부를 하며 쓰기 연습과 함께 계속 반복합니다.

③ 쓰기 연습에 본격 돌입하면 일기쓰기와 작문공부를 시작합니다.

▶ 여기서부터 문자를 외우면서 받아쓰기 요령을 익힙니다. 받아쓰기 요령을 익히려면 매일 30분 이상씩 테이프를 들으며 적어야 합니다. 처음에 테이프를 3분 듣고 난 뒤 그 내용을 보지 않은 채로 쓰기를 반복합니다. 이것은 자기와의 싸움입니다.

④ 듣고 쓰기를 반복하다가 마지막으로 책을 보면서 빨간 펜으로 점검합니다.

▶ 처음엔 붉은색 글자가 많지만 날이 갈수록 붉은색 글자가 적어집니다. 그만큼 잘 들리니까 말문이 트이고, 말문이 트이면서 쓰기 연습이 되니, 이후부터는 저절로 문장을 외워 작문이 자연스럽게 이뤄집니다. 짧은 작문에서 시작하여 300자 작문 그리고 교과서 본문을 그대로 옮기는 작문 연습을 하다 보면, 문장이 한결 부드러워지며 중국식 문장이 되어 나옵니다. 점점 고급 단어가 나오고, 매끄러운 문장이 나오면서 HSK의 고급 작문 실력이 배양됩니다.

⑤ 듣고, 쓰고, 말하는 과정이 수월해지면 어법 문제도 자연스럽게 해결됩니다.

▶ 따라서 HSK의 어법, 듣기, 독해, 작문이 몸에 배게 됩니다. 9개월 정도 지나면 고급 단계인 작문과 말하기에도 자신이 생깁니다.

과외도 중요하지만 더 중요한 것은 스스로 공부할 수 있는 자세를 기르는 것입니다. 중국어 책을 가까이 하는 좋은 버릇을 들여 스스로 자신감을 기르게 되면, 외국어를 받아들이는 데 남들보다 우위를 차지할 수 있습니다.

현지 로컬학교에 입학해 적응하기는 매우 어렵다고들 말합니다. 중국어 실력이 아직 완벽하게 갖춰지지 않은 상태에서 현지 아이들과 같이 고등학교 수업을 듣는다면 얼마나 곤욕일까요? 하지만 혹독하게 수업을 받더라도 포기하지 않고 공부를 계속할 수 있다면 어디서든 실력을 인정받을 수 있을 것입니다.

외국인에 대한 배려가 전혀 없는 학교생활에 적응하기 위해서는 중국어를 하루라도 빨리 마스터하는 것이 중요합니다. 하지만 중국어에만 집중하다가 수학, 과학, 화학, 생물, 역사 등 기타 과목을 공부하지 못하게 되는 경우가 있습니다. 중·고등학교 때 공부해야 할 것들을 중국어 공부 때문에 놓치게 되면 학습 불균형이 일어납니다. 결국 대학 입시에도 악영향을 미치게 될 수 있습니다. 또 수학, 과학, 생물, 화학 등의 과목을 중국말로 학습해두어야 중국 학교의 수업을 정상적으로 따라갈 수 있습니다. 따라서 한국 학생이나 조선족학생의 과외를 통해서라도 기타 과목을 꾸준히 공부해두어야 합니다.

눈치코치 고등학교 생활

"궁하면 통한다"고 하지만 중국어로 고등학교 수업을 듣는다는 것은 어려운 일입니다. 학교 입학 전 2개월 동안 열심히 중국어 공부를 했다고 해도, 고등학교 수준의 고문, 수학, 영어, 정치, 경제 등의 수업을 알아듣는 것은 거의 불가능했습니다. 중국 학생들이 우리 아이들을 도와줄 수도 없었고, 한국 친구도 없었기에 수업 교재나 준비물도 눈치껏 준비해야 했고, 때로는 먹는 것도 제대로 챙겨먹지 못하는 경우가 있었습니다. 어쩌면 청소년기의 중·고등학생을 언어도 아직 익숙하지 않은 상태에서 로컬학교에 보냈다는 것은 무모한 일일 수도 있었습니다.

칭다오 A중은 중국 산동성(山東省) 최고 명문학교 가운데 하나로, 이 학교 학생들의 97%가 기숙사에 머물며 학교에서만 생활하였습니다. 교과서를 외우는 것은 기본이고, 점심이나 저녁 먹는 시간까지 잠시도 쉬지 않고 공부에 매달린다고 하더군요.

아들은 그런 상황에서도 열린 마음으로, 또 항상 열심히 하는 태도로 생활했습니다. 그러자 어느 순간 반장 학생이 친절하게 다가와 친구가 되어주겠다고 했답니다. 그 학생은 아들이 학교생활 할 때 중국어로 대화를 나눌 수 있는 유일한 통로였고, 10대 또래 문화를 공유할 수 있는 절호의 찬스를 만들어주었지요. 반장 학생이 다른 학생들에게 소개해주고 학교 상황을 알려줘 적응하는 데 많은 도움을 주었다고 합니다. 물론 처음에는 영어와 몸짓으로 대화를 했고, 점차 중국어를 사용하여 의사소통을 할 수 있게 되었습니다. 자연스레 아들의 중국어 실력도 발전해갔습니다. 그 반장 친구는 1학년을 마친 뒤 캐나다로 유학을 가서 지금은 이메일로 가끔 안부를 전하고 있습니다.

딸의 경우 같은 반 친구 중 3~4명이 체육 특기생이었는데, 딸은 그 아이들과 아주 친하게 잘 지냈습니다. 농구 선수, 원반던지기 선수 등등. 이 친구들은 공부는 잘하지 못했지만 한국 친구에 대한 배려가 세심하여 학교생활을 즐겁게 할 수 있도록 해주는 샘물 같았다고 합니다.

다른 친구들은 공부하기에 너무 바빠 신경을 써주지 못했던 반면, 체육 특기생 학생들은 다소 여유가 있어 딸을 많이 챙겨주었던 것 같습니다.

체육 특기생 가운데 딸을 좋아하는 아이가 있었습니다. 딸은 그 학생과 사귀면서 중국어로 많은 대화를 나누었으며, 그 때문에 아들보다 더 빨리 중국어 실력이 늘어 칭다오 생활에도 쉽게 적응하였습니다. 많은 친구들과 만나다 보니 표준어는 물론, 산동 말도 조금 익히게 되었습니다. 두루두루 잘 어울리는 성격 덕분에 딸의 중국어 실력은 날로 발전했습니다. 수개월이 지난 후에는 중국 학생들만큼이나 빨리 휴대폰 문자를 보내는 딸을 보며 놀라기도 했습니다.

딸의 위험한(?) 중국 친구

하루는 이런 일이 있었습니다. 아이들이 처음 중국에 갔던 그 해 11월, 제가 급한 일로 서울에 가면서 아이들에게 은행카드를 주고 갔습니다. 약 10일 후에 칭다오에 왔더니 큰아이가 카드를 잃어버렸다고 했습니다. 은행에 갔더니 카드를 재발급 받는 데 2주가 걸린다고 하더군요. 제가 임대했던 집의 주인이 은행 지점장이라 빨리 발급해 달라고 부탁할 수도 있었지만 2주를 기다렸습니다.

12월 중순경, 새 카드를 발급 받아 잔고를 확인해보니 원래 입금되어 있던 잔고가 9,186위안에서 186위안으로 줄어 있었습니다. 깜짝 놀라 딸에게 물었더니 아이는 자신이 돈을 인출한 적이 없다고 대답했습니다.

카드 내역을 조회해보니 카드를 잃어버린 그날 9,000위안이 모두 인출되었습니다. 은행 지점장인 집주인과 상의했더니 공안(경찰)에 신고를 하면 폐쇄회로 화면을 통해 4시간 이내에 진상을 파악할 수 있다고 하더군요. 아이도, 친구 아빠가 공안인데 도와주겠다고 했다며 빨리 신고를 하라고 했지요. 제가 다니던 대학원의 같은 반 중국 친구들에게도 물어봤더니 공안에 신고하라고 했습니다.

하지만 이럴 때 지혜가 필요하더군요. 범인은 아이 주변의 친구일 가능성이 큰데, 공안에 신고를 해서 딸의 친구가 범인으로 밝혀질 경우를 생각하지 않을 수 없었습니다. 다행히 우리 집 2층에 한국 경찰대학 졸업 후 연수를 나오신 한국 분이 계셔서 먼저 상의를 했습니다. 그분께서는 우리나라에서도 만 16세가 넘어 도난 사건이 일어나면 조사도 받지만, 호적에 전과 기록이 생기면서 소년원에 보내진다고 하더군요.

심난한 가운데 잠이 들었습니다. 다음날 쾌청한 아침 날씨로 하루가 시작되었지만 마음은 착잡하였습니다. 아침 7시, 학교에서 아이가 전화로 경찰에 신고했느냐고 물으며 빨리 신고를 하지 않는다고 재촉하더군요. 잠잠히 듣고만 있었습니다. 9시경 딸아이의 담임선생님으로부터 전화가 왔습니다. 돈을 잃어버렸다고 하던데 공안에 신고를 했느냐고 묻기에 신고하지 않았다고 말했습니다. 경찰 아저씨에게 들은 그대로, 한국에서는 만 16세가 넘는 아이가 절도를 하면 소년원에 가고 전과 기록이 남아 대학 갈 때나 취직할 때마다 문제가 생길 수 있기 때문이라고 말했습니다. 또 공안이 범인을 잡기 위해 신성한 학교를 다녀가는 것은 여러 친구들에게도 좋지 않은 분위기를 만들 수도 있을 뿐 아니라, 이 일이 외부에 알려지면 학교의 명예도 손상시킬 수 있을 것 같아 신고하지 않았다고 했습니다.

그러자 담임선생님께서 "신고하지 않아 줘서 고맙다"고 말씀하셨습니다. 너무나 솔직한 선생님의 답변이었습니다. 나중에 알고 보니 국립 고등학교에서 도난 사건이나 불미스러운 사건이 일어나 신고가 들어가면 담임선생님은 물론, 학년주임, 교장선생님까지 한 달 감봉 처분을 받고, 그 후에도 많은 불이익을 당한다고 하더군요.

그날 전 대학원 수업이 있어 바빴는데 오후 2시경 한 낯선 중국 남자로부터 전화가 걸려 왔습니다. 전혀 모르는 남자의 전화에 놀랐지만 그 사람은 딸 친구의 오빠라고 자신을 소개했습니다. 그러고서 자기 동생이 잘못을 저질렀다며 돈을 돌려주겠다는 것이었습니다. 혼자 나갈 수 있는 상황이 아닌 것 같아 저의 반 친구와 함께 그 학생 오빠를 만나러 갔지요. 차근차근 자초지종을 설명하고 동생의 잘못에 대해 용서를 빌면서 저에게 돈을 돌려주었습니다. 저는 다시 학교 담임선생님에게 돈을 찾았으니 걱정하지 말라고 전화를 했습니다. 그런데 오후 6시경 담임선생님께서 전화를 해 학교로 와달라고 했습니다. 이유는 이미 교장선생님께 상황이 보고되었기에 정황을 알려줘야 한다는 것이었지요. 저는 학교로 가서 담임선생님과 함께 교장실로 갔습니다. 저는 가장 먼저 그 아이에게 처벌을 하지 말아달라고 부탁을 했습니다. 순간의 잘못으로 그 아이의 미래가 잘못되어서는 안 된다는 점을 말씀드리니 교장선생님께서도 수긍해 주었습니다. 상황을 상세히 설명해주고 카드인출 복사본을 보여준 뒤 집으로 돌아왔습니다. 그날 저녁 그 친구의 아빠가 전화를 걸어와, 자기 딸이 다시 태어난 것이나 다름없다며 공안에 신고하지 않고 처리해주어 정말 감사하다고 전해왔습니다.

그렇지만 그 후 그 친구는 결국 처벌을 받았습니다. 반에서 1개월 동안 15건의 도난 사건이 발생했는데 그 아이가 범인인 것으로 밝혀졌다고 합니다. 중국 학교의 교칙 상 절도 행위를 한 학생은 자신의 잘못을 자세히 작성하여 일주일 동안 학교 게시판에 게시한 후 학교에 계속 다니든지 아니면 다른 학교로 전학을 가게 되어 있습니다. 그 주 토요일 아이는 다시는 그 친구를 만나지 않겠노라고 얘기했습니다. 저는 아이에게, 카드를 학교에 가지고 간 점, 카드로 현금 인출 시 그 친구에게 비밀번호를 보여준 점 등 딸의 잘못에 대해 지적하며 친구 관계를 한 번 더 생각해 보라고 했습니다. 그리고 엄마가 공안에 신고하지 않은 이유는 경찰에 신고하면 돈은 돌려받겠지만, 그 친구의 미래가 걱정될 뿐 아니라 그 친구의 친구들이 모두 중국 아이들인데 원인 제공이 한국 아이였다고 하면 따돌릴 가능성이 우려되었기 때문이었다고 설명했습니다. 중국에 살면서 모든 면에서 조심해야 한다고 당부하였습니다. 그리고 친구가 잘못을 저지르도록 원인 제공한 것을 반성토록 하고 앞으로 그 친구에게 더 잘해주도록 얘기했습니다. 그 아이는 칭다오에서 학교를 다니지 못하고 산동성의 수도인 지난(濟南)으로 전학을 가서 학업을 마치고 칭다오 대학에 진학하였습니다. 지금은 딸의 좋은 친구로 지내고 있습니다. 그 사건을 계기로 딸에겐 중국 친구가 더 많이 생겼으며, 딸 역시 중국 학생들에게 멋진 한국 친구로 자리매김하게 되었습니다.

02

칭다오 A중의 난관 극복하기

외톨이 한국 유학생

중국 로컬 고등학교에 입학한 아이들은 중국 학생들과 똑같이 14과목의 수업을 들어야 했습니다. 하지만 2개월간 배운 중국어 실력으로는 수업을 알아듣기는커녕 영어 시험문제의 문항도 이해할 수 없었지요. 당연히 14과목 모두 부진할 수밖에 없었고, 이러한 성적 부진과 자신감 상실은 중국 친구들과 친하게 지내는 것조차 힘들게 만들었습니다. 물론 같은 반 친구들 가운데 가끔씩 아이들을 도와주는 경우가 없는 것은 아니었지만, 그냥 동정심에 의한 도움일 뿐이었지요. 다른 학교도 대체적으로 비슷할 것으로 생각했지만, 특히 칭다오 A중의 경우에는 우수한 학생들이 입학하자마자 대학 입시를 향해 달려가서, 자신에게만 충실해도 시간이 부족한 상태였지요.

하지만 중국유학생활을 성공적으로 끝마치려면 중국인 인맥을 쌓는 것은 필수입니다. 중국인 친구들과 폭넓은 인간관계를 형성했느냐의 여부가 곧 성공적인 유학생활을 했느냐, 하지 못했느냐를 결정할 정도니까요.

운동으로 중국 학생들과 친해져라

그렇게 말이 통하지 않는 상태에서 중국 학생들과 친해질 수 있는 가장 빠르고 좋은 방법은 스포츠 교류였습니다. 아이들은 남보다 더 열심히 뛰고, 다른 친구를 배려하는 깨끗한 매너로 경기를 이끌고, 경기에서 이기기 위해 최선을 다했습니다. 홍콩 국제학교에서 틈틈이 익혀둔 축구와 농구 실력이 진가를 발휘했습니다. 스포츠는 아이에게 자신감을 가져다주었고, 중국 학생들이 한국 학생을 다시 생각하고 인정하도록 만든 계기가 되었습니다. 중국 친구들은 우리 아이들이 비록 중국말을 잘하지는 못해도 결코 어리석지 않음을 알게 되었고, 이때부터 우리 아이를 가까이 하려는 친구가 늘어갔습니다.

같이 땀 흘리며 운동하는 즐거움

중국에 와서 동네 체육관에 갔던 적이 있었습니다. 중국 아이들이 농구를 하며 놀고 있더군요. 아들도 홍콩에서 열심히 농구를 하였기에 무척 호기심 어린 눈으로 보고 있더니 어느덧 뛰어들어 그들과 함께 농구를 했습니다. 말이 필요 없는 것이지요. 땀을 흠뻑 흘리면서 경기를 한 후 중국 아이들이 놀라더군요. 한국인이라는 것을 알고……. 운동을 할 때에는 말을 하지 못해도 전혀 상관이 없습니다. 하지만 함께 땀을 흘린 것이 계기가 되어 친구가 되고 다시 만나게 되는 것이지요.

중국 친구를 사귀는 데 멀리 가지 않아도 됩니다. 동네에서 아이들이 공을 던지고 놀 때 함께 하면 됩니다. 어려운 일도 아니고 말을 하지 못해도 전혀 문제가 되지 않습니다. 처음엔 이름만 부르다가 점점 다른 대화로 넘어가고, 함께 식사도 하게 되고, 다시 만날 약속을 하며 운동을 하게 되는 것이지요.

영어를 활용해라

아이들이 중국 친구들을 사귄 또 한 가지 비결은 영어였습니다. 홍콩 국제학교에서 배운 영어가 중국에서도 많은 도움이 된 것이지요. 처음에는 중국어 실력이 부족하여 중국어로 된 시험 문항을 이해하지 못해 답을 쓰지 못하고, 영어를 중국어로 해석하는 문제도 중국어 작문 실력이 없어 답을 알아도 풀지 못하는 우스꽝스러운 상황이 계속되었지요. 그렇지만 2개월 정도가 지난 뒤 중국어가 조금씩 늘면서 영어시험에서만큼은 꼴찌를 면함은 물론, 뛰어난 성적을 거두게 되었습니다. 또 반

별 영어 스피치 대회에 출전하여 반의 위상을 높이면서 중국 친구들의 인정을 받게 되었지요.

아이들이 구사하는 영어가 매우 자연스럽고 발음도 괜찮다는 것을 알게 된 중국 친구들은 영어를 배우고 싶어서 우리 아이 곁으로 모여들었습니다. 우리 아이는 중국 친구들의 발음을 교정해주고 대화도 자연스레 나누면서, 서로 가르치기도 하고 배우기도 했습니다. 중국 친구들 가운데는 영어를 말로는 하지 못해도 어휘력이나 문법에 있어서는 우리 아이보다 뛰어난 학생들도 많았습니다. 영어는 그렇게 우리 아이에게 친구를 만들어 주었습니다.

무엇이든 주어진 상황에서 최대한 열심히 노력할 때 그 효과는 당장 나타나지 않더라도 결국 자신의 능력이 되어 큰 힘을 발휘하는 것 같습니다. 홍콩에 있을 때에는 아이가 운동에 너무 많은 시간을 할애하는 것 같아 공부하라고 보채기도 했지만, 중국에 와서는 친구를 사귀는 밑거름이 될 수 있었으니 고맙게 생각했습니다.

중국 역사는 중국 친구도 멀어지게 한다?

중국에서 유학생활을 하면서 여러 가지 어려움이 있겠지만 한국인과 중국인 사이에 가로놓인 또 한 가지 큰 강은 역사입니다. 우리에게는 우리의 역사가 있고, 중국인에게는 중국인이 주장하는 역사가 있지요. 학자들처럼 고증자료를 가지고 역사를 논할 수 없고 배운 것만 가지고 자신의 입장을 주장하는 어린 학생들 사이에서의 역사 논쟁은 자칫 서로의 마음에 상처를 주기도 합니다.

중국 학생들은 고구려사를 중국의 역사라고 얘기합니다. 우리 아이들이 비록 한국에서 역사 공부를 하지는 않았지만 나름대로 우리 역사에 대한 기본 지식을 가지고 있었기에 처음에는 어눌한 중국어로 아니라고 주장을 했지요. 하지만 중국 아이들은 결코 이에 동의해 주지 않았습니다. 중국 학생들이 알고 있는 고구려는 중국의 변방국가 중 하나였으니까요.

우리 아이들은 역사적 사실을 인정하지 않는 중국 학생들이 답답하였지만 더 이상 논쟁할 수는 없었습니다. 중국어가 그만큼 능통하지도 못했거니와 반 전체에서 유일한 한국 학생이 60명의 중국 학생을 상대로 논쟁을 벌인다 한들 해답은 나오지 않았지요. 모든 것은 다 때가 있는 법이라고 생각하는 수밖에 없었습니다. 겉으로는 웃음을 지으며 나중을 기약하는 마음의 여유를 갖고, 고교생의 현실적인 문제로 화제를 바꾸는 지혜를 발휘해야 했습니다.

스스로 중국을 얼마나 이해하고 있는지 생각해보면 중국 친구들이 한국에 대한 이해의 폭이 좁은 것에 대해 나무랄 수만은 없는 것이지요. 우리 자신부터 먼저 중화사상을 알고, 중국 민족에 대해 이해하는 과정을 거치기를 바라는 마음으로 가정에서 미리 아이들과 얘기를 나누었습니다. 이러한 충돌의 위험을 지혜롭게 넘기도록 하기 위해서였지요.

하지만 중국에 대한 이해가 아무리 깊고 넓어도 자신의 근본을 알지 못하면 아무런 쓸모가 없는 것입니다. 그래서 저는 한국에 갈 때마다 우리 역사와 중국 역사 서적을 구입해 놓고, 공휴일이 되면 그 책을 읽으며 먼 훗날 진정한 승리자가 되길 기원하곤 했습니다.

한국인 친구도 소중히

아이들을 처음 홍콩 국제학교에 보냈을 때 한 반의 학생 25명 중 한국 학생이 5명 정도였습니다. 아이들이 되도록이면 한국 친구들과 만나는 시간이 많지 않았으면 했습니다. 때로는 최소한 영어가 능통해질 때까지 한국 친구는 사귀지 말아 달라고 부탁한 적도 있습니다. 약 일 년 정도만 열심히 영어를 사용하면 영어로 수업을 듣고 발표하는 데엔 지장이 없을 것이며, 그때가 되어도 한국 친구를 사귈 수 있는 기회는 얼마든지 많다는 것이 저의 주장이었습니다. 그러나 아이들은 영어가 아직 익숙지 않아 외국 친구들과 사귀는 데 서툴 수밖에 없었고, 기회만 되면 편안한 한국어를 쓰는 한국 친구들과 가까이 지내려고 했습니다.

그래서 중국유학을 시작하면서 가능하면 한국 학생이 없는 학교를 선택하려고 했습니다. 한국 학생이 없으면 중국어를 사용할 수밖에 없고, 그러면 빠른 시간 내 중국어에 익숙해질 것이라는 생각이었지요. 그래서 국제학교를 선택하지 않고 로컬학교를 선택한 것입니다. 칭다오에 한국 학생이 한 명도 없는 학교를 찾기란 어려웠습니다. 칭다오 A중에는 한 학년에 5명 정도의 한국 학생이 있었지만 한 반에는 한국 친구가 없었기에 무척 다행스럽게 생각했습니다.

그러나 아이들은 옆 반에 있는 한국 친구와 쪽지를 교환하며 사귀더군요. 또래 문화는 어쩔 수 없었습니다. 그 친구들은 중국에 온 지 8~9년 정도 되어 중국인만큼 유창한 중국어를 사용했습니다. 하지만 우리 아이들은 이제 겨우 더듬더듬 중국어를 하는 상황이었지요. 그 친구들 역시 학교공부에 정신이 없었으므로 평일에는 만날 시간이 없어 쪽지로 대화하고, 토요일에 2~3시간 정도 만나 일주일간의 답답했던 마음을 한국어로 맘껏 풀어내는 듯했습니다.

칭다오 A중은 치열한 경쟁의 입학시험에서 합격해야 올 수 있는, 산동성에서 가장 우수한 학생들만 들어오는 학교이기 때문에 한국 학생들 역시 실력이 출중하였습니다. 모두들 놀기를 좋아하면서도 공부도 매우 열심히 했습니다. 때론 한국 학생들끼리 보컬을 만들어서 애국가와 한국 노래를 강당에서 연주해 중국 학생들의 부러움을 사기도 했지요. 아들은 저녁에 1시간씩 드럼을 배워 보컬 활동에 동참했습니다. 칭다오 A중의 한국 친구들은 우리 아이들의 부족한 공부를 도와주기도 하고, 학교생활에 빨리 적응할 수 있도록 도와주는 등 많은 도움을 주었습니다.

한국인 인맥도 중요하다

　귀인은 나의 길을 열어주기도 하고, 나의 어려움을 막아주는 방패막이가 되는 사람이지요. 귀인을 만나기를 기대하기보다는 본인이 다른 사람의 귀인이 될 수 있는지를 먼저 생각해야 된다고 봅니다. 내가 남의 귀인이 될 수 있을 때 남도 나의 귀인이 될 수 있기 때문이지요.

　아이들에게 자신이 한국 유학생들에게 어떤 인상을 주고 있는지, 친구로서 어떤 사람인지, 먼저 생각해보라고 했습니다. 잠시 잠깐 스쳐가는 친구로 남을 것인지, 상대에게 잊히지 않는 사람이 될 것인지, 항상 생각을 하면서 행동하라고 했습니다. 또한 그들에게 내가 필요한 존재가 되기 위하여 나 스스로 유학생의 신분을 잘 지키고 있는지를 먼저 점검하고 밖에 나가 친구를 사귀었으면 했습니다. 도화나무 아래는 길이 없어도 만들어지는 것처럼…….

　외국에서 생활을 하든, 국내에서 생활을 하든, 주변에는 어릴 때부터 외국에서 다양한 문화를 경험한 친구들이 많습니다. 어느 부분 공유할 수 없는 것도 있겠지만 학생이란 공통분모 아래 누구나 친구가 될 수 있다고 믿습니다. 친구에게 내 마음을 주고 그 친구 스스로 마음을 열 수 있도록 노력하는 자세가 필요합니다. 외국에서 유학생활을 하면서 열심히 사귄 친구는 그 나라 친구지만 외국에서 함께 고생하면서 만나는 한국 친구도 참 중요합니다. 외국에서 한국인으로서의 경쟁력을 가지려면 당연히 한국 친구들과의 원만한 교류가 뒤따라줘야 하는 것이지요.

한국 친구들 중에서 열심히 공부하는 학생들은 고등학교를 졸업하고 미국, 홍콩, 일본 등지의 유수한 대학으로 진학합니다. 그 친구들은 앞으로 세계 각국으로 나아가 자신의 길을 가게 될 것이며 언제가 다시 만나게 될 것입니다. 내가 처한 환경에서 멋진 생활을 한다는 것은 내가 상대의 귀인이 될 수 있도록 항상 노력하는 것입니다. 한국 친구든 중국 친구든 진정 서로의 마음이 통할 수 있도록 항상 노력하는 모습을 가져야 합니다.

취미나 특기를 만들어라

한국에 있을 때 우리 아이들은 5년 정도 검도를 배웠습니다. 홍콩에서도 검도를 일주일에 한 번씩은 하였기에 중국에 와서도 일주일에 한 번은 하려고 애를 썼습니다. 땀을 흘리지 않고 책만 보고 있으면 짜증과 스트레스를 해결할 방법이 없기에 항상 검도나 달리기나 농구를 했지요.

특기라고 말할 수 있을 때에는 자기의 특기를 확실하게 보여

줘야 됩니다. 대학교 신청서를 작성할 때 특기를 쓰는 칸이 있는데, 만약 검도를 잘한다면 몇 단인지 쓰고, 피아노를 친다면 몇 급인지 구체적으로 제시해야 특기로 인정을 받습니다. "그냥 했습니다" 정도로는 특기라고 내세울 수가 없는 것이지요.

칭다오 A중에서는 일주일에 한 번씩 강당에서 각 학년별로 장기자랑 대회가 열립니다. 강당은 1,000명 정도를 수용할 수 있는 큰 규모입니다. 아들은 A중에서 한국 학생으로만 구성된 보컬을 만들었습니다. 특별히 다룰 수 있는 악기가 없었기에 그때부터 시간을 내어 드럼을 배웠습니다. 배울 곳이 마땅치 않아 시내 카페에서 영업 시작 전 오후 5시경부터 매일 한 시간씩 드럼에 고무밴드를 끼워놓고 소리를 죽이며 드럼을 배웠습니다. 3~4개월이 지나 겨울이 될 즈음 5명의 그룹사운드가 만들어져서 A중 강당에서 애국가와 락 음악을 연주했습니다. 무대에 선다는 것은 단순히 재미보다도 담력을 크게 해주었으며 더 열심히 해서 더 큰 무대로 가보자는 열정을 만들어 주었습니다.

중국에서 공부를 하면서 중국어도 열심히 해야 하지만, 아이들이 스스로 즐겁고 보람을 찾을 수 있는 취미를 갖도록 자리를 마련해 주는 것도 매우 중요하다고 생각합니다. 그리고 마음껏 미친 듯이 빠져들 수 있도록 유도해 줄 필요도 있습니다.

물론 중국 학생들과도 함께 운동 경기를 하고, 보컬을 구성하면 더 좋았을 것이라는 아쉬움은 있습니다. 그들과 함께 뛰고 웃고 대화하고 고민하면서 중국을 더 많이 알게 되고 더 많이 느끼게 될 것이니까요.

함께 고생하는 엄마

항상 아이들에게 비전을 주기 위해서 아이들의 눈높이에서 비전이 될 수 있는 글을 컴퓨터와 책, 그리고 신문을 통하여 찾아내고, 일주일에 한번씩 기숙사에서 집으로 돌아온 아이들에게 제시하고 느끼고 함께 얘기를 나누었습니다. 아이들에게 좋은 본보기가 되기 위해 해양대학 대학원생들에게 매일 2시간씩 한국어를 가르치며 한국 음식과 문화를 가르쳐 주기도 했습니다. 엄마가 항상 열심히 노력하는 모습을 보이고 시간활용을 잘했습니다.

주말에는 가급적 외부와의 다른 약속을 피하고 애들과 함께 있었으며 주중에는 2번 이상 학교 정문으로 찾아가 아이들을 만나고 음식과 필요한 것들을 전달했습니다. 중국어가 부족한 학습 부진아였기에 각 과목 선생님들을 만나 우리 아이들에게 많은 관심과 격려를 부탁을 하기도 했습니다.

멋진 등대가 되기 위해, 아이들이 올바른 방향으로 나아갈 수 있도록 할 수 있는 실력을 배양하기 위해 저도 학교를 다녔습니다. 제가 비추는 불빛이 올바른 방향으로 가르치고 있는지 늘 의문을 가지고 체크를 하면서 머물러 있는 물이 되지 않고 항상 새롭고 창의적인 등대가 되기 위해 노력했습니다. 물론 이러한 노력은 앞으로도 계속될 것입니다.

중국의 공교육이 살아있다는 것은 학부형 회의에서 확실하게 볼 수 있습니다. 학교에 전교생의 학부모들이 한꺼번에 모이는 가장(家長)회의, 즉 학부형 회의입니다. 고등학교 학부형 회의는 방과 후인 오후 7시부터 9시까지 진행됩니다. 학부형 회의가 열리는 날에도 학교 앞에는 어지러운 주차대란이 없습니다. 모두 학교에서 30미터 이상 떨어진 곳에 주차를 하고 참석을 합니다.

회의에 참석한 학부모들은 자기 아이의 책상에 앉습니다. 대부분 99% 이상 학부모가 참석을 합니다. 회의에 엄마, 아빠는 물론이고 할머니, 할아버지도 참석하기 힘들 경우에는 고모, 이모, 집에서 일하는 아줌마까지 누구나 참석할 수 있습니다.

책상 위 왼쪽에는 아이들이 치른 시험지가 있고, 오른쪽에는 성적표가 놓여 있습니다. 각 과목 점수와 반 서열, 전교 서열까지 기록된 자세한 성적표가 학부모들에게 공개되는 것입니다.

회의는 정확히 7시가 되면 마이크를 통해 학교장 선생님의 환영 인사 말씀으로 시작합니다. 10여 분이 지나면 담임선생님의 환영 인사가 있습니다. 그 이후부터 각 과목별 선생님에게 약 7~8분 정도의 시간이 주어집니다. 각 과목 선생님들께서는 과목의 교육 목표와 가르치는 부분, 채점을 한 과정을 설명해주고, 모호했던 문제에 대해서는 그 자리에서 학부모와 함께 풀어보면서 "이럴 때 부모님 같으면 어떤 식으로 점수를 주겠느냐"고 묻습니다. 중국 고등학교의 시험은 주관식 논술 문제가 많고 점수 비중이 큽니다. 선생님은 자신도 사람이기에 글씨를 잘 쓰는 학생에게 점수를 잘 주게 된다고 솔직하게 얘기합니다. 마지막으로 선생님의 전화번호와 이메일 주소를 적어주면서 시험 성적에 이의가 있으면 전화를 하라고 합니다.

어문(중국어) 선생님은 논술식 문제는 해답을 두괄식으로 작성하고 글씨도 예쁘게 쓰면 점수가 좋다는 것을 자상하게 설명합니다. 어문, 수학, 영어, 화학, 사회, 정치 등 모든 과목의 선생님이 약 한 시간 정도 시험문제와 채점에 대해 설명을 하고 나면 이후 한 시간은 담임선생님에게 주어집니다.

담임선생님은 첫 번째 말씀에서 전인교육을 하다 보면 대학은 저절로 가게 되고, 학부모와 학생 그리고 선생님이 하나 되지 않으면 학생들의 성적이 오를

수가 없다는 점을 강조합니다. 때로는 학생의 잘못을 지적하며 학부모에게 질타를 하기도 합니다. 어느 부모도 선생님의 말씀에 이의를 달지 않습니다. 모든 학생들이 기숙사 생활을 하기 때문에 담임선생님에게는 학생들에 대한 자료가 많습니다. 학생의 학과목 성적이나 부족한 점, 기숙사와 학교에서의 생활자료 등 모든 자료를 담임선생님이 관리합니다. 그리고 담임선생님은 특별한 일이 없으면 고교 3년을 줄곧 한 학급의 담임으로서 학생들을 지도하게 됩니다.

담임선생님은 학부형 회의에 참석한 학부모님들에게 다음과 같이 묻습니다.

---

1. 학생이 핸드폰으로 누구에게 전화와 메시지를 많이 보내는지 아십니까? 그리고 무슨 대화를 하고 있는지 아시는지요?

2. 학생은 점수를 올리기 위해 정신병자처럼 열심히 노력합니다. 그들을 위해 부모님들께서는 무엇을 해주실 수 있습니까? 혹시 아이들이 집에 돌아온 토요일에는 텔레비전을 보고 있지 않는지요? 부부싸움을 하지 않았는지요?

3. 학생들이 시험을 치르기 전 얼마나 불안해하는지, 시험 기간 중 부모님들께서는 학생들에게 어떤 말을 해주시는지, 그리고 얼마만큼 격려해주시는지요?

4. 시험이 끝난 후 어떤 말로 위로를 하는지요? 혹시 시험을 잘 못 치른 아이에게 가슴에 못이 박힐 아픈 말을 하시지는 않는지요?

5. 아이가 미래의 희망을 갖도록 자상하게 조언을 해주셨나요? 사기를 꺾는 말만 하지는 않으셨나요?

6. 학생의 사기 진작을 위하여 멘토를 찾아 주시는지요? 좋은 멘토를 선정해주고 많은 성공담을 들려줄수록 아이들은 더 바르게 성장합니다.

　질문이 끝나면 마지막 순서로 성적 진보상을 받은 아이의 학부모에게 공부시킨 사례를 발표하도록 하고, 반에서 일등 한 학생의 부모님께도 일어나서 아이가 어떻게 공부를 하도록 지도했는지 소개하도록 합니다. 모든 부모님들은 자기의 아이에 대해 칭찬과 격려의 말씀을 합니다. 조금 어눌하게 말씀하시는 분들도 있지만 모두들 기쁜 마음으로 발표를 잘합니다.

　학부모 회의에서 학교의 환경미화는 토의하지 않았습니다. 교실의 환경이 조금 더럽고 부족한 면이 있더라도 그것은 학생들의 몫으로 학생들이 알아서 할 수 있다고 합니다. 우리나라 학교의 학부모 회의와는 너무도 많은 차이를 느꼈습니다.

　저녁 9시가 되어 종료한다는 방송이 나오면 모든 부모님들은 집으로 돌아갑니다. 학부형 회의는 약 두 달에 한 번씩 열리는데, 첫 번째 회의에서는 학부모들이 학교에 대한 의문사항과 요구사항 위주로 학부모와 선생님 간 토론이 이루어지고, 두 번째 회의에서는 위에서 예로 든 시험 후 모임이 있습니다. 그 학기의 마지막 회의에서는 학생들의 신체 발달 상황 등에 대해서 학교와 학부모 간 대화가 이루어지게 됩니다. 매번 회의에서 성적 문제는 항상 빠지지 않는 의제입니다.

　참석하신 학부형들은 정말 열심히 선생님 말씀을 경청합니다. 아마 우리나라도 70년대쯤엔 학부모가 선생님의 말씀이라면 무엇이든 옳다고 말씀하셨지요. 요즘 한국에서는 보기 힘든, 참 부러운 모습이었습니다. 중국 공교육의 실체를 알게 된 좋은 기회였습니다.

제4부
이젠 중국 대학을 향해 달려라

01

왜 중국 대학인가?

미국을 능가하는 미래 중국의 무한한 가능성

세계에는 우수한 대학이 많습니다. 하버드를 비롯한 미국의 아이비리그, 그 외에도 무수히 많은 유명 대학들, 영국 옥스퍼드, 케임브리지를 비롯하여 독일, 프랑스 등지에도 많은 사람들이 선망하는 대학들이 있습니다. 아시아에도 동경대, 싱가포르 국립대, 홍콩대, 홍콩 과기대 등 유수의 대학들이 즐비합니다. 이렇게 좋은 대학에 들어갈 수 있는 실력을 갖추고, 부모의 경제적 능력이 뒷받침된다면 이상적이라고 할 수 있을 것입니다.

지금으로부터 25년 전 제가 처음 중국어를 배울 때 많은 사람들이 중국어 배워서 무엇을 할 것이냐며 자기 일인 양 걱정

해주었습니다. 25년 전 중국과 지금 중국 그리고 25년 후의 중국을 생각해 봅니다. 25년 전의 중국은 이제 막 기지개를 켠 듯했지만 여전히 불확실성이 높은 상태였습니다. 25년이 지난 지금 중국은 우리에게 가능성을 보여주었고, 앞으로도 계속 발전할 수 있을 것이라는 예상을 가능하게 해주고 믿음을 주었습니다. 현재의 발전 속도가 지속된다면 25년 이후의 중국은 최소한 미국과 어깨를 견주는 초강대국이 되어 있을 것입니다.

우리에게 있어서도 중국은 이미 떼려야 뗄 수 없는 밀접한 관계를 가진 나라입니다. 대미·대일무역 적자를 메우는 것이 대중무역이다 보니 어떤 분석가들은 중국과 3년 정도만 빨리 수교를 했더라면 우리나라는 IMF를 겪지 않을 수도 있었을 것이라고 말합니다. 그리고 우리가 빠른 시간 내 IMF를 극복할 수 있었던 것은 대중무역 때문이라고 말합니다. 정치적으로도 한중관계는 점점 긴밀해지고 있습니다. 이명박 대통령께서 중국을 방문하셨을 때 한중관계는 전략적 협력 동반자 관계라는 수준 높은 협력 수준에 도달했습니다.

우리 아이들이 미국 대학이나 영국 대학에 뜻이 없었던 것은 아닙니다. 하지만 가족회의 끝에 중국 대학에 진학하기로 결정한 것입니다. 중국의 가능성, 가정의 경제적 여건 등 여러 가지 요소가 고려되었지만, 무엇보다도 영어 이외에 세계적 외국어인 중국어를 한 살이라도 더 빨리 접하는 것이 유리하겠다는 마음이 있었습니다.

청화대

진로를 정하고 난 뒤 북경대학과 청화대학을 목표로 하되 재수는 하지 않는다는 생각을 굳게 가졌습니다. 특히 북경대학을 목표로 하도록 아이들을 독려하면서 북경대의 우수성과 북경대 진학 시 진로와 발전 가능성을 지속적으로 강조했습니다. 중국에서 가장 좋은 대학임에 틀림없을 뿐만 아니라 세계적으로도 다양한 대학들과 많은 교류를 하고 있어 아이들이 원했던 미국, 영국과 연결될 수 있는 길도 있을 것이라고 기대감을 불어넣어 주었습니다. 그리고 우리나라를 이끈 인재들이 60~70년대에는 일본 유학파였고, 80~90년대를 거쳐 지금까지는 미국 유학파이지만, 21세기에는 중국유학파가 될 것이라는 비전을 제시하기도 하였습니다. 이러한 비전을 뒷받침해 줄 수 있는 자료를 많이 보여주었지요. 아이들도 엄마 아빠의 뜻에 동의했습니다.

외국인 특별전형제도 이해하기

우리나라도 대학에 진학할 때 외국인 특별전형제도가 있고, 3년 이상 주재원 생활을 마치고 한국에 귀국하면 재외국민 특별전형의 혜택을 볼 수 있지요. 중국 대학에도 외국인 특별전형이 있으며, 대만인이나 홍콩인들의 경우에는 무시험 전형으로 입학하기도 합니다. 외국인이 중국 대학에 입학하고자 할 경우 여러 가지 다양한 외국인 특별전형제도가 있으므로 본인에 맞는 전형제도를 이용하여 대학에 진학하면 됩니다.

중국의 위상이 높아지고, 중국어에 대한 수요가 많아지면서 이제 중국 대학에 가기도 점점 힘들어집니다. 많은 한국 학생들이 중국 대학을 가기 위해 공부하고 있습니다. 중국 최고의 대학인 북경대와 청화대에 가기 위해서는 점점 치열해지는 경쟁률을 뚫어야 합니다. 중국 명문대 입학은 한국의 대학 입시 못지않습니다. 한중수교 초기에는 HSK에서 6~7급만 받으면 북경대나 청화대는 쉽게 들어갈 수 있었습니다. 하지만 2005년 북경대 경쟁률은 10:1이었습니다. 그 경쟁률은 점점 올라가고 있지요.

북경대가 한국인의 인원수를 줄이려고 하는 점도 입학을 어렵게 하는 요인입니다. 매년 800여 명이 입시를 치르면 합격생은 130명 내외인데, 한국인 합격자 수를 50% 내외로 조정하고 있습니다. 청화대학은 예과나 다른 제도가 없고 오직 입시만을 치르고 있습니다.

그리고 미국 등 세계 각국에 살고 있는 화교 학생들도 북경대와 청화대에 진학하기 위해 각축전을 벌이고 있습니다. 이제 한국 학생들만의 경쟁이 아닌 것입니다. 화교는 외국인과 경쟁을 하도록 되어 있어 중국의 대학을 가기 위해서는 화교 학생들과 경쟁해야 합니다. 미국 국적을 가지고 중국에서 초, 중, 고를 다닌 화교 학생들은 중국어뿐 아니라 영어도 잘합니다. 참 힘든 경쟁 상대가 많아진다는 것을 명심해야 할 시기가 온 것 같습니다.

예과제도
본과 입학 시험
경희대 한중 미래 지도자 과정

중국에서 외국인 전형으로 선발하는 시험은 아래와 같이 세 가지 방법이 있습니다.

첫 번째 방법은 각 대학마다 개설하고 있는 예과제도입니다. 예과란 해당 대학을 입학하기 위한 입시 예비반을 말합니다. 대학에 입학하기 일 년 전부터 그 대학에서 요구하는 중국어 과정을 이수한 후 학교에서 지정한 한 개 과목만 시험을 치르고 그 시험 성적으로 입학 자격이 부여되는 제도입니다. 북경대는 수학만 시험을 치르며, 다른 대학은 다른 과목으로 합격 여부를 결정하기도 합니다.

두 번째 방법은 바로 본과생(유학생)으로 시험을 치르는 것입니다. 문과의 경우에는 5과목을, 이과의 경우에도 5과목의 시험을 치릅니다. 매해마다, 학교마다 시험치는 과목이 다르지요. 대부분 학생들이 이 방법을 통해 입학을 하고 있기 때문에 경쟁률이 가장 높습니다. 2008년 외국인 입학생의 20% 정도가 화교였다고 하며 수석을 차지한 외국인도 미국 국적을 가진 화교라고 합니다.

세 번째 방법은 우리나라 대학교에 들어가 일정 기간 수강한 후 상호 교류 협정이 맺어진 중국 대학으로 옮겨 졸업을 하는 것입니다. 한국에서 받은 수업이 예과수업이 되는 것이지요. 우리나라 경희대학교에 2003년부터 한중 미래 지도자 과정이 설치되어 있어서 경희대에 입학하여 3학기 강의를 수강하고, 나머지는 북경대에서 수업을 할 수 있다고 합니다.

저는 아이들에게 두 번째 방법인 본과생으로 바로 시험을 치는 방법을 선택하도록 했습니다.

아이들에게 맞는 대학 입시전형을 분석한 결과, 시험에 빨리 적응하기 위해서는 더 이상 칭다오 A중을 다닐 수가 없다는 결론에 이르렀습니다. 칭다오 A중의 수업 수준이 낮은 것이 아니라 북경대 외국인 특별전형과는 상관없이 수업이 진행되므로 시험에 도움이 될 수 없기 때문이지요.

칭다오에도 북경대를 목표로 하는 입시학원이 있었지만 그래도 북경대 시험을 치르기 위해서는 오랜 기간 북경대 입시 준비 경험을 갖춘 학원을 찾을 필요가 있었습니다. 우리 가족은 곧 북경으로 이사를 했습니다.

★ 북경대 예과반

북경대에서는 97년도부터 외국인 유학생 본과 선발제도의 일환으로 예과제도를 신설했습니다. 보통 이 제도가 있는지를 몰라 이용하지 못하는 사람들이 많았습니다. 하지만 요즘은 이 제도를 이용하는 사람이 많아 경쟁률이 날이 갈수록 높아지고 있는 추세입니다. 공식적인 통계가 없어 정확하게 알 수는 없지만 09년도 같은 경우만 해도 경쟁률이 5:1 정도라고 합니다.

딸과 함께 북경대 앞에서

① 신청자격 : 만 18~25세 이하로 외국 고등학교 졸업자(검정고시 불가)

② 신청서류

- 예과 신청표, 신체검사서
- 고등학교 졸업증명서 영문(국문공증가능)
- 고등학교 3년 성적증명서(국문공증가능)
- 고등학교 (영문)추천서(중국어 교수님이나 선생님의 추천서가 필요함)
- 여권 복사본 및 비자 사본
- HSK 원본 및 복사본 1부(HSK 3급 이상 증명서나 이것이 없을 시 중국에서 어학연수 1년 이상 수료증이 필요함)
- 사진 4장
- 경제 담보인의 증명자료(담보인의 직업, 전화번호, 주소)
- 중국에 거주하는 사무 담보인의 자료(내용에 성명, 직장, 전화번호, 주소 포함)

③ 신청기간 : 매년 3월 초부터 말까지(선착순 접수 마감)

④ 모집인원 : 120~130명 내외

⑤ 신청비 : 400위안

⑥ 1년 학비 : 26,000위안

⑦ 예과 기간 : 9월 첫 주부터 다음해 6월 20일경까지

⑧ 기숙사 비용 : 일시불로 일 년 18,000위안(예과 기간 동안 반드시 기숙사 생활을 해야 함)

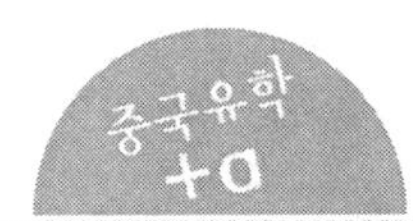

⑨ 교과과정 : 주당 20시간 정도로, 교학내용은 주로 말하기, 듣기, 쓰기, 읽기 내용이다.

⑩ 시험 : 1, 2학기 분반고사, 월말고사, 중간고사, 기말고사, 11월, 4월 HSK 시험(4월 본과시험 중 수학을 치고, 5월에 작문시험을 치름)

⑪ 분반시험 : 9월 초에 분반시험이 있어 1~8반까지 나뉘며 8반의 성적이 가장 좋습니다. 각 반은 15명 내외이며, HSK 유형의 문제와 작문이 있는데, 5~6개 그림을 보고 400자 정도를 쓰면 됩니다.

⑫ 커리큘럼
  • 필수과목 : 회화, 듣기, 독해, 작문
  • 보충수업(개인공부) : 중국어, 영어, 역사, 수학

★ 인민대학 예과반

① 신청 자격 : 고졸 이상 학력자(성적 우수자)

② 신청 시기 : 매년 5월 초까지

③ 신청 장소 : 인민대학 외사처

④ 신청 서류
  • 최종학교 졸업증명서(영문 1통), 성적증명서(영문 1통)
  • HSK 3급 이상 증명서

⑤ 신청비 : 50$

⑥ 학비 : 2,600$/연

⑦ 예과반 커리큘럼
  • 필수과목 : 회화, 듣기, 독해, 작문
  • 보충수업 : 중국어, 중국개황, 세계지리, 세계역사 등

⑧ 참고 사항 : 예과반에서 1년 학습기간 동안 HSK 6급 이상을 취득한 성적우수자는 담임선생님의 추천으로 본과 무시험 입학이 가능합니다.

★ 대외경제무역대학 예과반

① 신청 자격 : 고졸이상 학력자(성적 우수자)

② 신청 시기 : 매년 5월 초까지

③ 신청 장소 : 대외경제무역대학 유학생 사무처

④ 신청 서류
- 최종학교 졸업증명서(영문 1통), 성적증명서(영문 1통)
- HSK 3급 이상 증명서
- 여권 복사본
⑤ 신청비 : 80$
⑥ 학비 : 3,000$/연
⑦ 예과반 커리큘럼
- 필수과목 : 회화, 듣기, 독해, 작문
- 보충수업 : 중국어, 기초영어, 수학
⑧ 참고 사항 : 예과반 입학 시 면접시험을 보며 2주 내에 유학생 부서에서 입학결과를 통지합니다. 예과반에서 1년 학습기간 동안 HSK 6급 이상을 취득한 성적우수자는 담임선생님의 추천으로 본과 무시험 입학이 가능합니다.

★ 북경중의약대학 예과반

① 신청 자격 : 고졸이상 학력자(성적 우수자)
② 신청 시기 : 매년 5월 초까지
③ 신청 장소 : 북경중의약대학 유학생 사무처
④ 신청 서류
- 최종학교 졸업증명서(영문 1통), 성적증명서(영문 1통)
- HSK 3급 이상 증명서
- 여권복사본
⑤ 예과반시험 : 학교 자체 중국어시험(HSK 5급 이상은 중국어 시험 면제)
⑥ 예과반 시험일자 : 매 학기 등록 후 첫 주일
⑦ 신청비 : 80$
⑧ 학비 : 24,000위엔/연
⑨ 예과반 커리큘럼
- 수업과목－현대 중국어, 고대 중국어, 중의 기초이론, 중의 역사, 중의 중국어 중급과정, 중의 중국어 듣기, 중의 중국어 회화
⑩ 참고 사항

본과 시험에 탈락한 학생들 중 약 10여 명을 성적순으로 선발하여 예과반을 운영하고 있으며 예과반에서 1년 연수 뒤에는 본과로 진학할 수 있습니다.

입시학원을 선택하며

좋은 대학에 가기 위해서는 세계 어디에서나 코피가 날 정도로 열심히 노력을 해야 하는 것 같습니다. 홍콩에서도 미국 대학을 가기 위해 SAT를 준비하는 학생들은 아침부터 저녁 늦게까지 학원에서 공부하고, 영국 대학을 가기 위해 GCSE를 준비하는 학생들도 많은 과목을 과외 받는 것을 보았습니다.

저는 아이들을 중국 대학에 보내기로 마음을 먹고 있었기에 북경에 있는 학원을 알아보기 시작했습니다. 학원에 간다고 모두 대학을 가는 것은 아닙니다. 어떤 분들은 학원에 대해 부정적인 시각을 가지고 있지만, 대학에 가기 위해서는 많은 사람들이 선택하는 보편적 방법을 따를 필요가 있다고 생각했습니다.

막상 북경에 도착해서 입시학원에 가니 모두 한국 학생이었습니다. 가장 두려웠던 것은 겨우 1년 남짓 배운 중국어를 학원에 다니며 잊어버릴 수도 있겠다는 생각이었습니다. 아직 능숙하지 못한 중국어를 한국 학생들과 입시 준비를 하면서 잊어버린다면 얼마나 안타까운 일이겠습니까.

학원에는 어릴 때부터 중국에서 중국어를 배운 친구들도 있었고, 캐나다, 미국 등 외국에서 유학을 하다가 온 친구들도 있었습니다. 중국에서 한국말로 가르치는 학원에 다녀야 하는 것이 아이러니한 일이지만, 입시 노하우를 가진 학원에 가지 않고 좋은 대학에 간다는 것은 쉽지 않은 일이기에 한국 친구와의 만남을 차단할 수가 없게 되었습니다.

학원에서 만난 한국 친구들은 각자 다른 문화에 익숙했던 친구들이었지만, 입시의 어려움을 함께 극복하면서 서로에게 힘이 되어 주어 친한 사이가 되었습니다.

대학과 전공 결정하기

중국 대학 입시 준비를 시작하면서 대학의 문과·이과 구분이 한국과 다르고, 각 학과마다 시험 과목도 일부 다르다는 것을 알게 되었습니다. 중국에서는 심리학과가 이과 계통이며, 경영·경제학과 등은 문과 지망생과 이과 지망생이 모두 지원할 수 있었습니다. 특히 수학 성적이 우수해야 입학도 할 수 있고, 입학 후 수준 높은 강의를 수강할 수 있습니다.

외국인은 북경대든 청화대든 개설된 학과에 진학하는 데 있어 제한이 있습니다. 외국인이 갈 수 있는 학과의 수는 그렇게 많지 않습니다. 어느 대학을 갈 것인가도 중요하지만 그 대학에 아이들이 원하는 학과가 있는지 먼저 확인을 해야 합니다.

학과를 선택한 후엔 입학도 중요하지만 입학 후 전공 필수과목이나 선택과목 수강 능력을 고려해야 합니다. 향후 진로에 대해서도 생각해야 합니다. 중국에는 모두 1,900개 이상의 대학이 있으며 그중 북경에 78개 대학이 몰려 있습니다. 북경대, 청화대도 있지만, 외교학원, 우전대학, 정법대학, 경제무역대학,

석유대학, 농업대학, 공업대학 등 특성화되어 있는 대학도 많이 있습니다.

다행히 중국유학을 시작하면서 진학하고자 마음먹었던 북경대에 우리 아이들이 원하는 학과(북경대 국제관계학원)가 있었습니다. 그래서 아이들과 의논하여 북경대에 도전하기로 결정을 내렸습니다. 그리고 아이들이 문과 적성을 가지고 있었고, 수학 과목에 너무 많은 부담을 느껴 두 아이 모두 문과를 선택하였습니다.

목표에 도달하기 위해서는 많은 어려움에 봉착하게 될 것이므로 가능한 많은 정보가 필요하였습니다. 그래서 북경대와 청화대에 다니고 있던 한국 학생들을 수소문해서 입시 준비의 비결도 듣고, 입학 후 공부 방법도 듣는 등 많은 정보를 수집했습니다. 그리고 어려움이 클수록 이를 극복한 이후의 보람도 크다는 마음으로, 중국 최고의 대학 입학이라는 목표를 이룰 수 있다는 마음으로 매일매일 자기 암시와 긍정적 마인드를 키우며 북경대를 향한 노력이 시작되었습니다.

02

중국에는 어떤 좋은 대학이 있나?

중국 대학 평가 순위

학부모님들의 좀 더 빠른 이해를 돕기 위해 2007년 중국 대학 평가 순위표를 첨부합니다. 대학 순위는 인재 배양(석박사 배양, 대학생 배양)과 과학연구(자연과학연구와 사회과학연구)로 점수를 주며, 학교 유형에 따라 이공, 종합, 사범대학으로 나뉘어 있습니다.

2007년 100대 중국 대학

번호	학교명칭	총점수	인재배양			과학연구			성 순위		학교류형	학교참고류형	
			득점	연구생배양	본과생배양	득점	잔연과학연구	사회과학연구					
1	청화대학	296.77	128.92	93.83	35.09	167.85	148.47	19.38	북경	1	이공	공학류	연구형1
2	북경대학	222.02	102.11	66.08	36.03	119.91	86.78	33.13	북경	2	종합	종합류	연구형1
3	절강대학	205.65	94.67	60.32	34.35	110.97	92.32	18.66	절강	1	종합	종합류	연구형1
4	상해교통대학	150.98	67.08	47.13	19.95	83.89	77.49	6.41	상해	1	종합	종합류	연구형1
5	남경대학	136.49	62.84	40.21	22.63	73.65	53.87	19.78	강소	1	종합	종합류	연구형1
6	복단대학	136.36	63.57	40.26	23.31	72.78	51.47	21.31	상해	2	종합	종합류	연구형1
7	중화과학대학	110.08	54.76	30.26	24.5	55.32	47.45	7.87	호북성	1	이공	이과류	연구형2
8	무한대학	103.82	50.21	29.37	20.84	53.61	36.17	17.44	호북성	2	이공	종합류	연구형2
9	길림대학	96.44	48.61	25.74	22.87	47.83	38.13	9.7	길림	1	종합	종합류	연구형2
10	서안교통대학	92.82	47.22	24.54	22.68	45.6	35.47	10.13	섬서	1	종합	문과류	연구형2
11	중국과학기술대학	92.09	42.5	27.65	14.84	49.6	46.94	2.66	안휘	1	이공	이과류	연구형1
12	중산대학	90.6	39.87	27.51	12.35	50.74	38.66	12.08	광동	1	종합	종합류	연구형1
13	사천대학	87.94	40.71	24.98	15.73	47.23	35.86	11.36	사천	1	종합	종합류	연구형2
14	하얼빈공업대학	87.29	41.82	24.84	16.98	45.46	43.28	2.18	흑룡강	1	이공	공학류	연구형2
15	산동대학	81.07	40.59	21.65	18.94	40.48	33.12	7.37	산동	1	종합	종합류	연구형2
16	천진대학	72.52	33.21	21.26	11.96	39.30	35.90	3.40	천진	1	이공	공학류	연구형1
17	남개대학	70.53	31.94	20.89	11.04	38.59	23.13	15.46	천진	2	종합	종합류	연구형1
18	중남대학	66.35	33.33	18.12	15.21	33.03	30.54	2.49	호남	1	종합	이과류	연구형2
19	북경사범대학	64.49	29.94	18.84	11.10	34.55	15.52	19.03	북경	3	사범	문과류	연구형2
20	중국인민대학	51.45	22.80	15.45	7.34	28.65	0.62	28.03	북경	4	종합	문과류	연구형2
21	하문대학	51.34	22.86	15.15	7.71	28.48	14.87	13.61	복건	1	종합	문과류	연구형2
22	북경항공항천대학	50.78	22.23	15.32	6.91	28.56	26.65	1.91	북경	5	이공	공학류	연구형2
23	동남대학	48.79	23.75	13.30	10.45	25.04	21.70	3.34	강소	2	종합	공학류	연구형2
24	동제대학	48.20	23.74	13.34	10.40	24.46	22.03	2.43	상해	3	이공	공학류	연구형2
25	대련이공대학	48.07	23.67	13.36	10.30	24.41	22.56	1.84	요녕	1	이공	공학류	연구형2
26	서북공업대학	47.17	21.81	13.59	8.23	25.35	24.52	0.83	섬서	2	이공	공학류	연구형2
27	화남이공대학	41.02	18.92	11.40	7.52	23.09	21.35	1.74	광동	2	이공	공학류	연구형2
28	중경대학	40.01	22.02	9.25	12.77	17.99	15.42	2.57	중경	1	종합	공학류	연구형2
29	중국농업대학	39.85	18.56	11.46	7.10	21.99	19.70	1.60	북경	6	농림	이과류	연구형2
30	화동사범대학	39.02	18.28	11.19	7.09	20.74	8.98	11.76	상해	4	사범	문리류	연구형2
31	난주대학	38.21	18.97	9.70	9.27	19.23	16.24	2.99	감숙	1	종합	이과류	연구형2
32	동북대학	36.83	18.89	9.20	9.69	17.93	16.04	1.89	요녕	2	이공	공학류	연구형2
33	북경이공대학	34.64	16.03	9.65	6.38	18.61	17.63	0.97	북경	7	이공	공학류	연구형2
34	호남대학	33.52	17.33	8.40	8.93	16.19	11.94	4.25	호남	2	종합	문과류	연구형2
35	소주대학	29.32	15.33	6.84	8.49	13.99	8.75	5.24	강소	3	종합	종합류	연구형2
36	정주대학	29.03	19.57	4.66	14.91	9.46	6.96	2.50	하남	1	종합	문과류	연구형
37	중국석유대학	28.60	14.85	7.08	7.76	13.76	13.45	0.31	산동	2	이공	공학류	연구형
38	화동이공대학	28.60	13.22	7.87	5.35	15.38	14.84	0.54	상해	5	이공	공학류	연구형2
39	남경항공항천대학	28.59	15.00	7.27	7.73	13.59	12.66	0.93	강소	4	이공	공학류	연구형
40	무한이공대학	28.59	16.73	5.93	10.80	11.86	9.80	2.06	호북	3	이공	문리류	연구형
41	중국광업대학	27.31	15.34	6.24	9.10	11.97	10.92	1.05	강소	5	이공	공학류	연구형
42	남경농업대학	27.29	14.43	6.59	7.84	12.86	10.72	2.14	강소	6	농림	이과류	연구형
43	북경과학대학	26.74	12.91	7.37	5.54	13.83	13.31	0.52	북경	8	이공	공학류	연구형
44	기남대학	26.56	11.38	7.45	3.93	15.16	6.97	8.21	광동	3	종합	종합류	연구형
45	서안전자과학대학	25.86	13.08	6.59	6.49	12.78	12.35	0.43	섬서	3	이공	공학류	연구형
46	서북대학	25.28	12.53	6.43	6.10	12.75	9.68	3.08	섬서	4	종합	종합류	연구형
47	전자과학대학	25.28	13.66	6.00	7.66	11.62	10.69	0.93	사천	2	이공	공학류	연구형
48	남경이공대학	25.26	13.08	6.22	6.86	12.18	11.18	1.00	강소	7	이공	공학류	연구형

49	서북농림과학대학	25.26	12.80	6.29	6.51	12.46	11.94	0.52	섬서	5	농림	이과류	연구형
50	상해대학	25.17	13.56	6.00	7.56	11.61	8.47	3.14	상해	6	종합	문과류	연구형
51	서남대학	25.14	15.53	4.54	10.98	9.61	5.99	3.62	중경	2	종함	종합류	연구형
52	남경사범대학	25.05	13.27	5.88	7.39	11.78	4.35	7.43	강소	8	사범	문과류	연구형
53	서남교통대학	23.01	12.45	5.35	7.11	10.55	8.65	1.91	사천	3	이공	문과류	연구형
54	동북사범대학	22.87	11.79	5.76	6.03	11.08	7.26	3.82	길림	2	사범	문과류	연구형
55	화중사범대학	22.03	11.44	5.39	6.05	10.59	3.91	6.68	호북	4	사범	문과류	연구형
56	화중농업대학	21.93	11.76	5.18	6.58	10.17	8.95	1.21	호북	5	농림	이과류	연구형
57	양주대학	21.45	13.58	3.32	10.26	7.87	6.19	1.68	강소	9	종합	종합류	연구형
58	중국해양대학	20.30	9.12	5.68	3.44	11.18	9.96	1.21	산동	3	종합	이과류	연구형
59	화남사범대학	19.83	9.85	4.82	5.03	9.98	4.29	5.70	광동	4	사범	문과류	연구형
60	호남사범대학	19.81	11.09	4.30	6.79	8.72	4.42	4.30	호남	3	사범	문과류	연구형
61	북경화공대학	19.24	8.79	5.13	3.65	10.45	10.17	0.29	북경	9	이공	공학류	연구형
62	북경교통대학	18.38	9.03	4.98	4.05	9.35	8.32	1.03	북경	10	이공	공학류	연구형
63	산서대학	17.22	9.20	3.76	5.44	8.03	4.62	3.41	산서	1	종합	문과류	연구형
64	하해대학	17.12	10.15	3.62	6.54	6.96	5.97	1.00	강소	10	이공	공학류	연구형
65	중국지질대학(무한)	16.99	9.48	3.88	5.60	7.50	7.01	0.49	호북	6	이공	이과류	연구형
66	남창대학	16.94	12.92	1.84	11.09	4.01	3.50	0.52	강서	1	종합	문과류	연구형
67	섬서사범대학	16.35	8.02	4.21	3.81	8.33	4.43	3.91	섬서	6	사범	종합류	연구형
68	수도의과대학	15.93	6.35	5.36	0.99	9.58	9.54	0.04	북경	11	의학	의학류	연구형
69	화남농업대학	15.84	8.92	3.27	5.65	6.92	6.27	0.64	호북	5	농림	리과류	연구형
70	남경공업대학	15.59	9.94	2.38	7.55	5.65	5.35	0.30	강소	11	이공	공학류	연구형
71	중국의과대학	15.40	7.30	4.57	2.73	8.10	8.07	0.03	요녕	3	의학	의학류	연구형
72	복주대학	15.40	8.90	3.01	5.89	6.50	5.48	1.02	복건	2	이공	공학류	연구형
73	산동농업대학	15.38	9.16	2.92	6.24	6.22	5.68	0.53	산동	4	농림	농학류	연구형
74	북경공업대학	15.05	7.31	3.97	3.35	7.74	7.11	0.63	북경	12	이공	공학류	연구형
75	연산대학	15.04	9.88	2.28	7.60	5.15	4.95	0.20	하북	1	이공	공학류	연구형
76	중남재정정치대학	15.02	9.14	2.89	6.25	5.88	0.06	5.83	호북성	7	재정	문과류	연구형
77	하북대학	15.01	9.49	2.32	7.17	5.52	2.94	2.58	하북	2	종합	종합류	연구형
78	운남대학	15.00	9.07	2.84	6.23	5.93	3.86	2.06	운남	1	종합	문과류	연구형
79	하얼빈공정대학	14.59	8.49	3.13	5.36	6.10	5.54	0.56	흑룡강	2	이공	공학류	연구형
80	남방의과대학	13.71	6.31	4.09	2.22	7.41	7.25	0.16	광동	6	의학	의학류	연구형
81	강소대학	13.63	9.20	2.12	7.08	4.43	3.69	0.73	강소	12	종합	공학류	연구형
82	동화대학	13.43	6.88	3.22	3.66	5.55	6.08	0.47	상해	7	이공	공학류	연구형
83	하남대학	13.36	8.78	2.07	6.71	4.58	2.02	2.57	하남	2	종합	문과류	연구형
84	복건농림대학	13.36	7.57	2.28	5.29	5.79	5.57	0.21	복건	3	농림	농학류	연구형
85	강남대학	13.23	8.64	2.06	6.58	4.59	3.97	0.61	강소	13	종합	공학류	연구형
86	북경우정대학	13.16	6.85	3.23	3.62	6.32	5.98	0.34	북경	13	이공	공학류	연구형
87	합비공업대학	13.14	8.04	2.27	5.77	5.10	4.49	0.61	안휘	2	이공	공학류	연구형
88	절강공업대학	13.14	7.98	2.23	5.75	5.16	4.26	0.90	절강	2	이공	공학류	연구형
89	상담대학	13.13	8.74	2.05	6.68	4.39	2.81	1.58	호남	4	종합	문과류	연구형
90	상해재정대학	13.13	6.56	3.35	3.22	6.55	0.12	6.43	상해	8	재정	문과류	연구형
91	중국지질대학(북경)	13.12	6.17	3.60	2.57	6.95	6.69	0.26	북경	14	이공	이과류	연구형
92	성도이공대학	13.00	8.98	1.49	7.49	4.02	3.78	0.24	사천	4	이공	종합류	연구형
93	곤명이공대학	12.99	8.31	2.04	6.27	4.68	4.38	0.29	운남	2	이공	공학류	연구형
94	화북전력대학	12.99	8.11	2.06	6.05	4.88	4.57	0.32	하북	3	이공	공학류	연구형
95	산동사범대학	12.92	8.30	2.08	6.22	4.63	2.83	1.80	산동	5	사범	문리류	연구형
96	청도대학	12.24	8.89	1.37	7.52	3.35	2.43	0.93	산동	6	종합	종합류	연구형
97	북경임업대학	12.23	6.73	2.74	4.00	5.50	5.18	0.31	북경	15	임업	이과류	연구형
98	하북공업대학	12.12	7.95	1.78	6.17	4.17	3.95	0.22	하북	4	이공	공학류	연구형
99	태원이공대학	11.72	7.58	1.80	5.78	4.14	3.97	0.17	산서	2	이공	공학류	연구형
100	귀주대학	11.32	9.23	0.80	8.43	2.09	1.77	0.38	?	1	종합	이과류	연구형

학과와 지역 특성에 따른 대학 선택

중국은 현재 한 개 나라에 2개국 체제로 운영되고 있습니다. 2000년 이상의 역사를 가지고 있고, 23개성의 역사가 모두 달라 수많은 방언이 존재하여 텔레비전 연속극을 보면 표준어가 자막으로 따로 나올 만큼 각 지방 특유의 관습이 존재합니다.

따라서 유학을 어느 지방에서 하느냐에 따라 대학이나 학과, 진로 선택의 기준이 달라질 수 있습니다. 만약 중국 차에 대한 공부를 한다면 운남성이나 절강성의 절강대학을 생각할 수 있고, 수정에 관한 공부를 한다면 강소성을 선택할 수 있으며, 금융에 관한 것을 공부한다면 상해가 좋을 것입니다. 중의대를 예로 든다면 북경, 남경, 상해 곳곳에 좋은 대학이 흩어져 있으므로 유학생이 원하는 지방으로 가서 공부할 수도 있습니다. 건축공학과를 예로 든다면 청화대학에는 중국 어느 대학에도 없는 파괴공학과가 있으므로 이를 고려하는 것도 좋은 방법이 될 수 있습니다. 일일이 열거할 수는 없겠지만 1,900개 대학 가운데 위에 열거한 100대 대학의 전공을 찾아보고 본인이 원하는 전공을 찾는 것이 좋을 듯합니다.

10위 안에 있는 대학은 대부분 유학생이 선택할 수 있는 전공을 정해 놓았습니다. 북경대, 청화대도 유학생이 전공할 수 있는 학과를 제한하여 학생을 입학시키고 있습니다. 특히 북경대의 경우 아직 어문대학 쪽은 중문과를 제외하고는 외국인이

북경대 백주년 기념당. 서울, 대련, 청도에서 오신 분들과 함께 북경대, 청화대, 인민대 등 중국 명문대 탐방 자원봉사를 하면서…….

진학할 수 없게 되어 있습니다. 모집 당시는 계열별이며, 3학년이 되어서야 세부 전공을 찾아갈 수 있게 되어 있습니다.

그 외 대학은 유학생도 세부 전공을 찾을 수 있는 대학이니, 유학생 본인의 특성, 중국 지방의 특성, 앞으로의 전망 등을 방송이나 인터넷을 통해 미리 알아보는 것이 좋습니다.

북경대 최신 입학 정보

북경대 지원가능학과

학과 및 단과대		세부 전공
문과	**광화관리학원**	금융학, 회계학, 마케팅
	경제학원	경제학, 금융학, 국제경제무역학, 벤처관리보험학, 재정학, 환경자원발전 경제학
	정부관리학원	국제정치행정학, 공공정책학, 도시관리학
	국제관계학원	국제정치, 외교학, 국제정치경제학
	사회학원	사회학, 사회공작학
	법학원	법학
	신문전파학원	신문학, 광고학, 편집출판학, 방송tv신문학
	중어중문학과	중국문학, 한어언학, 고전문헌학, 응용어언학
	예술학원	예술학
	역사학과	역사학, 세계역사학
	고고문학학원	고고학, 박물관학, 문물보호
	철학과	철학, 종교학

	정보관리학과	정보관리정보시스템학, 도서관학
이과	**정보과학기술학원**	컴퓨터과학기술, 전자정보과학기술, 마이크로전자학, 지능과학기술
	생명과학학원	생물과학, 생물기술학
	수학과학학원	응용수학통계학, 과학공정계산정보과학, 금융수학
	물리학원	물리학, 대기과학, 전문학
	공학원	이론응용역학, 종정구조분석학, 에너지자원공정학
	환경학원	환경과학, 환경공정학, 지리과학, 도시기획학, 자원환경도시계획학, 도시구역계획학, 생태학
	심리학원	심리학
	지구, 공간과학학원	지질학, 지구화학, 지구물리, 공간과학기술학, 지리정보시스템학
	화학, 분자공정학원	화학, 재료화학, 응용화학

굵은 표시를 한 학과는 선호학과입니다.

*자료 제공 : 북경고려입시학원

연도별 외국인 전형 합격선

연도	외국인 합격자	한국인 합격자	합격선 (점수/총점)
2006	119	102	400/550
2007	137	109	350/550
2008	132	116	349.5/500

예상합격 커트라인

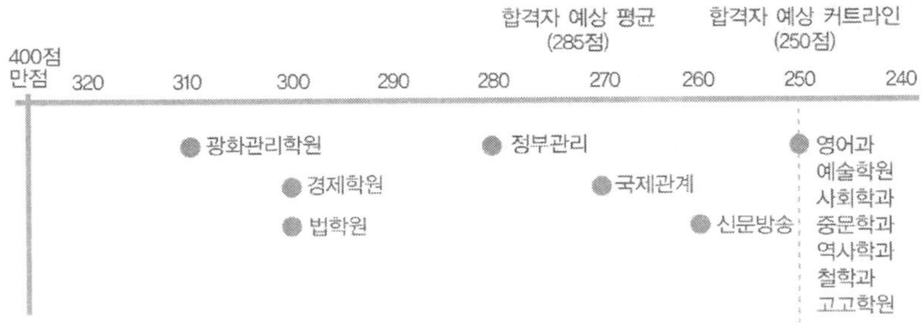

2008년 문과 합격자 통계

학과	08년도 모집인원(명)	08년도 커트라인(점)	09년도 예상 커트라인(점)	특이사항
광화관리학원	12	410	310	08년 문 : 이=3 : 9
경제학원	8	400	300	08년 문 : 이=3 : 5 모집인원 감소
법학원	11	390	290	매년 인원미달에서 08년도 모집 급증
정부관리학원	4	380	280	모집인원 감소
국제관계학원	20	370	270	모집인원 최다
신문방송학원	12	360	260	모집예상인원 초과
예술학원	4	350	250	소수지원, 소수모집
사회학과	10	350	250	모집인원 증가
중문학과	21	350	250	모집인원 최다
역사학과	10	350	250	모집예상인원 초과
철학과	3	350	250	매년 1명 모집에서 처음으로 3명 모집
고고학원	1	350	250	소수모집

2008년 이과 합격자 통계

학과	08년도 모집인원(명)
수학과학학원	2
물리학원	1
역학공정과학학과	0
정보관리학과	2
정보과학기술학원	2
도시와환경학원	1
화학분자공정학원	0
지구공간과학학원	2
생명과학학원	1
심리학과	1
환경학원	3

학과 및 적성, 진로 소개

▶ 광화관리학원

분야	금융학/ 회계학/ 마케팅
학과소개	현대 경제 사회의 중심 조직인 기업과 그 관리를 연구 대상으로 하며, 산업 사회 및 정보사회의 다양한 조직이 필요로 하는 고급 인력을 양성함을 목적으로 하고 있다. 본 학과는 금융, 재무, 보험, 세무, 회계 등에 관한 제반이론과 실제적인 응용방법을 연구하는 학문으로 경제학, 경영학, 법학, 사회학, 수학 등이 종합적으로 응용된 학제 간 학문이기도 하다. 연구 분야는 자금배분 원리, 자본시장의 기능 및 투자 원리, 기업의 자금조달과 운영, 보험의 금융적·법적 원리 및 경제주체의 위험관리, 금융기관의 경영 등 금융 전반과 금융 보험 경영이론, 재무회계, 관리회계, 세무회계, 회계정보시스템, 회계감사, 비영리회계, 국제회계 등이 있다.

전공과목	★ 학생자율선택으로 전공 선택의 폭이 넓어짐 경제학, 고등수학, 국제금융, 금융시장과 금융기구, 증권투자학, 경영정보시스템, 기초회계, 재무회계, 경영회계, 회계감사, 회사재무관리, 통계학원리, 마케팅, 국제마케팅, 보험학, 시장연구, 소비자행위, 인력자원관리, 시장분석과 예측, 민상법 등
적성	진취적 사고와 함께 문과, 이과의 속성을 겸비하고 있다. 사회과학에 대한 관심과 외국어와 수학에 흥미를 가지고 있다. 윤리의식이 강하며, 현실 적응력과 합리적 사고, 수리력을 갖춘 학생이 적합하다.
졸업 후 진로	국제통화기금(IMF), 세계은행(IBRD), 세계무역기구(WTO), 경제개발협력기구(OECD), 아시아개발은행(ADB), 국제금융공사(IFC) 등과 같은 국제기구, 금융감독원, 금융결제원 등과 같은 공기업, 은행, 증권사, 투신사, 보험회사, 언론사, 회계 컨설팅회사 KDI(한국개발연구원), 대외경제정책연구원, 한국경제연구원, 기업의 경제연구소(삼성경제연구소, LG경제연구소, 현대경제연구소), 공인회계사 사무실, 세무사 사무실, 변리사 사무실 등
학과규정 및 제도	다른 과와 공통되는 퇴학 규정 1. 연속해서 2학기 신청과목 중 평점이 2.0 이하일 때, 2학기 중 10학점이 f일 때 2. f학점 누적이 20학점을 초과할 때 ★ 본 학부만의 규정 1. 광화관리학원 유학생에게만 있는 규정이 《北京大学大学英语四级证书》를 따야 된다는 것입니다. 2. 대학영어는 필수과목으로 대학영어(**包括基础课和专题科**) 《北京大学大学英语四级证书》 시험 2학점을 포함하여, 총 8학점으로 되어 있습니다. 3. 영어반은 입학 후에 있는 분반시험으로 나뉘게 되는데, 각 점수에 따라 대학영어 1, 2, 3으로 나누고, 1급 수준에 못 미치는 학생은 대학 영어 ABC를 듣게 됩니다. 대학영어 ABC도 1~4급으로 나뉘며 분반 후 그 수업이 어렵다고 느껴지면 수업을 바꿀 수 있습니다.
과사 위치 및 연락처	• 위치 : 北京大学 光华楼一层112室 光华管理学院 本科生办公室 • 연락처 : 6275-9113(赵老师)/ 6275-7782(孙老师) • 홈페이지 : http://www.gsm.pku.edu.cn/ • 다음카페 : http://cafe.daum.net/guanghua

▶ **경제학원**

분야	경제학/ 금융학/ 국제경제와 무역학/ 벤처관리와 보험학/ 재정학/ 환경자원 및 발전 경제학
학과소개	경제학은 우리가 살아가면서 매순간 직면하고 있는 선택이라는 문제를 다루는 학문이며 이 점에서 무엇보다 우리 일상과 가장 밀접한 학문이다. 넓게는 실업 문제, 환경 문제, 소득불균형 문제 등에서 좁게는 우리가 먹고 사는 가장 본질적인 문제를 다루는 것이 경제학이다. 경제학은 크게 미시경제, 거시경제, 계량경제 등의 '이론경제학' 분야와 경제 현상을 역사적으로 고찰하는 '경제사' 분야, 경제 현상에 대한 가치판단의 문제를 다루는 '경제사상사' 분야, 기본이론을 바탕으로 현실의 다양한 경제 현상을 분석·설명하는 '응용경제학' 분야로 나눌 수 있다.
전공과목	정치·발전·산업·노동경제학, 회계학, 통계학, 재정학, 투자학, 국제금융, 국제무역, 컴퓨터원리와 응용, 자본론, 중국경제사, 외국경제사상사, 화폐은행학, 서방재정학, 회사재무 등
적성	수학과 통계 등을 많이 활용하기 때문에 분석적이고 수학적인 두뇌가 많이 요구되는 편이다. 평소 경제 현상에 관심이 있는 학생에게 유리하다. 주어진 사실의 관계를 논리적으로 판단할 수 있는 논리성과 주어진 사실이나 이론이 왜 이렇게 도출되었는지에 대해 파고 들 수 있는 호기심이 필요하다.
졸업 후 진로	국제통화기금(IMF), 세계은행(IBRD), 세계무역기구(WTO), 경제개발협력기구(OECD), 아시아 개발은행(ADB), 국제금융공사(IFC) 등과 같은 국제기구, 금융감독원, 금융결제원과 같은 공기업, 은행, 증권사, 보험회사, 투신사, 언론사, 경영컨설턴트, 경제학연구원, 관세사, 구매인(바이어), 금융관련관리자, 마케팅전문가, 물류관리 전문가, 보험계리사, 보험관련관리자, 부동산 투자신탁 운용가, 세무사, 손해사정사, 스포츠마케터, 신용분석가, 영업 및 판매관리자, 외한딜러, 재무 및 회계관리자, 전문비서, 증권중개인, 채권관리원, 투자분석가(애널리스트), 투자인수심사원(투자언더라이터), 편이점수퍼바이저, 해외영업원, 호텔관리자, 회계사, 회의기획자, M&A전문가(기업인수합병원) 등

| 학과규정
및 제도 | 1. 4년간 총 140학점(졸업논문 3학점 포함)
2. 한 학기 최대 20학점. 전 학기 평점 3.0 초과 시 다음 학기 25학점 수강 가능.
3. 퇴학 처리 조건(교양과목과 필수)
 • 필수과목 8과목 불합격 시
 • 전체 학점(교양과목 필수 포함) 20점 불합격 시
 • 한 학기에 필수과목 신청한 것 중 60% 이상 합격 못할 시
4. 2008년에 새로 추가된 규정 : 연속으로 두 학기 평균학점이 2.0 이하 일시 퇴학 |
| 과사
위치 및
연락처 | • 위치 : 北京大學 法學樓 4層 5433号 經濟學院 本科生辦公室
• 연락처 : 6275-1465 6275-5707
• 홈페이지 : http://econ.pku.edu.cn/
• 한국 유학생회 홈페이지 : www.peconomics.net |

▶ 법학원

분야	법학
학과소개	중국 사회가 복잡해지고 사회구조가 변화함에 따라 법 지식의 필요성이 더 커지고 있다. 또한 정부의 행정수행, 정치활동, 기업운영 등 각 활동분야에서 전문적인 법 지식이 요구됨에 따라 법학 연구의 필요성은 점점 더 높아져 가고 있다. 법학에서는 헌법, 민법, 형법 등의 실정법(우리가 살고 있는 사회에 실제로 적용되고 있는 법)을 연구할 뿐만 아니라 실정법 이면의 기초이론과 철학 등을 연구하여 변화하는 사회의 요구에 부응할 수 있도록 법 전문가를 양성한다. 따라서 법학은 순수학문적 성격과 응용학문적 성격을 모두 갖는 학문이다.
전공과목	법학원리, 중국법제사, 헌법학, 민법총론, 형법총론, 물권법, 형사소송법학, 경제법학, 민사소송법학, 법리학, 채권법, 국제공법, 국제사법, 상법총론, 행정법, 국제경제법, 지식산권법학(지적재산권) 등

적성	법학은 실생활에 적용되는 응용학문의 성격이 강하므로 주어진 상황을 잘 분석하고 정리할 수 있는 능력, 논리적으로 합당한 결론을 끌어낼 수 있는 사고방식, 공정한 판단력 등이 요구된다. 자기의 생각과 주장을 말이나 글로 정확하고 사리에 맞게 표현할 수 있는 능력이 필요하다.
졸업 후 진로	국제변호사, 관세사, 노무사, 법률행정사무원, 법무사, 법학연구원, 변리사, 부동산중개인, 세무사, 입법공무원, 행정고위공무원, 회계사, M&A전문가(기업인수합병원), 일반기업 법무팀, 언론사, 형사정책연구원, 한국법제연구원, 판사, 검사, 검찰수사관 등
학과규정 및 제도	1. 퇴학 처리 조건 • 필수과목 8(5)과목 불합격 시(05, 06학번 해당사항 없음)(학사학위 취소, 퇴학×) • 한 학기에 신청한 필수+학과 과목 학점 중 60% 이상 합격 못할 시(교양과목과 필수) • 전체 학점(교양과목 필수 포함) 20점 불합격 시 2. 4년간 총 140학점 이수(졸업논문 3학점 포함) 3. 한 학기 최대 20학점. 전 학기 평점 3.0 초과 시 다음 학기 25학점 수강 가능 4. 이번에 새로 추가된 규정 : 연속으로 두 학기 평균학점이 2.0 이하일 시 동시에 두 학기 불합격 합산 10학점인 경우 퇴학 조치(05학번과 06학번 규정이 일치)
과사 위치 및 연락처	• 위치 : 北京大學 法學樓 1層 法學院 本科辦公室 • 연락처 : 6275-7184 • 홈페이지 : http://www1.law.pku.edu.cn/ • 다음카페 : http://daum.net/cafe/puls

▶ 국제관계학원

분야	국제정치학/ 외교학과/ 국제정치경제학
학과소개	국제관계는 정치학의 한 부문으로, 여러 나라 사이의 외교 관계와 세계적인 문제에 대한 연구를 말한다. 정치학 일반 및 국제정치와 관련하여 사상, 이론, 제도, 역사, 기구, 조직상의 제반 분야를 연구 개발하며, 정치학 전반 및 세계정치 문제에 관하여 포괄적으로 학습함으로써 전문통상외교관을 길러내는 곳이다.
전공과목	외교학, 외교예의, 외사문서, 국제정치개론, 중국정부개론, 중국대외경제관계, 근대국제관계사, 국제정치경제학, 세계경제개론, 동북아 정치경제와 외교, 냉전 후 국제관계, 국제관계와 국제법 등
적성	국제사회 전반에 대한 관심과 흥미를 가지고 있으며 사고가 유연하고 도전적인 학생, 폭넓은 지식과 소양을 갖추고 있으며 인간관계가 원만하고 협상능력이 강한 학생, 창조적인 추리와 논리적인 분석력을 갖추고 있으며 언어적성이 높은 학생
졸업 후 진로	외교관(외무고시에 합격하거나 특별채용) ★ 특별채용 : 특수 분야와 특수 언어를 전공하거나 경력을 쌓은 사람을 비정기적으로 채용 한국 외교통상부의 각 부처, 행정자치부, 대사관, 총영사관, 정치학교수, 중고교 사회과목 교사, 기업 기획실과 총무부 및 해외담당 부서, 기자 등
학과규정 및 제도	★ 학위가 취소되는 경우 1. 한 학기 필수 과목 중 2/3의 과목이 불합격일 경우 2. 두 학기 연속으로 평점이 2.0 미만일 경우 3. 불합격을 받은 과목을 2번의 중복 기회에서 합격을 못 할 경우. 4. 학기 중간 및 기말 리포트, 논문 제출 시 내용이 인터넷이나 다른 사람의 논문을 내는 경우 5. 시험 부정행위 적발 경우
과사 위치 및 연락처	• 위치 : 北京大學 國際關系樓 • 연락처 : 6275-1631 / 6275-1634 / 6275-9008 / 6275-1636 • 홈페이지 : http://www.sis.pku.edu.cn • 다음카페 : http://cafe.daum.net/sispku

▶ 신문방송학원

분야	신문학/ 광고학/ 편집출판학/ 방송TV신문학
학과소개	현대사회에서 커뮤니케이션(의사소통)은 한 사회를 형성, 유지, 발전시키는 근본 메커니즘으로 우리 삶에 꼭 필요한 요소로 자리 잡고 있다. 신문방송학에서는 작게는 개인과 개인 사이의 의사소통에서 크게는 신문·방송·영화·잡지 등의 대중매체에 이르기까지 커뮤니케이션 과정상의 여러 이론과 기술을 배우게 된다.
전공과목	신문학, 신문전파이론, 신문편집, 국제신문, 광고학, 광고매체연구, 광고관리, 편집출판학, 대중매체, 인터넷전보, 공공관계, 미디어경영관리, 시장경영과 매출원리, 방송신문, 세계방송사업 등
적성	대중매체를 공부하기 위해서는 우리말과 글에 남다른 감각과 능력이 있어야 한다. 말과 글의 기능, 효과에 관심을 가지고 있는 학생에게 적합한 전공이다. 자료분석을 위해 통계도 많이 다루기 때문에 수리에 대한 자질도 요구된다. 대중매체로 매개되는 예술현상을 이해하기 위해서는 예술적 감수성도 필요하다.
졸업 후 진로	광고 및 홍보전문가, 광고제작감독, 마케팅전문가, 방송기자, 방송대본작가, 방송제작관리자, 사진기자, 사회계열 교수, 사회단체활동가, 사회복지관련관리자, 사회학연구원, 시장 및 여론조사 관련 사무원, 시장 및 여론조사 전문가, 신문기자, 신문제작관리자, 아나운서, 잡지기자, 정치학연구원, 지방의회의원, 촬영기사, 촬영기자, 카피라이터, 편집기자, 행사기획자, 행정부고위공무원, 헤드헌터, 홍보부서관리자 등
학과규정 및 제도	1. 졸업이수학점 : 139학점(졸업논문 4학점, 실습 4학점 포함) 2. 필수과목 : 83학점(컴퓨터, 체육 등의 전교생 필수과목을 비롯한 학원필수, 전공필수 등) 3. 선택과목 : 48학점(5분야의 교양과목과 본인이 선택전공 이외의 전공수업으로 채움) ★ 학위가 취소되는 경우 1. 한 학기 필수 과목 중 2/3의 과목이 불합격일 경우 2. 두 학기 연속으로 평점이 2.0 미만일 경우

	3. 불합격을 받은 과목을 2번의 중복 기회에서 합격을 못 할 경우.
	4. 학기 중간 및 기말 리포트, 논문 제출 시 내용이 인터넷이나 다른 사람의 논문을 내는 경우
	5. 시험 부정행위 적발 경우
과사 위치 및 연락처	• 위치 : 北京大學 遙感樓 103室 新聞与傳播學院 教務辦公室 • 연락처 : 6275-4683 • 홈페이지 : http://sjc.pku.edu.cn/ • 다음카페 : http://cafe.daum.net/pkujournalism

▶ 정부관리학원

분야	국제정치 및 행정학/ 공공정책학/ 도시관리학
학과소개	정부관리학과는 정치학적인 기초를 바탕으로 갖가지 정치현상들에 대해 체계적이고 논리적으로 사고하는 방법을 배우고 국가의 살림살이를 연구하는 학문분야다. 국가운영을 효율적으로 관리하고 국가 = 사회 부문 간의 균형적 발전을 총체적으로 디자인하는 응용 사회과학이다. 이론중심의 협소한 전문성을 뛰어넘은 종합학문, 실천학문, 변화관리 학문으로 포괄적인 전문성을 지니고 있는 학과다.
전공과목	정치학이론, 중외 정치행정사상, 중국정부와 정치, 정부경제학 방향, 중외 정치제도, 행정학이론, 인사행정관리, 공공정책 분석방향, 구역경제학, 현대부동산, 지방제정관리 등
적성	정부의 역할과 기능에 관심이 있고 공공문제의 해결과 공공 서비스의 질을 향상시키려는 문제의식을 지닌 사람에게 적합하다. 따라서 어떠한 문제를 해결하는 있어 요구되는 논리적, 합리적 사고방식이 필요하다. 사회 전반에 흥미와 관심이 있는 학생에게 적합하며 학문의 성격이 추상적 개념의 이해를 바탕으로 하므로 추리력과 논리적인 분석력을 갖추면 더욱 유리하다.
졸업 후 진로	외교관, 정치학연구원, 교육행정사무원, 국회의원, 기회사무원, 도로운송사무원, 문리학원강사, 법률행정사무원, 비서, 사회계열교

수, 사회교사, 사회복지관련관리자, 시장 및 여론조사 사업운영관

수, 사회교사, 사회복지관련관리자, 시장 및 여론조사 사업운영관
리자, 시장 및 여론조사 전문가, 아나운서, 공무원, 전문비서, 정
치학연구원, 지방의회의원, 철도운송사무원, 행정학연구원, 한국전
력공사, 농어촌개발공사, 수자원공사, 한국통신공사 등과 같은 공
기업, 금융기관, 방송사 신문사, 대학 및 전문대학 행정실 등

학과규정 및 제도	★ 학위가 취소되는 경우 1. 한 학기 필수 과목 중 2/3의 과목이 불합격일 경우 2. 두 학기 연속으로 평점이 2.0 미만일 경우 3. 불합격을 받은 과목을 2번의 중복기회에서 합격을 못 할 경우. 4. 학기 중간 및 기말 리포트, 논문 제출 시 내용이 인터넷이나 다른 사람의 논문을 내는 경우 5. 시험 부정행위 적발 경우
과사 위치 및 연락처	• 위치 : 北京大學 法學樓 三層 • 연락처 : 6275-1641 • 홈페이지 : http://www.sg.pku.edu.cn/index.asp • 다음카페 : http://cafe.daum.net/sgpku

▶ 사회학원

분야	사회학/ 사회공작학
학과소개	사회는 여러 가지 다양한 현상과 문제들을 내포하고 있다. 사회학은 이러한 다양한 특성을 지닌 여러 개인들이 사회라는 집단에서 살아가는 방식을 이해하고, 사회적 현상을 설명하며 보다 나은 사회를 모색하는 학문이다. 사회학은 사회 전체에 대한 종합적 이해를 목적으로 하느냐, 또는 특정 부분의 분석을 목적으로 하느냐에 따라 '종합사회학'과 '특수사회학'의 두 영역으로 구분된다. '종합사회학'에서는 사회전체의 시각에서 사회사상, 사회변동, 사회발전론 등을 배우며, '특수사회학'에서는 정치·경제·종교·문화 등 사회의 특정 부분을 집중적으로 공부한다. 그리고 각 이론의 증명을 위한 조사, 통계 등의 방법론이 한 분야를 이루고 있다.

전공과목	사회학개론, 사회통계학, 사회조사와 연구방법, 사회통계 소프트웨어와 응용(SPSS), 고등수학, 국외사회학학설, 마르크스레닌 고전작품선집, 중국사회사상사, 사회심리학, 사회인류학, 경제사회학, 중국사회, 사회직업개론, 농촌·도시·인구 사회학 등
적성	사회학은 학문의 성격상 어느 한 영역보다는 여러 분야에 걸친 포괄적인 관심과 흥미가 요구된다. 따라서 폭넓은 독서를 통해 사회의 전반적 현상을 논리적으로 분석하는 힘과 사회의 구체적인 문제에 늘 관심을 갖는 세심함을 지닌 학생들에게 유리하다. 한편 사회학은 여러 사회현상에 대한 조사와 분석 활동이 많으므로 통계분석을 위한 기본적인 수리력이 요구된다.
졸업 후 진로	광고 및 홍보전문가, 교도관리자, 방송기자, 방송대본작가, 방송제작관리자, 사진기자, 사회계열교수, 사회교사, 사회단체활동가, 사회복지관련관리자, 사회복지사, 사회복지시설종사원, 사회학연구원, 시장 및 여론조사 사업운영관리자, 시장 및 여론조사관련 사무원, 시장 및 여론조사전문가, 신문기자, 신문제작관리자, 심리학연구원, 아나운서, 외교관, 유치원 원장 및 원감, 잡지기자, 정치학연구원, 지방의회의원, 직업상담원, 촬영기사, 촬영기자, 카피라이터, 편집기자, 평론가, 행사기획자, 행정부고위공무원, 행정학연구원, 헤드헌터, 홍보부서관리자 등
학과규정 및 제도	학교 규칙을 준수하며 타 학과와 다른 별도 규정은 없습니다.
과사 위치 및 연락처	• 위치 : 北京大學 逸夫一樓 二層 5210 (左間)社會學系本科生教務辦公室 • 연락처 : 6275-2840(吳老師) • 홈페이지 : http://www.disa.pku.edu.cn/ 　　　　　　http://www.pkukorea.net/

▶ 중문학과

분야	중국문학/ 한어언학/ 고전문헌학/ 응용어언학
학과소개	중국어는 세계에서 가장 많은 사람들이 사용하는 언어다. 최근 중국의 달라진 위상으로 중국어를 배우려는 사람들이 증가하고 있다. 특히 오래된 문화를 자랑하는 중국은 예로부터 우리나라에 많은 영향을 미쳤고 1992년 수교 이후에는 더욱 활발한 교류와 협력이 이루어지고 있다. 중국어문학 영역은 크게 '중국어학', '중국문학'으로 나누어진다. '중국어학'은 단순히 말하고 쓰는 능력이 아니라 중국어가 어떻게 형성, 발달해왔는지, 다른 언어와는 어떤 차이점이 있는지에 대하여 학문적·이론적으로 공부하는 영역이다. '중국문학'은 다양한 장르의 중국 고전문학, 현대문학 작품과 작가를 분석하여 중국인과 중국문화를 이해하기 위한 영역이다.
전공과목	현대중국어, 고대중국어, 중국고대문학사, 어학개론, 중국현대문학, 중국당대문학, 문학원리, 중국고대문화 등
적성	우리나라, 일본, 중국 등 동양문화에 관심이 있고, 특히 중국의 역사와 급변하고 있는 중국의 현실에 대해 남다른 애정과 호기심이 있는 학생이라면 재미있게 공부할 수 있다. 중국어는 한자로 이루어져 있기 때문에 인내심을 가지고 공부하는 자세가 필요하다. 그러므로 한자공부를 싫어하는 학생에게는 다소 어렵고 따분하게 느껴질 수 있다.
졸업 후 진로	중국과 무역 빛 투자 교류를 하는 일반기업, 대한무역진흥공사와 같은 정부투자기관, 한/중 합작회사, 호텔, 여행사, 항공사, 무역사무원, 번역가, 서예가, 언어학연구원, 외국어교사, 외국어학원강사, 중국어학원, 인문계열교수, 카지노딜러, 통역가, 항공기객실승무원, 해외영업원, 행사기획자, 호텔 및 콘도접객원, 회의기획자 등
학과규정 및 제도	1. 중문과에서 4년 동안 이수해야 할 학점은 총 140점입니다. • 중문과 필수 76학점 • 전교공공필수 10학점—컴퓨터 6학점(상, 하 각각 3학점) • 선택과목 46학점—교양과목 14학점, 기타 전공 선택과목 32학점을 이수해야 합니다.

2. 그중 교양과목에서는 5가지 유형으로 나뉘어 그 조건에 맞게 수업을 선택해야 합니다. A. 수학과 자연과학 계열 – 최소 4학점 B. 사회과학 계열 – 최소 2학점 C. 철학과 심리학 계열 – 최소 2학점 D. 역사학 계열 – 최소 2학점, E. 언어문학과 예술 계열 – 최소 4학점을 이수 • 졸업논문 8학점으로 이루어집니다. • 06학번부터는 선택과목 중 중국예술, 철학, 경제와 법률 계열에서 최소 10학점 이상만 이수하면 됩니다. • 학과 규정과 제도는 매 학번마다 다르므로 과 사무실에 직접 가서 정확히 확인해야 합니다.

과사 위치 및 연락처	• 위치 : 테니스 코트와 제2체육관의 북쪽에 위치해 있는 五院119 • 연락처 : 6275-1602 6275-3045 • 홈페이지 : http://chinese.pku.edu.cn/ • 북대 중문과 싸이클럽 : http://pku.cyworld.com

▶ 철학과

분야	철학/ 종교학/ 과학기술철학과 논리학
학과소개	철학은 대학에 진학하여 여러 분야의 교양과목을 공부하게 될 때 빠지지 않는 학문으로, 단순히 교양 쌓기에 그치지 않고 여러 학문적 토대를 마련하는 데 기본이 된다. 철학은 논리적으로 생각할 수 있는 능력을 기르고 인간과 사회에 대한 거시적 안목을 키우며 인간의 기본적 태도와 인선을 함께 기르는 학문이라고 할 수 있다. 삶이 힘겹고 지칠 때, 많은 사람들이 종교를 통해 위안을 얻고자 한다. 종교학에서는 종교현상에 대한 연구를 통해 다양한 문화를 이해하고 세계 각국의 다양한 종교의 역사, 철학 그리고 사회적 기능, 사회와의 상호작용 등을 탐구한다.
전공과목	철학도론, 수리논리, 고대한어, 논리학도론, 미학원리, 과학통사, 과학철학, 논리사, 논리철학, 종교학, 종교현황과 종교사무, 기독교사, 중국기독교사, 이슬람교사, 인도불교사, 중국불교사, 도교사 등

<table>
<tr><td>적성</td><td>

다른 사람의 주장을 분석하고 비판할 수 있는 능력, 자신의 의견을 논리적으로 설명할 수 있는 능력이 필요하며, 또한 편협하지 않으며 깊고 합리적인 사고를 할 수 있어야 한다. 동양철학을 위해서는 한문에, 서양철학을 위해서는 영어 등 외국어에 대한 흥미가 필요하다. 종교도 한 국가의 사회문화의 일부에 속하므로 역사, 경제, 예술 등 다양한 분야에 대해 관심을 가지는 것이 좋다. 서로 다른 문화와 종교를 존중하고 이해할 줄 아는 열린 마음을 가져야 하며, 남을 위해 봉사하고 희생할 수 있는 마음가짐이 필요하다. 신학은 원전을 읽기 위해 영어, 라틴어 등 외국어에도 소질이 있어야 하며, 불교학의 경우 한문을 잘 아는 것도 도움이 된다. 불교학, 기독교학 등 특정 종교를 중심으로 공부하는 경우 대부분 해당 종교 신앙을 가진 학생들이 진학한다.

</td></tr>
<tr><td>졸업 후
진로</td><td>

언론사, 출판사, 광고회사, 문화예술 관련 분야, 시민사회단체, 윤리위원회, 환경단체, 연구소 연구원, 언론기관, 방송사, 공무원 그리고 기업의 윤리문화관련 부문의 진출, 윤리관련 전문가, 교무(원불교), 목사, 문화재감정평가사, 문화재보존가, 사서, 수녀, 승려, 신부, 전도사, 철학연구원등

</td></tr>
<tr><td>학과규정
및 제도</td><td>

1. 4년간 총 140점 이수(학년논문 1학점, 졸업논문 5학점 포함)
2. 한 학기 최대 20학점
3. 퇴학 처리 조건
- 필수과목 8과목 불합격 시(교양과목과 필수)
- 전체 학점(교양과목 필수 포함) 20점 불합격 시
- 한 학기에 필수과목 신청한 것 중 60% 이상 합격 못할 시
- 이번에 새로 추가된 규정 : 연속으로 두 학기 평균학점이 2.0 이하일 시 퇴학 처리합니다(05학번과 06학번 규정이 일치).

</td></tr>
<tr><td>과사 위치
및 연락처</td><td>

- 위치 : 北京大學 四院 哲學系
- 연락처 : 6275-1672
- 홈페이지 : http://web5.pku.edu.cn/history/

</td></tr>
</table>

▶ 고고학원

분야	고고학/ 박물관학/ 문물보호학
학과소개	고고학이란 유적과 유물을 통하여 지난 시대의 인류활동과 문화를 연구하는 학문이다. 문자기록이 없는 선사시대가 주 대상이 되지만, 역사시대에 들어와서도 무덤·건물 터를 비롯한 여러 가지 유물·유적의 연구를 통하여 문헌만으로 밝힐 수 없는 역사문제를 해결할 수 있으므로, 학문의 시간적인 폭과 영역이 대단히 넓다.
전공과목	중국고대사, 고고학도론, 박물관학도론, 문화재보호개론, 고건축도론, 고고학, 역사문헌, 소묘, 세계고대사, 고고기술 등
적성	사료를 꾸준히 읽어낼 수 있는 인내력, 역사·정치·경제·철학에 관한 폭넓은 지식이 필요하다. 한문은 물론 영어·일본어·중국어 등 외국어에 대하 소양이 필요하므로 꾸준한 면학 태도가 요구된다. 재학 중 고적지 답사 및 유물 발굴 등의 학술답사가 실시되므로 건강한 체력을 지닌 학생에게 적합하다.
졸업 후 진로	대학원 진학 후 전문 연구원(학예사) 또는 교직, 국·공립 박물관, 문화재 연구소, 행정관서의 문화재 관리부서 등
학과규정 및 제도	1. 4년 동안 이수해야 할 학점은 140점입니다. 2. 전교공공필수는 최소 10학점 이상, 고고학 필수 58학점, 교양과목 16학점 그리고 기타 전공 선택과목은 최소 20학점을 이수해야 합니다. 3. 그중 교양과목에서는 5가지 유형으로 나뉘어 그 조건에 맞게 수업을 선택해야 합니다. • 수학과 자연과학계열 최소 2학점, • 사회과학계열 최소 2학점, • 철학과 심리학계열 최소 2학점, • 역사학계열 최소 2학점, • 언어문학과 계술 계열 최소 4학점을 이수해야 합니다. 4. 고고학과에서는 公選課, 公共英語課에 대한 특별한 요구사항은 없습니다.
과사 위치 및 연락처	• 연락처 : 6276-5797 • 홈페이지 : http://archaeology.pku.edu.cn/

▶ 역사학과

분야	역사학/ 세계역사학
학과소개	역사학은 과거로부터 현재에 이르는 인간사회의 변화를 연구하는 학문이다. 또한 인류의 변천 과정을 고찰하고, 당대사회와 인간을 분석하여 인간과 사회에 있어서 각각의 특수성과 보편성을 인식하고, 나아가 앞으로의 인간행위와 사회발전의 지표와 방향을 모색하는 학문이다. 역사학에서 연구하는 영역은 '중국사', '세계사'로 나눌 수 있다. 이들 영역은 고대, 중세, 근대, 현대 등 시대별로 분류하여 연구할 수도 있고, 정치, 경제, 예술 등 분야별로 연구할 수도 있다.
전공과목	중국고대사·근대사·민국사·인민공화국사, 세계상고사·중고사·현대사·당대사, 구미근대사, 아시아, 아프리카근대사, 사학개론, 중국사학사, 외국사학사 등
적성	인류 문명의 변천사를 비롯해 동서양 고금의 역사에 대해 지적 호기심이 많은 학생에게 유리한 전공이다. 각종 문헌자료를 통해 역사를 탐구하므로, 영어, 한문, 일본어 등에 소질이 있으면 좋다. 다양한 국가의 역사를 공부하므로, 정치, 경제, 철학, 문학 등 인문학과 사회과학 전반에 걸친 흥미가 필요하다.
졸업 후 진로	세계 각국의 문화에 대한 이해를 바탕으로 해외교류가 있는 기업체, 유네스코 한국위원회와 같은 국제기구, 한국문화재보호재단, 방송사, 언론사, 출판사, 중앙정부 및 지방자치단체(문화관광부, 행정자치부 등), 박물관(국립중앙박물관, 국립 민속박물관, 시/도립박물관, 대학 박물관 등), 문화재청, 지역문화원, 국가기록원, 문화재 및 관련 문화 연구소(국립문화재연구소, 국립경주문화재연구소, 민족문제 연구소, 한국정신문화연구원, 역사학연구원, 중·고등학교 교사, 감정평가사, 기록물관리사, 도서관장, 문리학원강사, 문화재 감정평가사, 문화재보존가, 박물관장, 사서, 역사학연구원 등
학과규정 및 제도	학위가 취소되는 경우 1. 한 학기 필수 과목 중 2/3의 과목이 불합격일 경우 2. 두 학기 연속으로 평점이 2.0 미만일 경우 3. 불합격을 받은 과목을 2번의 중복기회에서 합격을 못할 경우 4. 학기 중간 및 기말 리포트, 논문 제출 시 내용이 인터넷이나 다른 사람의 논문을 내는 경우. 5. 시험 부정행위 적발 경우

과사 위치 및 연락처	• 위치 : 北京大學 校內二院 • 연락처 : 6275-7444 • 홈페이지 : http://web5.pku.edu.cn/history/ • 다음카페 : http://cafe.daum.net/pkuhistory

▶ 예술학원

분야	예술학(방송제작 및 편집)
학과소개	연극·영화는 음악, 미술, 무용 등 예술의 다양한 분야를 포괄하여 대중적으로 재생산하는 '종합예술'이다. 또한 누구나 손쉽게 접근할 수 있는 우리 생활 속의 한 부분이라고 할 수 있다. 점차 일상생활 속에서 문화를 즐기려는 사람들이 늘어가고 문화예술에 대한 욕구가 증가하면서 연극·영화분야는 최근 상당한 관심을 끌고 있다. 공연예술로서 미래지향적인 연극과, 비디오 예술의 차원까지 포함한 여화에 대하여 연구함으로써 극예술 분야의 발전에 이바지한다.
전공과목	중국영화사, 희극예술개론, 중국당대문학, 영화분석, 영화와 TV개론, 세계영화사, 오디오와 비디오 언어, 중국고대문학, 외국문학 등
적성	무엇보다 공연 및 영상 예술에 관심이 많고, 연극·영화 분야에서 활동하고자 하는 열의가 있는 학생에게 적합한 전공이다. 개성이 강하고 창의력, 미적 감각, 예술적 감수성, 영상적 조형감각, 풍부한 표현력 등이 있으면 더욱 좋다. 각자의 독특한 개성을 집단에 잘 조화시키는 융화력과 인간과 사회 전반에 대한 깊은 이해력 및 폭넓은 교양을 요구한다. 재학중에 실습을 통하여 작품 연구에 할애하는 시간이 많기 때문에 학과수업 이외의 시간을 투자하여 노력할 수 있는 끈기와 인내심도 필요하다.
졸업 후 진로	공중파 방송국, 케이블TV방송국, 광고사, 영화제작사, 극단, 멀티미디어물 제작사, 기업체의 홍보실, 이벤트사업체, 오락 및 연예기획사, 극장 및 극단, 개그맨 및 코미디언, 공연제작관리자, 레크리에이션 진행자, 리포터, 메이크업아티스트, 모델, 방송연출가(프로듀서), 비디오자키(VJ), 스턴트맨(대역배우), 연극배우, 연극연출가, 연예인매니저, 연예프로그램진행자, 영상·녹화 및 편집기사, 영화감독, 영화배우 및 탤런트, 영화제작자, 예체능계열 교수, 이미지 컨설턴트 등

| 과사 위치
및 연락처 | • 홈페이지 : http://www.art.pku.edu.cn/
• 다음카페 : http://cafe.daum.net/pekingart |

▶ 심리학원

분야	심리학
학과소개	심리학은 인간의 감정, 사고를 연구하지만 그것에서 그치는 것이 아니라 심리학은 인간의 행동까지도 연구하는 학문이다. 심리학에서는 눈에 보이지 않는 인간의 마음을 직관이 아닌 과학적인 연구 방법을 통해 분석하며 우리가 밖으로 표현하는 행동을 연구하여 개인의 삶의 질을 높이고 보다 건강한 사회를 가꾸기 위한 공부를 한다.
전공과목	실험심리학, 인지심리학, 인지정신과학, 생리심리학, 심리통계와 측량, 발전심리학, 인격과 사회심리학, 정서심리학, 동물심리학, 임상심리학, 의학심리학, 소비와 광고심리학, 인력자원관리, 공정심리학 등
적성	사람들의 성격, 사고, 행동과 다양한 사회현상에 대한 지적 호기심과 탐구정신, 다른 사람을 배려하고 이해할 수 있는 성격이면 좋다. 심리현상에 대한 각종 조사 및 실험결과를 논리적으로 분석할 수 있어야 하며 사소한 것도 놓치지 않는 세밀한 관찰력이 있는 학생에게 적합하다.
졸업 후 진로	교도직 공부원(교도소, 소년원 등), 지방자치단체, 법무부, 중·고등학교 상담교사 광고대행사, 컨설팅업체, 리서치 회사, 병원, 심리검사기관, 각종 상담기관, 문화관광부 산하 각종 상담소, 놀이치료사, 미술치료사, 상담전문가(심리상담사), 심리학연구원, 아로마테라피스트(향기치료사), 언어치료사, 음악치료사, 이미지컨설턴트, 인사관리자, 임상심리사(심리치료사), 작업치료사, 직업상담원 등
과사 위치 및 연락처	**北京大學 韓國留學生會** 다음카페 : http://cafe.daum.net/pekinguni

▶ 생명과학학원

분야	생물과학 / 생물기술학
학과소개	생명과학은 모든 생명현상을 분자 수준에서 미시적으로 분석하여 생명현상이나 생물의 기능을 밝히는 분야다. 의학, 약학, 농학, 수산학, 식품영양학, 유전공학, 에너지, 환경, 화장품 등 다양한 응용 분야의 기초가 되며 최근에는 DNA 기술 및 조작을 통한 새로운 생물기법의 응용이 학문적 주류를 이루고 있다.
전공과목	유기화학실험, 식물생물학, 식물생물학실험, 동물 생물학, 동물생물학실험, 미생물학, 미생물학실험, 생물화학, 유기화학, 세포생물학, 유전학 등
적성	자연법칙과 과학적 연구방법을 이해하고 이를 적용할 수 있는 추론적 판단력 및 생명현상을 정확하고 객관적으로 보는 관찰능력과 논리적 사고, 도전정신, 분석력 등을 두루 갖춘 학생에게 적합하다.
졸업 후 진로	생명과학연구원, 변리사 생명공학연구소, 화학연구소, 한국과학기술연구소, 식품의약품안전청, 한국식품개발원, 독성연구소, 도핑컨트롤센터, 식품위생연구원, 농업진흥청연구소, 국립보건원연구소, 종합병원연구소 생물화학 제분야, 의약품 및 의공학 분야, 중/고등학교 교사, 식품·주류·음료산업·식량산업 분야, 환경보존 개선분야, 대체에너지 개발분야 기업체 등
과사 위치 및 연락처	地址：北京市海淀区颐和园路5号金光生命科学大楼 电话：010-62751840

▶ 수학과학학원

분야	기초수학 및 응용수학/ 통계학/ 과학 및 공정계산학/ 정보과학/ 금융수학
학과소개	모든 자연의 사물과 자연현상을 자연적인 언어로 가장 정확하고 세련되게 표현해 주는 것이 수학이다. 특히 요즘은 사물의 모임을 일반적으로 논하는 집합론으로부터 사회 현상의 수학적 접근을 논하는 게임이론, 더 나아가 이 세계 자체를 연구대상으로 하는 위상수학 등 경제, 경영, 심리, 언어학 등 사회 분야에까지 수학의 범위가 확장되어 가고 있다.
전공과목	대수, 위치기하학, 기학, 미분방정식, 동력계통, 함수론, 응용수학 등
적성	높은 추리력과 논리적인 사고력이 요구되며, 자연현상을 주관성보다 객관성에 의해 판단할 수 있는 능력이 필요하다. 침착성과 끈기가 있으며 수학문제풀기를 좋아하는 학생에 적합하다.
졸업 후 진로	은행, 보험회사, 기업체 전산실, 교직, 연구기관 등
과사 위치 및 연락처	地址：北京市海淀区北京大学理科1号楼 电话：010-62751804

▶ 지구공간과학학원

분야	지질학/ 지구화학/ 지구물리학/ 공간과학 및 기술학/ 지리정보시스템학
학과소개	우리가 살고 있는 지구를 연구하는 학문이다. 지구 구성물질의 생성과 순환, 지구의 구조 그리고 지구의 활동을 이해함으로써 대자연의 질서와 법칙을 밝히고 나아가 지구의 미래를 예견한다. 물리학, 화학, 생물학을 기초로 지각의 조성, 성질, 구조, 역사, 형성원인 등을 다루며, 인간생활에 도움이 되는 지하자원의 개발, 국토개발, 지구 환경보전 등을 연구한다.
전공과목	지구환경시스템 및 실험, 지도학, 지리통계 및 실습, 대기과학의 기초, 암석지질학, 도시와 국토, 지리적 사고와 방법론, 수문학, 교통지리학, 환경지리학, 기후와 환경, 인구와 자원, 도시지리학, 관광지리학 등

적성	자연과 친숙하고 지구의 신비를 밝히고자 하는 진취성, 개척정신 그리고 폭넓은 사고와 추리력, 지시탐구에 대한 열정, 나아가 생물학, 물리학, 화학, 통계학 등에 대한 기초적인 소양이 요구되므로, 자연과학 분야에 관심이 있는 학생에게 적합하다.
졸업 후 진로	지질학연구원, 지질 및 토목공학기술자, 지질전문용역회사(토목 및 건축공사의 기초조사 및 시공업체, 지하수개발업체), 건설회사 설계 및 감리회사(토목, 건설, 환경 분야), 시멘트제조업체, 비료제조업체, 광산회사, 석유회사, 광업진흥공사, 도로공사, 농업기반공사, 한국전력, 석유개발공사, 수자원공사, 한국지질자원연구원, 한국해양연구원, 한국에너지기술연구원, 한국원자력연구소, 한국건설기술연구원, 서울시정개발연구원, 한국환경정책평가연구원, 수자원 연구소 등
과사 위치 및 연락처	北京大学东门逸夫贰楼(新地学楼) 电话 : 86-10-62751150

▶ 화학분자공정학원

분야	화학/ 재료화학/ 응용화학
학과소개	화학은 물질의 성질 및 변화를 분자수준에서 이해하고 연구하는 자연과학의 중심학문이며 첨단과학기술의 연구, 개발의 기초가 되는 학문이다. 또한 우리의 일상생활과 가장 밀접히 연관된 기초과학이다. 21세기 국가적인 차원에서 신소재, 대체에너지, 신약개발 및 환경 분야의 산업 등에 집중적인 투자와 육성이 예상되어 앞으로 전망이 대단히 밝다.
전공과목	이론화학, 물리화학, 조직화학, 유기화학, 무기화학, 분석화학
적성	평소 주위의 자연현상들에 남다른 호기심과 관찰력, 궁금증을 풀기 위해 적극적으로 행동하는 추진력, 실험을 통해 탐구하는 것을 즐기고 실험의 결과를 논리적으로 분석할 수 있는 합리적인 사고방식, 꾸준함과 성실함, 끊임없는 새로운 현상에 관심을 기울이고 실험하는 도전정신, 탐구력, 창의력 등을 갖춘 학생에게 적합하다.

<table>
<tr><td>졸업 후
진로</td><td>화학연구원, 의약학연구원, 석유화학공학기술자, 도료페인트화학공
학기술자, 비누화장품화학공학기술자, 재료공학기술자, 화학분석원,
교사, 교수 등
염료업체, 화장품 제조업체, 제약회사, 정밀화학업체, 반도체업체,
석유화학업체, 특허청, 한국 정밀화학공업진흥회, 산업기술진흥협회,
한국화학연구원, 과학기술정책연구소, 환경부, 국립환경연구원 등</td></tr>
<tr><td>과사 위치
및 연락처</td><td>北京大学化学院
电话 : 010-62751710</td></tr>
</table>

▶ 정보과학기술학원

<table>
<tr><td>분야</td><td>컴퓨터과학기술/ 전자정보과학기술/ 마이크로전자학/ 지능과학기술</td></tr>
<tr><td>학과소개</td><td>정보과학기술 즉 전산학·컴퓨터공학은 컴퓨터 시스템의 주요 구성 요소인 하드웨어와 소프트웨어를 포괄적으로 다루는 학문이다. 즉 컴퓨터 내부구조가 어떻게 구성되어 있는지, 하드웨어를 어떻게 설계하여 구축할지, 어떤 원리에 의해 컴퓨터가 작동하는지, 필요한 소프트웨어를 개발할 때 어떤 프로그래밍 언어로 작성하는 것이 좋은지 등을 배우는 분야다.</td></tr>
<tr><td>전공과목</td><td>고등수학, 역학, 전자학, 프로그램설계실습, 정보과학기술개론, 소프트웨어, 전로기초, 마이크로컴퓨터 원리 등</td></tr>
<tr><td>적성</td><td>기계에 대한 흥미와 능력, 특히 컴퓨터에 관심이 필요하다. 공학 및 과학에 기초한 논리적 추리력과 창의력이 요구된다. 학문의 발전 정도가 타 학문에 비해 빠르기 때문에 항상 탐구하고 학습하는 학생에게 적합하다.</td></tr>
<tr><td>졸업 후
진로</td><td>게임기획자, 게임시나리오 작가, 게임프로그래머, 공학계열교수, 기술지원 전문가, 네트워크관리자, 네트워크엔지니어, 데이터베이스관리자, 디지털영상처리전문가, 모바일콘텐츠개발자, 선박교통관제사, 시스템관리자, 시스템소프트웨어엔지니어, 시스템엔지니어, 시스템컨설턴트, 웹마스터, 웹엔지니어, 웹프로그래머, 음성처리전문가, 응용 소프트웨어엔지니어, 정보보호전문가, 정보시스템감리사, 정보제공자, 정보통신관련 관리자, 정보통신기술영업원, 컴퓨터프로그래머, 컴퓨터하드웨어엔지니어, 통신기기장비기술자(엔지니어), 통신망설계운영기술자(엔지니어), IT강사 등</td></tr>
</table>

<table>
<tr><td>과사 위치
및 연락처</td><td>北京大学理科2号楼
电话 : 86-010-62751760</td></tr>
</table>

▶ 정보관리학과

분야	정보관리 및 정보시스템학 / 도서관학
학과소개	정보 분야는 전자계산학 전반에 관한 폭넓은 이론을 연구하고 컴퓨터 응용기술을 개발하는 학문이다. 이 영역은 정보문제의 극복과 관련된 사회과학적 측면, 지식의 조직과 내용 및 정보의 유형분석을 위한 인문학적 측면, 그리고 디지털도서관과 데이터베이스 구축에 관한 공학적 측면을 다룬다. 따라서 이 학과는 학제간의 복합체적 특성을 지닌 학문이라고 할 수 있다.
전공과목	계산개론, 데이터구조, 정보관리개론, 프로그램 설계언어, 데이터계통, 정보조직, 조사와 통계방법, 정보저장과 검색, 정보정책과 법규, 정보분석과 결책, 정보서비스, 컴퓨터네트워크, 디지털 도서관, 정보계통분석과 설계, 관리정보계통, 정보경제학, 시장마케팅학, 네트워크관리, 디지털도서관, 도서관관리, 문헌목록, 도서관자동화 등
적성	공학적, 과학적, 논리적인 학습능력, 과학 및 사무 용어, 컴퓨터 전문용어에 대한 이해능력 및 수리능력, 미세한 부분에도 집중하는 세심한 주의력과 창조력, 영어, 한문을 비롯한 외국어에 대한 관심과 소질, 독서를 좋아하고 평소 신문, 잡지, 서적 등 다양한 분야의 신간도서 및 자료에 관심, 전산·통계 등에 대한 흥미, 방대한 양의 지식과 정보를 체계화할 수 있는 분석력이 요구된다.
졸업 후 진로	가상현실전문가, 게임기획자, 게임프로그래머, 공하계열교수, 네트워크관리자, 네트워크엔지니어, 데이터베이스관리자. 디지털영상처리전문가, 모바일콘텐츠개발자, 시스템관리자·엔지니어·컨설턴트, 웹디자이너·마스터·방송전문가·엔지니어·프로그래머, 음성처리전문가, 응용소프트웨어엔지니어, 정보보호전문가, 정보시스템감리사, 정보통신기술자·관리자·영업원, 컴퓨터프로그래머, 컴퓨터하드웨어엔지니어, IT강사, IT컨설턴트, 기록물관리사, 도서관장, 문화재감정평가사, 문화재보존가, 박물관장, 사서 등
과사 위치 및 연락처	www.im.pku.edu.cn.

▶ 공학원

분야	이론 및 응용역학/ 공정구조분석학/ 에너지와 자원공정학
학과소개	공학 분야는 물리학을 기초로 하는 응용과학으로, 연구분야로 전자 정보 관련 분야, 광통신 분야, 반도체와 관련된 광소자 분야, 광정보처리 분야, 레이저 및 계측 분야 등이 있다. 에너지공학은 원자핵으로부터 방출되는 방사선이나 핵반응으로 얻게 되는 막대한 에너지를 이용하기 위한 공학으로 공업, 농업, 의학적 이용은 물론 원자력 발전 등을 연구하는 학문이다. 또한 위험분석과 관리, 복잡한 사상의 모의기술, 대체에너지, 플라즈마와 같은 고에너지 응용기술 및 방사선 이용기술을 다룬다.
전공과목	수학분석, 선형대수와 기하, 미분방정식, 이론역학, 재료역학, 역학실험, 역학과 기구공정개론, 열학, 전자학, 광학, 근대물리, 보통물리실험 등
적성	공학은 다양한 분야로 나누어져 있기 때문에 각 분야에 대한 관심과 흥미가 있는 학생들에게 유리하다. 논리적이고 과학적인 사고방식과 이론지식을 실생활에 응용하는데 관심이 있어야 하고 물리, 화학, 수학과 같은 자연계열 과목에 대한 흥미와 기본 지식이 요구된다. 수리적 사고력, 자연 현상에 대한 세밀한 관찰력, 기계, 전자공학, 기술 및 기타 전자 분야에 흥미가 필요하다.
졸업 후 진로	중앙정부 및 지방자치단체(전송기술직, 전산직), 공학계열교수, 에너지공학기술자(엔지니어), 원자력공학기술자, 광학기기생산업체, 반도체제조업체, 광섬유제조업체, 안경테제조업체, 렌즈가공업체, 카메라 및 광학렌즈 제조업체, 한국전력공사, 한국원자력연료주식회사, 한국전력 기술주식회사, 한국에너지연구소, 한국기초과학지원 연구원, 한국원자력연구소, 한국원자력안전기술원
과사 위치 및 연락처	北京大学燕南园60号楼 电话 : 010-62757545

▶ 물리학원

분야	물리학/ 대기과학/ 천문학
학과소개	모든 자연과학의 기초가 되는 물리학을 탐구하고 전반적인 물리학의 이론과 실험을 습득 하며, 이공계의 기초적 학문체계를 구축하여 유능한 과학인을 양성·배출한다. 이를 위해 학부에서는 물리학적인 개념을 토대로 광범위한 지식을 제·배여 응용과학이나 산업의 기초 지식으로 활용할 수 있게 하며 전문적인 과정을 깊이 있게 다룬다.
전공과목	근대물리(+실험), 종합물리 실험, 대기과학도론, 우주개론, 천체물리도론, 대기물리학기초, 대기탐측원리, 대기동력학기초, 물체역학, 양자역학, 천체물리관측기술과 방법, 천문도산처리, 물리 우주학기초 등
적성	논리적인 사고와 수리력, 과학에 대한 호기심, 눈에 보이지 않는 세계를 이해할 수 있는 창의적인 사고, 주위 현상에 대한 남다른 호기심과 관찰력, 궁금증을 풀기 위한 적극적인 추진력, 실험을 많이 해야 하므로 꾸준한 인내력과 꼼꼼한 관찰력이 필요하다. 체계적인 업무를 정확히 수행할 수 있는 학생에게 적합하다.
졸업 후 진로	반도체를 비롯한 신소재 관련업체, 전자공학 관련업체, 항공 관련업체, 컴퓨터 관련업체, 정보통신 관련업체, 한국전력공사 등 반도체, 신소재, 전기 및 전자, 통신, 컴퓨터, 정보처리, 관전자, 기계, 광학, 재료, 중공업, 우주항공, 물리학연구원, 자연과학연구원, 반도체공학기술자, 전자공학기술자, 재료공학기술자, 에너지공학연구원, 기술영업원 등 다양한 분야에 취업가능
과사 위치 및 연락처	北京大学物理楼 电话 : 010-62751732

북경대 입시요강

신청자격	신청시기	시험일자	합격발표일
13세~30세 고등학교 졸업, 외국인 여권 소지 HSK 6등급 이상	3월 초순경	4월 초순~ 중순경	5월 하순

신청서류	시험과목
북경대학 외국유학생본과생 입학 신청서 고등학교졸업장(졸업예정증서, 중문 또는 영문) 고등학교 전 학년(6학기) 성적증명서(중문 또는 영문) 여권, 비자 사본 1부 여권용 사진 3장 추천서 2통(학교장 추천서) 접수비 800원	* 문과,이과 동일 • 1차 필기시험 : 어문, 영어, 수학 • 2차 면접시험 : 역사, 개황, 물리, 화학, 생물 포함
성적발표 : 5월 초순경(예상), 면접 : 성적발표일로부터 5~6일 후(예상) 최종발표 : 면접일로부터 9~10일 후(예상)	

▶ 입시경향(2009년부터)

① 역사, 개황 과목이 빠지고 수학에서 50점이 추가 되면서 상대적으로 수학 비중이 높아짐

② 역사, 개황 과목 등 면접에 추가되고, 면접 비중이 더욱 커질 것으로 예상됨

③ Cut line은 250~260점으로 예상

④ 다년간의 난이도 조정으로, 시험 난이도는 어느 정도 안정을 찾음

⑤ 문과, 이과 시험과목 통일로 문과생이 이과로, 이과생이 문과로의 다소 교차지원이 예상

청화대 최신 입학 정보

청화대 이과 지원가능학과

분류	학과	세부 전공
공학학원	건축학(5년제)	건축학(소묘 시험추가)
	건축환경 설비공정	건축환경 설비공정
	토목공정	토목공정
	공정관리	공정관리
	수리수전공정	수리수전공정
	환경공정	환경공정
	기계공정 자동화전공	기계공정 자동화전공
	제조자동화 관측제어기술	제조자동화 관측제어기술
	에너지원 동력 시스템 자동화과	에너지원 동력 시스템 자동화과
	차량공정	차량공정
	공업공정	공업공정
	전자정보과학	전자정보공정, 전자과학기술, 미전자학
	컴퓨터과학기술	

	자동화	
	컴퓨터소프트	
	전기공정 자동화 공정	
	화학공정과 공업 생물공정전공	
	고분자재료공정 전공	
	재료과학 공정전공	
	수리기초과학	응용수학, 정보계산과학, 물리학
이학학원	화학	
	생물과학	
	수학과 응용수학	수학, 응용수학
	물리학	물리학

굵은 표시를 한 학과는 선호학과입니다.

* 자료 제공 : 북경고려입시학원

2008년 청화대 이과 지원자 및 합격자 수

연도	지원자수	합격자수	경쟁률
2008	328명	92명	3.6 : 1

청화대 이공과 계열 예상 커트라인

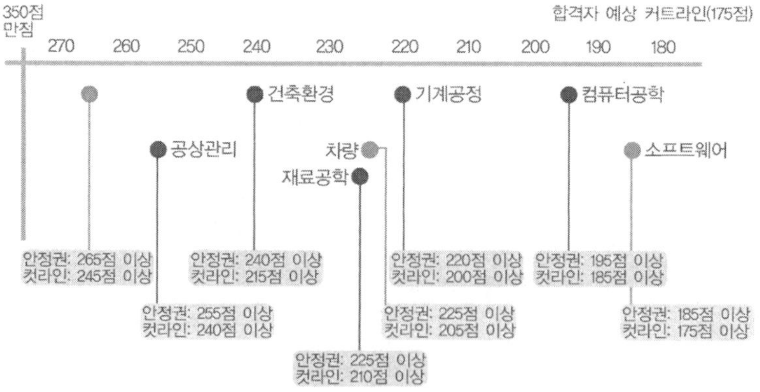

2008년 청화대 이과 학과별 합격자수

학과	합격자수	학과	합격자수
경제와 금융&공상관리	18	전자정보과학	10
건축학	9	컴퓨터과학과 기술	5
건축환경	4	자동화	5
토목공정	5	컴퓨터소프트	2
공정관리	5	전기공정	5
환경공정	5	화학공정과 공업생물공정전공	0
기계공정	2	고분자재료와 공정전공	0
정밀기계	9	재료과학과 공정전공	0
에너지원동력시스템과 자동화	2	수리기초과학	0
차량공정	5	화학	2
공업공정	3	생물과학	2

• **참고사이트** : 청화대학 한국인 유학생 홈페이지
www.tsinghua.co.kr

학과 및 적성, 진로 소개

▶ 경제와 금융

학과소개	오늘날 경제정책의 당면목표는 완전고용, 물가안정, 경제성장, 소득분배 및 국제수지 균형 등이다. 경제금융학은 이와 함께 공해문제, 소득격차문제, 남북문제, 동서문제, 지역문제, 기술개발 등 폭넓은 범위를 다루고 있다. 본 학과에서는 경제이론은 물론 경제현실을 정확히 분석할 수 있는 능력을 함양시켜 장차 사회의 지도적 역할을 다할 수 있게 지도하고 있다. 또한 시장개방 등 세계화에 적극 대응하는 능력을 함양시키는 데에도 주력하고 있다.

적성	사회현상을 논리적으로 분석하고 수학적 모형을 응용할 수 있는 능력이 필요하다. 컴퓨터 시스템을 통한 처리가 일반화되고 있으므로 컴퓨터 활용능력이 요구된다. 수학에 흥미가 있어야 하고, 경제 및 경영학에 관심을 가진 학생들에게 적합하다.
졸업 후 진로	각종 기업이나 금융기관, 행정고시를 통한 고급공무원, 공인회계사(C.P.A), 증권투자상담사, 금융자산관리사(FP) 등, 또는 졸업 후 경제관리 부문, 증권회사, 투자은행, 상업은행, 보험회사, 각 종 투자 기금 및 관리회사 등 금융기관이나 또는, 재무관리 컨설턴트회사나 대형공상기업에 취직할 수 있다.
전공과목	미적분, 기하와 대수, 결제학원리, 정치경제학, 거시적경제학, 경제통계학, 국제경제학, 금융경제학, 통계학, 정보와 인터넷기술, 투자학, 보험정산, 위험관리, 투자은행업무 등

▶ 공상관리

| 학과소개 | 현대 경제 사회의 중심 조직인 기업과 그 관리를 연구 대상으로 하며, 산업 사회 및 정보 사회의 다양한 조직이 필요로 하는 고급 인력을 양성함을 목적으로 하고 있다. 본 학과는 금융, 재무, 보험, 세무, 회계 등에 관한 제반이론과 실제적인 응용방법을 연구하는 학문으로, 경제학, 경영학, 법학, 사회학, 수학 등이 종합적으로 응용된 학제 간 학문이기도 하다. 연구 분야는 자금 배분원리, 자본시장의 기능 및 투자 원리, 기업의 자금 조달과 운영, 보험의 금융적·법적 원리 및 경제주체의 위험관리, 금융기관의 경영 등 금융전반과 금융 보험 경영이론, 재무회계, 관리회계, 세무회계, 회계정보시스템, 회계감사, 비영리회계, 금제회계 등이 있다. |
| 적성 | 진취적 사고와 함께 문과, 이과의 속성을 겸비하고 있는 학생, 사회과학에 대한 관심과 외국어와 수학에 흥미를 가지고 있는 학생, 윤리의식이 강하며 현실적응력과 합리적 사고, 수리력을 갖춘 학생에게 적합하다. |

졸업 후 진로	국제통화기금(IMF), 세계은행(IBRD), 세계무역기구(WTO), 경제개발협력기구(OECD), 아시아개발은행(ADB), 그리고 국제금융공사(IFC) 등과 같은 국제기구, 금융감독원, 금융결제원 등과 같은 공기업, 은행, 증권사, 투신사, 보험회사, 언론사, 회계 컨설팅회사, KDI(한국개발연구원), 대외경제정책연구원, 한국경제연구원, 기업의 경제연구소(삼성경제연구소, LG경제연구소, 현대경제연구소), 공인회계사 사무실, 세무사 사무실, 변리사 사무실 등
전공과목	회계학, 투자학, 금융과 재무원리, 기업관리, 시장마케팅, 경제학, 국제회계, 보험, 거시경제학, 미관경제학, 국제금융, 프로그램설계언어, 컴퓨터원리와 시스템, 데이터베이스원리 및 응용, 정보시스템 등 ★ 첫 2년은 학원 공공 수업을 위주로 해서 수학, 물리, 컴퓨터 등 기초 수업을 본다. 3학년 때에는 '회계학', '정보관리과 정보계통'전업으로 나누어서 배양한다.

▶ 건축학

학과소개	건축학은 인간생활을 영위하는 공간 창조를 위한 학문으로, 건축 전반에 걸친 공학 기술과 예술적 측면을 비롯하여 건축의 계획 및 설계, 시공에 대한 전 과정을 연구한다. 세부적 연구 분야는 주택, 사무실, 오피스텔, 아파트 등과 같은 건축물을 설계하는 '건축설계' 분야, 건축설계 이전의 건축에 대한 모든 분야를 전반적으로 이해하는 '건축설계이론' 분야, 건축의 역사에 대한 이해를 위한 '건축사' 분야로 구분된다.
적성	사람들이 사는 생활공간에 관심이 있는 학생에게 적합하다. 건축학은 공학 분야이므로 수학, 과학 등 자연과학 분야의 기초 지식이 있어야 한다. 건축이라는 분야의 특수성 때문에 예술적 재능과 미적 감각이 있으면 학업수행에 도움이 된다. 학업과정 중에도 건축설계 프로젝트를 며칠씩 밤낮으로 수행하기 때문에 인내심과 체력이 요구되기도 한다. ★ 색맹인은 지원 불가

졸업 후 진로	건설 및 광업관련 관리자, 건설 견적원(적산원), 건설 기계운전원, 건설자재시험원(건설공사품질관리원), 건축 및 토목 캐드원, 건축감리기술자, 건축 공학기술자, 건축구조기술자, 건축설계기술자, 건축시공기술자, 건축안전기술자, 건축자재 영업원, 공학계열교수, 제도사(캐드원), 토목감리기술자, 플라스틱제품조립 및 검사원 등
전공과목	수학, 컴퓨터기초, 건축설계, 도시계획과 설계원리, 설계초보, 공간형체표현기초, 소묘, 수채, 공정기술, 구조역학, 건축구조, 건축환경, 중국고대건축사, 외국 고대·근현대 건축사, 건축경제, 건축사 업무실천 등

▶ 건축환경과 설비공정

학과소개	건축·설비공학은 기능적이고 문화·예술적인 감각이 살아 있는 최적의 삶의 공간을 창조하기 위하여 건축물을 연구하는 학문으로 건축설계, 환경, 역사, 구조, 시공 도시 등 다양한 분야를 포괄하는 학문이다. 건축·설비공학 분야는 '인간'과 '환경'의 상호관계를 이해함으로써 인간의 생활과 활동을 편리하고 쾌적하게 만들기 위해 건물단위에서부터 도시규모에 이르는 물리적 환경을 다각적으로 다루는 종합학문이다. 연구 분야는 크게 건축계획 및 설계, 건축구조 및 시공, 건축 환경 및 설비분야로 구분할 수 있다
적성	건축설비를 전공하려면 먼저 수학, 과학 등 자연과학 분야의 기초지식이 있어야 하며, 건축이라는 분야의 특수성 때문에 예술적 재능과 미적 감각이 있으면 학업수행에 도움이 된다. 분석적 사고와 논리성이 갖추어지면 더욱 좋다.
졸업 후 진로	건설 및 광업관련 관리자, 건설 견적원(적산원), 건설 기계운전원, 건설자재시험원(건설공사품질관리원), 건축 및 토목 캐드원, 건축 감리기술자, 건축 공학기술자, 건축구조기술자, 건축설계기술자, 건축시공기술자, 건축안전기술자, 건축자재 영업원, 공학계열교수, 제도사(캐드원), 토목감리기술자, 플라스틱제품조립 및 검사원 등
전공과목	수학, 물리, 화학, 컴퓨터기초, 건축환경학, 전열학, 공정역학, 유체역학, 공정열역학, 기계설계기초, 건축개론, 에어컨과 제냉기술, 공열공정, 건축자동화, 건축통풍공정, 청결기술, 건축배수, 건축전기, 공정경제학 등

▶ 토목공정

학과소개	토목공정은 도로, 항만, 공항, 교량, 철도, 댐, 상하수도 등 공공복지를 위한 산업기반과 사회 간접자본을 확충하기 위하여 토목구조물을 설계, 시공하고 효율적인 유지·관리를 연구하는 분야다. 특히, 생활을 편리하고, 안전하고, 쾌적하게 영위할 수 있도록 환경을 개선하여 문명발달에 기여하는 학문 분야이다. 토목공정은 자연환경을 최대한 활용하여 인류문명에게 최대한의 편의를 제공할 수 있는 방법론을 연구하는 학문이다. 연구 분야로는 구조공학, 지반공학, 수공학, 환경공학, 도시공학 등이 있다.
적성	다리, 도로, 댐 등 구조물에 대한 호기심을 갖춘 사람이 학업수행에 유리하다. 수학, 물리, 역학 등에 학문적 관심이 있으면 더욱 좋다
졸업 후 진로	건설 및 광업관련 관리자, 건설 견적원(적산원), 건설자재시험원(건설공사품질관리원), 건축공학 기술자, 건축구조 기술자, 공학계열교수, 측량사, 토목공학기술자, 토목구조기술자, 토목시공기술자, 토질 및 기초기술자, 해양공학기술자(엔지니어) 등
전공과목	수학, 물리, 컴퓨터기초, 공정역학, 건축재료, 방우건축학, 토역학, 수역학, 구조역학, 공정경제학, 건축시공기술, 콘크리트구조, 공정항목관리, 강 구조, 고층건축, 교량공정, 지하구조 등

▶ 공정관리

학과소개	공정관리는 생산 활동에 있어서 인력, 자재, 설비, 기술, 자금 등 종합적 시스템의 설계, 개선 및 설정에 관한 문제를 다루는 기술 또는 개념의 체계를 말한다. 다른 공학 분야가 특정산업과 기술의 전문적 기술을 제공한다면, 공정관리는 공학기술과 경영전략을 접목하여 기업의 종합적 경영전략을 기획하고 전반적 경영체제를 관리하는 학문이다. 청화대학에서의 공정관리는 건축공학의 성격을 많이 띠고 있는 것이 특징이다.

적성	공정관리는 공학적 바탕 위에 관리시스템 기술을 다루므로 기본적인 공학적 소양과 함께 수리능력을 갖추고 컴퓨터 활용에 관심이 높은 학생에게 적합하다. 특히 일상생활의 개선의지가 강하고 체계적인 문제해결에 관심이 많다면 더욱 좋고 이를 위해서 논리적 사고방식과 독창성이 요구되기도 한다.
졸업 후 진로	공정관리는 효율적인 시스템구축과 관리를 목표로 하고 있기 때문에 일반제조업체, 정보통신업체 등 다양한 분야에 진출이 가능하다. 제조업체(자동차, 항공, 기계 전자업체 등), 유통·물류업체, 정보통신업체, 의료기관, 금융업체, IT업체, 컨설팅회사, 도시계획업체, 리서치회사 등
전공과목	수학, 물리, 컴퓨터기초, 공정역학, 구조역학, 건축재료, 건축경제학, 공정경제학, 건축시공기술, 건축설비, 공정항목관리, 건축기업관리, 건설항목평가, 부동산투자와 금융, 부동산관리, 위험관리와 안전관리, 건설감시 개론 등

▶ 수리수전공정

학과소개	수리수전공정은 토목공정전공 가운데 도로, 항만, 교량, 댐, 상하수도 등 수공공정부분을 전문으로 연구하는 학문이다. 공공복지를 위한 산업기반과 사회간접자본을 확충하기 위하여 토목구조물을 설계, 시공하고 효율적인 유지·관리를 연구하는 분야다. 특히, 생활을 편리하고, 안전하고, 쾌적하게 영위할 수 있도록 환경을 개선하여 문명발달에 기여하는 학문분야이다. 수리수전공정은 자연환경을 최대한 활용하여 인류문명에게 최대한의 편의를 제공할 수 있는 방법론을 연구하는 학문이다.
적성	다리, 도로, 댐 등 구조물에 대한 호기심을 갖춘 사람이 학업수행에 유리하다. 수학, 물리, 역학 등에 학문적 관심이 있으면 더욱 좋다.

졸업 후 진로	건설 및 광업관련 관리자, 건설 견적원(적산원), 건설자재시험원(건설공사품질관리원), 건축공학 기술자, 건축구조 기술자, 공학계열교수, 측량사, 토목공학기술자, 토목구조기술자, 토목시공기술자, 토질 및 기초기술자, 해양공학기술자(엔지니어) 등
전공과목	수학, 물리, 화학, 컴퓨터기초, 구조역학, 탄성역학, 수역학, 토역학, 수공건축물, 수자원기획과 이용, 도시물환경, 공정경제학, 수이공정정보화, 항구와 항운공정, 도로와 교량공정, 근해공정, 강구조 등

▶ 환경공정

학과소개	환경공정은 자연을 구성하는 댁, 물, 토양, 생물을 대상으로 환경의 변화과정, 환경오염의 발생원인 및 확산경로, 오염물질의 분석, 환경이 인간에게 미치는 영향 등을 자연과학적인 접근방법으로 연구하는 학문이다. 특히 오늘날 심각하게 겪고 있는 환경문제의 원인과 그 해결 방안에 관한 연구가 많이 이루어지고 있다. 그리고 환경오염물질을 효과적으로 처리하고 이미 훼손된 환경을 복원에 대한 연구는 환경공정에서 이루어진다.
적성	평소 환경에 대한 관심과 사명감이 있어야 하며, 지적 호기심이 많고, 체계적이고 합리적인 사고를 가진 진취적인 학생에게 적합하다. 응용 분야가 광범위하므로 환경학 전반을 이해할 수 있는 폭넓은 시야를 가지는 것이 필요하다.
졸업 후 진로	수자원공사, 환경관리공단, 토지공사, 한국환경자원공사, 환경전문 엔지니어링업체, 건설 및 플랜트분야 종합엔지니어링 업체, 건설 및 플랜트분야 종합시공업체, 환경오염방지시설운영업체, 환경영향평가업체, 환경오염물질 분석 전문업체, 국립환경연구원, 보건환경연구원, 한국환경정책평가연구원, 국토개발연구원 등
전공과목	수학, 물리, 컴퓨터기초, 측량, 무기화학, 유기화학, 물리화학, 분석화학, 환경공정원리, 수처리공정, 대기오염통제공정, 고체폐물처리처치, 환경관리 등 ★ 입학 후에는 학점제도가 실시되며, 고학년에 올라가면 '환경공정'과 '급배수공정' 2개의 전공으로 나뉜다.

▶ 기계공정 자동화

학과소개	기계공정 분야는 각종 산업기계와 관련 장치 설비의 설계, 제작, 이용, 관리 등에 이론과 응용 기술을 연구하는 학문이다. 연구 분야로는 재료 및 파괴, 동역학 및 제어, 생산 및 설계공학, 열공학공학, 유체공학, 에너지 및 독립공학, 고체 및 구조역학 분야가 있다. 최근에는 전기공학, 전기공학 컴퓨터, 정보기술, 의학 및 생물학과의 연계를 통해 활동 영역을 넓혀가고 있다.
적성	주위에서 일어나는 다양한 현상에 흥미를 가지고 이를 응용해 보는 것에 관심이 있으면 더욱 좋다. 응용범위가 넓은 만큼 기계, 전기, 전자 등 관련 분야에 흥미가 있고 세심한 주의력과 탐구심, 도전정신을 지닌 학생에게 적합하다.
졸업 후 진로	산업기계제작회사, 자동차회사, 항공기 제작회사, 항공기부품회사, 조선회사, 선박검사기관(한국선급협회), 선박안전기술원, 전기, 전자 반도체, 통신, 화공 금속 관련업체, 건설기계공학기술자, 공학계열교수, 기계공학기술자, 메카트로닉스공학기술자, 발전설비공학기술자, 산업안전관리원, 선박기관사, 선박조립 및 검사원, 엔진기계공학기술자, 열관리(냉난방) 기계공학기술자, 자동차공학기술자, 조선공학기술자, 품질관리원, 항공공학기술자, 항공기정비원, 해양공학기술자(엔지니어) 등
전공과목	수학, 물리, 화학, 컴퓨터하드웨어기술기초, 컴퓨터프로그램설계기초, 기계원리, 기계설계기초, 제조공정기초, 측정과 검측기술, 공정재료기초, 이론역학, 재료역학, 유체역학, 공정열역학, 전열학, 재료가공원리, 기계시스템마이컴통제, 현대제조시스템, 특종가공공예 등

▶ 제조자동화와 관측제어기술

학과소개	본 학과는 일반 기계공학을 응용한 학문으로, 이 학과에서는 모든 기계를 정밀하게 설계 가공하고 계측 검사하는 과정을 연구하여, 기계의 자동화 과학화에 기여할 수 있는 정밀기계 전문가를 양성하는 데 주력한다. 본 학과는 기계와 전기전자를 조화시키는 학과이므로 물리학, 기계공학, 전기전자공학, 전자공학, 등 폭넓은 교과과정을 개설하고 있다.
적성	물리학, 기계공학, 전기전자공학, 전자공학 등 폭넓은 학문을 연구하고 특히 정밀 측정 및 측량에 관한 부분을 연구하기 때문에 여느 전공보다 폭넓은 지식과 관심 그리고 세심함이 동시에 요구된다.
졸업 후 진로	기계계열 전 분야 및 군수산업에서 항공우주사업에 이르기 까지, 모든 산업분야에 적용되므로, 진로의 폭이 매우 넓다.
전공과목	공정역학, 기계설계기초, 열공기초, 전공과전자기술기초, 컴퓨터일련의 과목, 재료가공 공예와 설비, 측정과 검측기술, 정밀공정과 제조, 응용전자기술, 컴퓨터와 통제기술, 측정과 신호처리기술, 공정광학, 레이저응용과 광전기술, 미측량기술, 정밀가공공예 등 2년 동안 수학, 물리, 컴퓨터 등 기초과정을 거친 후 3학년 때 '기계공정과 자동화', '관측기술측량', '마이크로 시스템공정'의 3개 학로 나뉜다. ① 기계공정과 자동화 전공은 기계설계, 제조, 자동화 기초, 기계지식의 응용능력을 바탕으로 기계공정과 자동화 영역 내의 설계제조, 과학기술개발, 응용연구와 운행관리 등의 방면의 고급과학기술 인재를 배양한다. ② 관측기술과 기기전공은 정밀기기, 광학공정, 미세공정과 제어기술을 바탕으로 과학연구, 공정설계와 개발의 능력을 갖추어 설계제조, 생산운행, 과학기술개발과 기술경제관리 방면으로 진출한다. ③ 마이크로 전기시스템 전공은 기계, 전기, 마이크로 기계의 기초의 종합적 영역으로서 마이크로 전기시스템 방면의 설계제도, 생산운행, 과학기술개발과 기술경제관리방면으로 진출한다.

▶ 에너지원 동력 시스템 자동화

학과소개	에너지는 모든 산업의 근간이 되는 분야로, 본 학과에서는 현재의 기술을 보다 발전시키고 향상시킴으로써 현 지구상의 에너지의 활용성을 증대시키고, 태양, 지열, 해양에너지 등 미래의 새로운 에너지 자원을 탐사, 개발, 활용함을 목표로 한다. 에너지의 중용성은 국가 기반 사업으로써 모든 국가 원동력은 이 에너지로부터 나온다고 볼 때 이를 다루고 심도 있게 연구 할 수 있는 분야의 중점 육성이야 말로 21세기를 이끌어 갈 인재양성의 측면에서도 바람직한 일이라 할 수 있을 것이다.
적성	일단 기본적으로 물리학에 대한 기초지식이 요구된다. 위험성이 따르는 실험이 있기 때문에 세심하고 차분한 성격이 필요하다. 많은 연구와 개발이 요구되는 기술 분야이므로 상상력이 풍부하고 탐구심이 강한 사람에게 적합하다.
졸업 후 진로	정부 관련 기관으로 지식경제부, 한국석유공사, 한국농촌공사, 한국지질자원연구원, 대한광업진흥공사, 대한석탄공사, 한국해양수산개발원, 한국광해관리공단, 한국수자원공사, 에너지관리공단 등이 있으며, 일반 기업체로는 해외석유, 천연가스 등의 자원개발과 터널, 비축시설, 도로 등의 각종 건설현장이 있고, 지반조사와 수자원조사 및 개발, 석재개발 회사, 시멘트회사, 소재산업 관련회사, 건설회사, 기술용역회사, 엔지니어링 회사 등이 있다. 또한 화약류관리기사, 응용지질기사를 취득하여 건설현장에 진출하고, 관련 기술사 자격을 취득하여 고급인력으로서 활동하고 있다.
전공과목	수학, 물리, 화학, 컴퓨터기초, 전공과 전자기술, 자동통제, 열역학, 전열학, 유체역학, 이론역학, 연소이론, 동력시스템통제, 유체기계와 공정, 열량동력시스템, 에너지원 동력시스템, 신에너지원 동력기계 등

▶ 차량공정

학과소개	차량공정은 기계공학을 근간으로 하여 제어 및 계측, 재료공학, 설계 및 해석 등이 복합된 응용 분야로, 자동차공업의 핵심기술을 연구하는 학문이다. 이를 위하여 자동차의 공학적인 개념, 설계, 해석, 제작, 평가 등의 기술을 연구하고 개발한다. 이 분야는 자동차의 설계 및 제조와 관련된 이론과 기술을 연구하는 응용과학으로, 전기·전자, 컴퓨터, 화학·재료 등의 신기술을 접목하여 자동차 기술 환경을 변화시키는 첨단학문이다. 연구 분야로는 내연기관, 자동차 전기전자, 차량 동역학, 자동차 설계 자동차 성능해석, 자동차 환경 등이 있다.
적성	물리와 수학을 응용한 학과로서 수학적인 처리 능력이 뛰어나야 하고, 기계 및 항공기, 선반, 전기, 전자 등에 흥미가 필요하다. 자동차의 연구 설계, 개발 및 제조 공정, 설치, 조작, 유지에 대한 공학적 개념과 원리를 이해하고 응용할 수 있는 학습 능력과, 작은 부품을 정밀하게 다루고 부품을 조립, 정비하기 위해서는 정교한 주의력과 손재능 및 조절 능력이 있어야 한다. ★ 본 과는 빨간색, 노란색, 녹색에 대해 색맹인 학생과 휘발유에 심한 과민을 보이는 학생은 지원할 수 없다.
졸업 후 진로	자동차 업체 설계 부서, 연구부서, 기술 개발 부서나 관련 회사, 자동차 생산업체, 자동차 부품 생산업체, 자동차 정비업체, 일반기계 분야로 진출할 수 있다. 자동차 관련분야의 연구소나 학술계, 국가 기관 등에서 연구 활동과 관련 법규 및 정책 수립을 위한 각종 업무를 담당할 수 있다. 그리고 기계공학 전공자의 일반적인 진출 분야인 자동차, 철도차량, 건설 장비, 공작 기계 등 주요 중공업 분야와 로봇, 제어기기 등 첨단 기계전자공학 분야로 진출할 수도 있다.
전공과목	수학, 물리, 컴퓨터기술, 공정제도, 기계원리, 자동차구조, 자동차이론, 자동차설계, 내연기원리, 내연기설계, 자동차전자학, 자동차와 내연기 시험기술 등 ★ 입학 후, 만약 '자동차모형과 차체설계' 방면으로 지원한다면, 차체설계 방면의 선발 시험에 꼭 참가해야 한다.

▶ 공업공정

학과소개	공업공정은 생산 활동에 있어서 인력, 자재, 설비, 기술, 자금 등 종합적 시스템의 설계, 개선 및 설정에 관한 문제를 다루는 기술 또는 개념의 체계를 말한다. 다른 공학 분야가 특정산업과 기술의 전문적 기술을 제공한다면, 공업공정은 공학기술과 경영전략을 접목하여 기업의 종합적 경영전략을 기획하고 전반적 경영체제를 관리하는 학문이다. 공업공정은 '생산시스템분야', '정보시스템분야', '인간－기계시스템분야', '시스템통합 및 분석분야' 등 크게 4가지로 나눌 수 있다. '공업공정'과 '물류관리' 두 방향의 과로 나뉘어 학생들은 둘 중 흥미 있는 과를 선택하여 공부할 수 있다.
적성	산업공학은 공학에 기초하여 관리시스템 기술을 다루므로, 기본적인 공학적 소양과 수리능력, 컴퓨터 활용능력이 요구된다. 또한 체계적인 문제해결능력, 논리적 사고력, 독창성이 요구되기도 한다.
졸업 후 진로	제조업체(자동차, 항공, 기계, 전자업체 등), 유통·물류업체, 정보통신업체, 의료기관, 금융업체, IT업체, 컨설팅회사, 도시계획업체, 리서치회사, 공학계열교수, 기술영업원, 변리사, 비파괴검사원, 산업공학기술자(엔지니어), 산업안전관리원, 생산관리원, 품질관리원 등
전공과목	수학, 물리, 컴퓨터기초, 공업공정개론, 운주학, 응용통계학, 도론과 계산법, 물류분석과 시설기획, 생산기획과 통제, 질량공정, 시스템공정, 시스템제도, 정보관리시스템, 공정경제학 등

▶ 전자정보과학

학과소개	전자정보과학은 반도체, 초고주파공학, 전력전자, 제어공학, 통신공학, 컴퓨터시스템, 전자응용시스템 등 고도 지식기반 사회의 성장 동력이 되는 첨단 전자 및 정보통신 기술을 다루는 학문분야다. 우리의 일상생활을 크게 변화시킨 컴퓨터, MP3, 핸드폰을 비롯하여 냉장고, 에어컨과 같은 생활가전제품들은 전자공학의 성과라고 볼 수 있다. ★ 전자정보과학과에는 전자정보공정, 전자과학기술, 마이크로전자학 3개 학과가 있다.
적성	전자에 대한 전반적인 이해와 컴퓨터에 관한 지식이 필요하므로 수학, 물리 등과 같은 과목에 대한 흥미를 가지고 있는 학생에게 적합하며, 모든 면에 의문을 갖는 탐구심이 필요하다. 또한 급속히 발전하는 전자기술을 습득하기 위해서는 끊임없이 공부하는 끈기가 필요하다.
졸업 후 진로	전자부품설계 및 제조업체, 전자기기 설계 및 제조업체, 각종 전자장비운용 및 유지보수업체, 음향기기, 화상기기, 유무선통신장비업체, 첨단의료장비제조업체, 이동통신·위성통신 및 위성방송 관련업체, 반도체소자, 마그네트레이저 등 전자소자 제조업체 등
전공과목	마이크로파 이론과 기술, 전자파응용기술, 전자전기 회로응용기술, 컴퓨터응용기술, 나노미터광자학, 광섬유 통신시스템과 광인터넷 지능화기술, 광전자기계부품과 응용기술, 정보나노미터 재료와 기계부품, 고성능 고속전자 기계부품, 미세기술과 재료평가 및 검측기술, 반도체기계부품 물리, 초대규모 집성전기회로CAD, 나노 전자학도론, 미전자학 개론 등 입학 후 학점제를 실시하며, 2학년까지 수학, 물리, 데이터 구조, 신호와 시스템, 전로이론, 컴퓨터와 인터넷, 전자기력과 전자파, 고체와 반도체 물리, 전자기술기초, 통신 전로 등의 과목을 이수하며, 3학년 때에는 3개의 전공으로 나뉘어 공부한다. 색맹인 학생은 본 과에 지원할 수 없다.

▶ 컴퓨터과학기술

<table>
<tr><td>학과소개</td><td>컴퓨터는 어느덧 우리생활에 없어서는 안 되는 존재가 되었다. 컴퓨터를 모르면 글을 모르는 문맹자와 비슷한 취급을 받는 세상이다. IT라는 말이 자주 등장하고 무선으로 인터넷에 접속하며 휴대폰으로 인터넷을 사용하는 등 IT분야의 발전 속도는 우리가 가늠하기 어려울 정도이다.
컴퓨터공학은 컴퓨터 시스템의 주요 구성요소인 하드웨어와 소프트웨어를 포괄적으로 다루는 학문이다. 즉, 컴퓨터 내부구조가 어떻게 구성되어 있는지, 하드웨어를 어떻게 설계하여 구축할지, 어떤 원리에 의해 컴퓨터가 작동하는지, 필요한 소프트웨어를 개발할 때 어떤 프로그래밍 언어로 작성하는 것이 좋은지 등을 배우는 분야이다.</td></tr>
<tr><td>적성</td><td>컴퓨터에 대한 제반 지식과 기능을 다루기 때문에 기계에 대한 흥미와 능력이 있어야 하며 특히 컴퓨터에 관심이 있어야 한다. 공학 및 과학에 기초한 논리적 추리력과 창의력이 필요하다. 학문의 발전 정도가 타학문에 비해 빠르기 때문에 항상 탐구하고 학습하는 자세가 필요하다.</td></tr>
<tr><td>졸업 후 진로</td><td>기업체 전산실, SI업체, 컴퓨터제조업체, 컴퓨터 관련 협회, 컴퓨터 교육기관, 금융회사, 은행, 증권회사 전산실, 소프트웨어 용역회사, 반도체 산업, 컴퓨터 유지보수업체 게임기획자, 게임프로그래머, 공학계열교수, 교육과학용 응용소프트웨어엔지니어, 기술지원전문가, 네트워크관리자, 네트워크엔지니어, 데이터베이스관리자, 디지털영상처리전문가등</td></tr>
<tr><td>전공과목</td><td>수학, 물리, 프로그램설계기초, 전기회로원리, 컴퓨터원리, 컴퓨터시스템구조, 컴퓨터인터넷, 조작시스템, 데이터구조, 시스템분석과 통제, 소프트웨어 공정 등</td></tr>
</table>

▶ 자동화

학과소개	기계공학 및 전기전자공학의 단위기술 습득 및 이를 복합하여 응용한 생산공정의 자동화 교육을 통해 현대 산업현장에서 요구하는 자동생산 시스템의 설계, 제작, 제어 및 운영분야 등을 담당하고 이를 발전시켜 나갈 전문기술자 및 관리자를 양성한다.
적성	컴퓨터에 대한 제반 지식과 기능을 다루기 때문에 기계에 대한 흥미와 능력이 있어야 하면, 특히 컴퓨터에 관심이 있어야 한다. 공학 및 과학에 기초한 논리적 추리력과 창의력이 필요하다. 아울러 체계적인 문제해결능력, 논리적 사고력, 독창성이 요구되기도 한다.
졸업 후 진로	공장 자동화시스템개발업체 및 연구소, CAD/CAM분야의 하드웨어 및 소프트웨어관련업체, 각종기계부품의 컴퓨터이용설계 및 가공업체, 자동화센서 및 계측장비관련업체에 진출이 가능
전공과목	수학, 물리, 전기회로원리, 전력전자기술기초, 데이터구조, 컴퓨터원리, 컴퓨터소프트웨어기초, 신호와 시스템분석, 통신원리개론, 컴퓨터인터넷응용, 인공지능, 검측원리, 컴퓨터통제시스템, 양식식별, 시스템판별 등

▶ 컴퓨터소프트웨어

학과소개	기술의 발달에 따라 산업의 구조는 하드웨어에서 소프트웨어 기반으로 점차 변화하고 있으며, 기존의 냉장고나 자동차와 같은 하드웨어 제품도 내장 소프트웨어를 탑재하여 점점 더 인텔리젠트화 되어 가고 있다. 더욱이 인터넷의 발전은 이러한 소프트웨어 기반 사회로의 변화를 더욱 촉진시키고 있다. 컴퓨터소프트공학은 소프트웨어 기반 사회로의 진전에 따라 소프트웨어 설계와 개발, 프로그래밍 언어와 관련된 원리 등을 연구하는 학문분야이다. ★ '컴퓨터 소프트웨어'와 '숫자매체설계'로 나뉜다. 학생들은 이 둘 중 흥미 있는 과에 선택 지원할 수 있다.

적성	컴퓨터에 대한 제반 지식과 기능을 다루기 때문에 기계에 대한 흥미와 기계적 능력이 있어야 하며 특히 컴퓨터를 좋아하고 관심이 있어야 한다. 공학 및 과학에 기초한 논리적 추리력과 창의력이 필요하다. 학문의 발전 정도가 타 학문에 비해 빠르기 때문에 항상 탐구하고 학습하는 자세가 필요하다.
졸업 후 진로	기업체 전산실, SI업체, 컴퓨터제조업체, 컴퓨터 관련 협회, 컴퓨터 교육기간, 금융회사, 은행, 증권회사 전산실, 소프트웨어 용역회사, 반도체 산업, 컴퓨터 유지 보수업체, 게임프로그래머, 네트워크관리자, 모바일콘텐츠개발자, 웹마스터, 전자상거래전문가, 컴퓨터프로그래머 등
전공과목	수학, 물리, 프로그램설계기초, JAVA프로그램설계, 데이터구조와 계산법, 컴퓨터인터넷, 데이터베이스원리, 컴퓨터시스템구조, 데이터베이스시스템과 그 응용, 소프트웨어 공정, WEP프로그램설계, 인터넷기술과 그 응용, 다매체 기술기초와 그 응용 등

▶ 화학공정

학과소개	화학공정은 기초관학지식을 이용하여 천연물질로부터 인간에게 필요한 물질과 에너지를 얻어내고 그것을 경제적으로 사용할 수 있는 다양한 화학공정에 관해 연구하는 분야다. 화학이 화학반응의 원리에 관심을 가진다면, 화학공정은 그 반응이 잘 일어나게 하여 경제적으로 사용할 수 있도록 장치와 방법 등에 더 관심을 갖는 차이가 있다. 즉 화학공학자나 화학자는 화학을 응용하여 유용한 결과를 추구하는데 공통목적을 가지고 있으나 화학공학자는 지식의 탐구에서 오는 만족보다 실용적 기여에 더욱 치중한다는 데 차이가 있다. 최근의 화학공학은 기존의 화학의 경계를 넘어 정유, 석유화학, 재료 및 신소재, 섬유, 정밀화학, 반도체, 대체에너지, 환경, 식품, 제약 및 생명과학 등을 다루는 전자, 정보산업, 생명공학, 고분자산업, 에너지 산업, 환경산업 등으로 영역이 넓어지는 추세에 있다.

<table>
<tr><td>적성</td><td>화학공학은 화학적 이론과 실험을 바탕으로 하는 만큼 화학에 대한 흥미는 필수적이며, 제품생산과 관련한 장치 등을 제조, 설계하기 위해 물리와 수학에 대한 흥미와 재능이 있으면 좋다. 화학계통의 실험실습에서는 약품, 가스 등의 해독물질을 접하기 때문에 세심한 주의력과 판단력이 필요하다. 또한 하나의 제품 생산 공정이 실행도기 위해서는 지속적인 연구와 실험이 필요하므로 끈기가 있어야 한다.</td></tr>
<tr><td>졸업 후
진로</td><td>제조업체(정유회사, 석유화학회사, 섬유회사, 제약회사, 화장품 회사, 식음료회사 등), 엔지니어링업체(공장설계, 건설, 관리업체), 환경업체, 화학연구원, 기업의 연구소 (LG화학기술연구원, 삼양사, 애경화학연구원, 삼성종합기술연구원 등)</td></tr>
<tr><td>전공과목</td><td>수학, 물리, 컴퓨터기초, 무기화학, 유기화학, 분석화학, 물리화학, 생물화학, 분자생물학, 화학공업원리, 화학반응공정, 화학공업설계, 화학공업 전달과정원리, 기인공정원리, 공업미생물 등</td></tr>
</table>

▶ 화학과

<table>
<tr><td>학과소개</td><td>화학은 물질의 성질 및 변화를 분자수준에서 이해하고 연구하는 자연과학의 중심학문이며 첨단 과학기술의 연구, 개발의 기초가 되는 학문이다. 또한 우리의 일상생활과 가장 밀접히 연관된 기초과학이다. 21세기 국가적인 차원에서 신소재, 신약개발 및 환경 분야의 산업들에 집중적인 투자와 육성이 예상되어 앞으로 전망이 대단히 밝다.</td></tr>
<tr><td>적성</td><td>평소 주위의 자연현상들에 남다른 호기심과 관찰력이 있고, 궁금증을 풀기 위해 적극적으로 행동하는 추진력을 갖춘 학생에게 적합하다. 실험을 통해 탐구하는 것을 즐기고 실험의 결과를 논리적으로 분석할 수 있는 합리적인 사고방식을 가지면 좋다.
화합물의 조성이나 구조, 화학반응의 과정들을 눈으로 관찰하기 어렵기 때문에 이것을 밝혀내기 위해 꾸준하고 성실하게 연구하는 자세가 요구되며, 끊임없이 새로운 현상에 관심을 기울이고 실험하는 도전정신, 탐구력, 창의력 등을 갖춘 학생에게 좋다.</td></tr>
</table>

졸업 후 진로	염료업체, 화장품 제조업체, 제약회사, 정밀화학업체, 반도체업체, 석유화학업체, 특허청, 한국 정밀 화학공업진흥회, 산업기술진흥협회, 한국화학연구원, 과학기술정책연구소, 환경부, 국립환경연구원 등
전공과목	수학, 물리, 컴퓨터기초, 무기화학, 분기화학, 기구분석, 유기화학, 물리화학, 구조화학, 생물화학, 고분자화학, 화학공정기초, 통계열역학, 촉매동력학, 분리원리와 기술, 유기합성 등

▶ 생물과학

학과소개	지구상에 존재하는 모든 생명체를 대상으로 이들의 생명현상을 밝히고 생물과 주변 환경과의 관계를 이해하는 학문이다. 또한 모든 생명현상을 분자 수준에서 미시적으로 분석하여 생명현상이나 생물의 기능을 밝히는 생명과학은 의학, 약학, 농학, 수산학, 식품영양학, 유전공학, 에너지, 환경, 화장품 등 다양한 응용분야의 기초가 된다. 최근에는 DNA기술 및 조작을 통하여 새로운 생물 기법의 응용이 학문적 주류를 이루고 있다. 21세기를 주도할 세 가지 기술 중의 하나인 BT(생명공학)의 근간이 되는 학문이기도 하다.
적성	자연법칙과 과학적 연구방법을 이해하고 이를 적용할 수 있는 추론적 판단력이 필요하다. 생명현상을 객관적이고 정확하게 관찰하는 능력과 논리적인 사고, 도전정신, 분석력 등을 두루 갖춘 학생에게 적합하다. 실험을 많이 하기 때문에 끈질기고 강인한 추진력, 풍부한 상상력이 있으면 더욱 유리한 전공이다.
졸업 후 진로	의학, 제약, 환경, 식품, 비료, 화장품, 생명공학 등 제조업체, 보건환경연구원, 생명공학연구원, 국립과학연구소, 한국해양연구소, 식품의약안전청, 농업, 임업, 제약, 생명공학, 식품관련 민간 연구소 등
전공과목	수학,물리, 컴퓨터기초, 무기화학, 분석화학, 유기화학, 물리화학, 분자생물학 및 실험, 보통생물학 및 실험, 생물화학, 및 실험, 세포생물학 및 실험, 미생물학 및 실험, 유전학 및 실험, 동물생리학 및 실험, 생물물리학, 신경생물학, 면역학, 생물정보학 등

▶ 전기공정 자동화

학과소개	본 전공에서는 전기의 생산, 수송, 응용, 측량과 제어 등에 관련된 복합형 인재를 배양한다. 주요 전공내용은 전력시스템과 자동화, 고전압기술과 정보처리, 전기기계와 제어, 전기시스템과 전자기공정 등이 있다.
적성	전기, 전자에 대한 전반적인 이해와 컴퓨터에 관한 지식이 필요하므로 수학, 물리 등과 같은 과목에 대한 흥미를 가지고 있는 학생에게 적합하며, 모든 면에 의문을 갖는 탐구심이 필요하다. 또한 급속히 발전하는 전자기술을 습득하기 위해서는 끊임없이 공부하는 끈기와 상상력, 창의력이 필요하다.
졸업 후 진로	전자, 전기 연구소, 정밀기계업체, 반도체업체, 석유화학업체, 특허청, 한국 정밀 화학공업진흥회, 산업기술진흥협회, 한국화학연구원, 과학기술정책연구소, 환경부, 중국 SMIC
전공과목	주요 과목으로는 수학, 물리, 전기회로원리, 전기기계학, 모의전자기술기초, 디지털전자기술기초, 전력전자기술, 신호와 시스템, 자동제어원리, 컴퓨터하드웨어와 소프트웨어기술기초, 계획학, 통신기술과 네트워크응용, 마이크로기계원리와 응용, 전자기측량, 자기장, 전력시스템 분석, 고전압공정 등이 있다.

▶ 화학공정과 공업생물공정

학과소개	본 학과에서는 석유화공, 환경보호, 에너지원, 식품 등 전통석유화학공업과 생물공정의 기술, 생활화학공정, 생물의약공정 등의 신 산업의 인재를 배양한다.
적성	평소 주위의 자연현상들에 남다른 호기심과 관찰력, 궁금증을 풀기 위해 적극적으로 행동하는 추진력, 실험을 통해 탐구하는 것을 즐기고 실험의 결과를 논리적으로 분석할 수 있는 합리적인 사고방식, 꾸준함과 성실함, 끊임없는 새로운 현상에 관심을 기울이고 실험하는 도전정신, 탐구력, 창의력 등을 갖춘 학생에게 적합하다.

졸업 후 진로	화학연구원, 의약학연구원, 석유화학공학기술자, 도료페인트화학공학기술자, 비누화장품화학공학기술자, 재료공학기술자, 화학분석원, 교사, 교수 등 염료업체, 화장품 제조업체, 제약회사, 정밀화학업체, 반도체업체, 석유화학업체, 특허청, 한국 정밀화학공업진흥회, 산업기술진흥협회, 한국화학연구원, 과학기술정책연구소, 환경부, 국립환경연구원 등
전공과목	주요 과목으로는 수학, 물리, 컴퓨터기초, 무기화학, 유기화학, 분석화학, 측정기기분석, 물리화학, 생물화학, 분자생물학, 화공원리, 화공열역학, 화학반응공정, 화공설계, 화공테스트의 최적화, 화공전달과정원리, 기본공정원리, 세포배양공정, 공업미생물 등이 있다.

▶ 고분자재료공정

학과소개	본 학과에서는 전형적인 이공계열의 특징을 가지고 새로운 중합재료의 연구를 하는 인재를 배양한다.
적성	평소 환경에 대한 관심도가 많으며 기존의 물질이나 물체들을 새로운 것으로 바꾸려는 탐구심이 많거나 자연현상에 변화에 관찰력, 호기심이 많아 새로운 현상에 관심을 기울이는 도전정신이 강하고 창의력을 갖춘 학생이 적합하다.
졸업 후 진로	학생들은 신형 중합(聚合)자재 연구에 종사할 수 있으며 자재 제조과정, 가공공예기술개발과 생산기술관리 부문에서 일할 수 있다.
전공과목	주요 과목으로는 수학, 물리, 컴퓨터기초, 무기화학, 유기화학, 분석화학, 측정기기분석, 물리화학, 생물화학, 화학공정, 고분자화학, 고분자물리, 고등유기화학, 물질구조, 재료학개론, 재료과학기초, 중합반응공정, 중합물성형가공과 응용 등이 있다.

▶ 재료과학 공정

학과소개	재료, 에너지원, 정보는 현대문명사회의 3대 요소이다. 청화대 재료과학과의 연구방향은 정보기능재료와 부속품, 생물의학용 재료, 비평형재료의 제조와 응용, 나노재료와 부속품, 에너지원과 환경재료, 고성능구조합금재료, 선진금속재료, 고성능고분자구조재료와 복합재료, 계산재료학, 재료가공성형이론 등이 있다.
적성	높은 추리력과 논리적인 사고력이 요구되며, 화학반응의 과정들을 눈으로 관찰하기 어렵기 때문에 이것을 밝혀내기 위해 꾸준하고 성실하게 연구하는 자세가 요구되며, 끈질기고 강인한 추진력, 풍부한 상상력이 있으면 더욱 유리한 전공이다.
졸업 후 진로	제약회사, 정밀화학업체, 반도체업체, 석유화학업체, 특허청, 한국 정밀화학공업진흥회, 산업기술진흥협회, 연구소 등
전공과목	주요 과목으로는 수학, 컴퓨터기초, 공정역학, 양자와 통계, 고체물리학, 재료과학기초, 합금역학성능과 통계, 재료물리성능기초, 재료역학성능기초, 재료화학실험, 현대복합재료, 신형합금과 공예학, 금속재료와 질량제어, 전자 마이크로분석 등이 있다.

▶ 수리기초과학

학과소개	수학과학과 물리학을 합친 수리기초과학학과는 2학년까지 수리기초과학의 수학중요 부분과 물리기초과정을 수강한다. 3학년부터 수학과 응용수학, 정보와 계산과학, 물리학의 세 가지 전공으로 분류된다.
적성	높은 추리력과 논리적인 사고력이 요구되며, 자연현상을 주관성보다 객관성에 의해 판단할 수 있는 능력이 필요하다. 침착성과 끈기가 있으며 수학문제 풀기를 좋아하는 학생에 적합하다
졸업 후 진로	은행, 보험회사, 기업체 전산실, 교직, 연구기관 등

| 전공과목 | ① 수학과 응용수학 전공은 수학 부문의 고급인재를 배양하는 것을 목적으로 한다. 주요 과목으로는 대수와 수론, 기하와 위치기하, 확률통계, 계산수학, 계획최적화, 대수, 기하, 미분, 추정수학, 과학계산과 계획, 정보와 컴퓨터, 현대수론 등이 있다.
② 정보와 계산과학 전공은 수학을 기초로, 정보를 대상으로, 컴퓨터를 도구로 사용하는 고도의 과학기술인재를 배양한다. 2학년까지 기초수학과정을 배우는 동시에 컴퓨터프로그램과 수학 소프트웨어의 사용을 숙련한다. 3학년부터 수학의 기초를 강화하는 동시에 정보과학, 네트워크기술, 대규모 과학계산, 최적화 이론과 방법 등을 수강한다.
③ 물리학 전공은 물리학과 응용물리 두 부문으로 나뉜다. 기초과학연구부문과 응용물리의 신기술분야의 인재 배양을 목적으로 한다. 주요 과목으로는 고등미적분, 고등대수와 기하, 미분방정식, 보통물리, 분석역학, 전동역학, 양자역학, 통계역학, 고체물리, 보통물리실험, 근대물리실험, 전기전자공학기초, 프로그램설계, 컴퓨터기술기초 등이 있다. |

▶ 수학과 응용수학

학과소개	튼튼한 기초 훈련과 수학의 제일 중요한 부분까지 심도 있게 가르치며 현대수학사상과 구조, 넓은 지식영역, 고도의 창조의식과 능력을 배양한다.
적성	높은 추리력과 논리적인 사고력이 요구되며, 자연현상을 주관성보다 객관성에 의해 판단할 수 있는 능력이 필요하다. 침착성과 끈기가 있으며 수학문제 풀기를 좋아하는 학생에게 적합하다
졸업 후 진로	은행, 보험회사, 기업체 전산실, 교직, 연구기관 등
전공과목	주요 과목에는 분석, 대수와 수론, 기하와 위치기하, 비율통계, 수학계산, 대수, 기하, 미분방정식, 임의수학, 과학계산과 운수, 정보와 컴퓨터, 현대수론 등이 있다.

▶ 물리학

학과소개	본 과는 '물리학'과 '응용물리' 두 학과로 나뉜다. 물리학은 기초과학연구의 종사하는 인재를 배양한다. 교육상 일반 물리학습 과정 외에도 물리실험지능, 전자기술, 컴퓨터 응용 등의 방면에서 인재 배양에 더 힘쓰고 있다.
적성	논리적인 사고와 수리력, 과학에 대한 호기심, 눈에 보이지 않는 세계를 이해할 수 있는 창의적인 사고, 주위 현상에 대한 남다른 호기심과 관찰력, 궁금증을 풀기 위한 적극적인 추진력, 실험을 많이 해야 하므로 꾸준한 인내력과 꼼꼼한 관찰력이 필요하다. 체계적인 업무를 정확히 수행할 수 있는 학생에게 적합하다.
졸업 후 진로	반도체를 비롯한 신소재 관련업체, 전자공학 관련업체, 항공 관련업체, 컴퓨터 관련업체, 정보통신 관련업체, 한국전력공사 등 반도체, 신소재, 전기 및 전자, 통신, 컴퓨터, 정보처리, 관전자, 기계, 광학, 재료, 중공업, 우주항공, 물리학연구원, 자연과학연구원, 반도체공학기술자, 전자공학기술자, 재료공학기술자, 에너지공학연구원, 기술영업원 등 다양한 분야에 취업 가능
전공과목	주요 과목에는 고등미적분, 고등대수와 기하, 미분방정식, 함수와 수리방정식, 일반물리, 역학분석, 전동역학, 양자역학, 통계역학, 고체 물리, 일반물리실험, 근대물리실험, 전공전자기술기초, 프로그램설계, 컴퓨터 기술기초 등이 있다.

청화대 문과 지원가능학과

학과 및 단과대		세부전공	비고
문과	중어중문학	한어, 문학	
	영어학	영어	본고사 시 영어 면접 5점 추가
	일어	일어	중국어, 일어 면접
	법학	법학	
	신문학	신문, 방송 방향	
실험반	인문과학실험반	중어중문학, 역사학, 철학	4학기까지 학부수업 → 5학기부터 전공 선택
	사회과학실험반	사회학, 경제학, 국제정치	3학기까지 학부수업 → 4학기부터 전공 선택 수학시험 추가

2008년 청화대 문과 지원자 및 합격자 수

연도	지원자수	합격자수	경쟁률
2008	483명	103명	약 4.67대 1

청화대 문과 계열 예상 커트라인

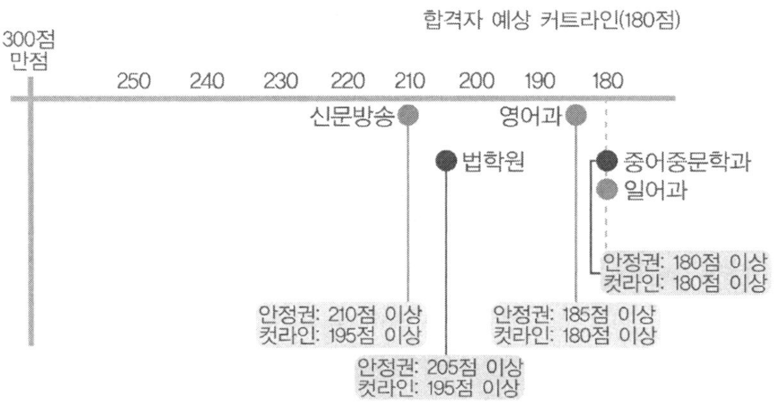

2008년 청화대 문과 학과별 입학 현황

학부	08년 모집인원
중어중문학	69명
영어	46명
일어	7명
법학	12명
신문학	20명
인문사회실험반	4명
사회과학실험반	3명

학과 및 적성, 진로 소개

▶ 인문과학실험반(2008년 신설)

학과소개	본 학부는 연구와 열독을 많이 중시한다. 인문정신과 과학정신을 많이 배양한다. 인문학과의 기초적인 연구, 국제화 교류 등 유관 전업의 복합적, 창신적, 국제적인 인재를 배양한다. 1, 2학년에는 전공을 나누지 않고 중국경전독해, 서양경전독해, 고대한어, 중국근현대사, 문학역사철학입문 등의 기본과목을 배운다. 2학년 2학기에는 학생이 각자의 취미에 따라서 〈중국언어문학〉, 〈역사학〉, 〈철학〉세 전업을 선택할 수 있다.
졸업 후 진로	① 중국언어문학 : 한중수교 이후 중국문제 전문가에 대한 사회적 수요가 폭발적으로 증가함에 따라 중국학전공 학생들의 사회 진출은 다양한 분야에서 눈부시게 이뤄지고 있다. 졸업 후의 진로는 대체적으로 대학원 진학과 취업의 경우로 나누어 볼 수 있다. 취업의 경우 정부기관(외무부, 공보처 및 기타 세계화 관련기관), 언론기관, 한국무역진흥공사, 한국관광공사, 중국관계연구소, 중국과의 무역 및 투자 관련 기업체, 관광관련업체 등으로 진출하고 있다. ② 역사학 : 유네스코 한국위원회와 같은 국제기구, 한국문화재보호재단, 방송사, 언론사, 출판사, 중앙정부 및 지방자체단체(문화관광부, 행정자치부 등), 박물관(국립중앙박물관, 국립민속박물관, 시·도립 박물관, 대학 박물관 등), 문화재청, 지역문화원, 국가기록원, 문화재 및 관련 문화 연구소(국립문화재연구소, 민족문제연구소, 한국정신문화연구원, 역사학연구원), 중고등학교 교사, 감정평가사, 기록물관리사, 도서관장, 문리학원강사, 문화재감정평가사, 문화재보존가, 박물관장, 사서, 역사학연구원 등 ③ 철학 : 언론사, 출판사, 광고회사, 문화예술 관련 분야, 시민사회단체, 윤리위원회, 환경단체, 연구소 연구원, 언론기관, 방송사, 공무원 그리고 기업의 윤리문화 관련 부문의 진출, 윤리 관련 전문가, 교무(원불교), 목사, 문화재감정평가사, 문화재보존가, 사서, 철학연구원 등

전공과목	① 중국언어문학 전공의 주요 과목으로는 중국고대문학사, 중국현대문학사, 중국당대문학, 한어사 주제, 외국문학 주제, 중국고대문학 주제, 현대한어, 문자학, 언어학이론, 음운학, 훈고학, 비교문학, 중국현대사상과 문학, 문학명작과 작문훈련 등이 있다. ② 역사학 전공의 주요 과목으로는 선진사, 만청사, 진한사, 위진남북조사, 수당오대사, 송원사, 민국사, 세계근대사, 사학이론과 사학사, 역사문선, 고대중국사회와 문화, 현·당대중국사 주제, 세계지역과 국가별 역사, 중국사회사주제, 중국근현대사상사 등이 있다. ③ 철학 전공의 주요 과목으로는 논리학, 철학개론, 논리학원리, 종교학원리, 미학원리, 중국철학사, 서양철학사, 현대서양철학, 중국현대철학, 과학기술철학, 영미분석철학, 고대그리스철학, 가치철학, 송명리학 등이 있다.

▶ 사회과학실험반(2008년 신설)

학과소개	본 학과는 전공의 연구방법과 기능의 배양, 수학과 외국어의기초를 중시하는 편이다. 학생들의 시야를 넓히고 착실하게 사회과학을 배우고 사회실천을 많이 한다. 1, 2학년 때에는 기초 과목를 위주로 공부하는데 주로 대학수학, 경제학원리, 사회학개론, 정치학개론, 중국사회, 국제관계분석, 중급미시경제학, 당대세계경제와 정치, 문화인류학 등을 배운다. 3학년에는 각자의 취미와 전업의 요구에 따라 〈사회학〉, 〈경제학〉, 〈국제정치〉전업을 선택할 수 있다.
졸업 후 진로	① 사회학 : 방송기자, 방송대본작가, 방송제작관리자, 사회계열교수, 사회단체활동가, 사회복지관련관리자, 사회복지사, 사회학연구원, 시장 및 여론조사 사업운영관리자, 시장 및 여론조사 관련 사무원, 심리학연구원, 외교관, 잡지기자, 정치학연구원, 지방의회의원, 직업상담원, 행정학연구원, 헤드헌터, 홍보부서관리자 등

② 경제학 : 국제통화기금(IMF), 세계은행(IBRD), 세계무역기구(WTO), 경제개발협력기구(OECD), 아시아개발은행(ADB), 국제금융공사(IFC) 등과 같은 국제기구, 금융감독원, 금융결제원과 같은 공기업, 은행, 증권사, 보험회사, 투신사, 언론사, 경영컨설턴트, 경제학연구원, 관세사, 구매인(바이어), 금융관련관리자, 마케팅전문가, 물류관리전문가, 부동산투자신탁운용가, 세무사, 손해사정사, 스포츠마케터, 신용분석가, 영업 및 판매관리자, 외환딜러, 재무 및 회계관리자, 전문비서, 증권중개인, 채권관리원, 투자분석가(애널리스트), 투자인수심사원(투자언더라이터), 해외영업원, 호텔관리자, 회계사, 회의기획자, M&A전문가(기업인수합병원) 등

③ 국제정치학 : 기업에 진출했을 경우 기획실과 총무부 및 해외담당부서 등의 부서에서 활동하고 있으며 정당국회의원 및 전문 외교관으로서 국내외 정치일선에서 활동하는 경우도 있다. 그밖에 교직을 이수하여 중고등학교의 일반 사회과목 교사가 될 수 있다. 외교관, 정치학연구원, 교육행정사무원, 국회의원, 기획사무원, 도로운송사무원, 문리학원강사, 법률행정사무원, 비서, 사회계열교수 등

① 사회학 전공의 주요 과목으로는 경제사회학, 사회계층의 이동, 사회조사와 연구방법, 사회통계학, 발전사회학, 도시사회학, 농촌사회학, 정치사회학, 조직사회학, 서양사회학사상사 등이 있다.

② 경제학 전공의 주요 과목으로는 중급거시경제학, 중급정치경제학, 중국경제테마, 계량경제학, 경제사상사, 산업경제학, 수리경제학, 금융경제학, 국제경제학, 공공경제학, 제정경제학, 발전경제학, 환경경제학, 구역경제학, 경제법, 국제금융, 세계경제사, 미국경제사, 국제정치경제학개론 등이 있다.

③ 국제정치 전공의 주요 과목으로는 국제관계학개론, 현대국제관계사, 세계근현대사, 비교정치제도, 국가안전개론, 과학기술과 국제안전, 당대서양정치사조, 국제경제법, 국제조직, 중국대외정책, 외교학, 국제법, 민주와 법치의 이론과 실천, 국제정치논리, 국제관계전문영어, 일본연구, 미국정치와 외교 등이 있다.

▶ **중어중문학**

학과소개	중국어와 문학, 사회, 문화의 전반적인 이해와 지식습득으로 중국어와 중국문화연구의 기초를 마련한다. 중어중문과는 외국유학생으로만 구성된 독립학과를 구성한다.
적성	언어 일반에 대한 기초적인 소양과 외국어를 공부하는 데 필요한 기본적인 열의와 끈기를 가진 사람에게 비교적 적합한 전공이라고 할 수 있다. 물론 깊이 사고하는 통찰력이나 폭넓은 호기심과 창의성을 두로 갖춘 사람이면 더욱 좋다. 우리나라, 일본, 중국 등 동양문화에 관심이 있고, 특히 중국의 역사와 급변하고 있는 중국의 현실에 대해 남다른 애정과 호기심이 있는 학생이라면 재미있게 공부할 수 있다. 중국어는 한자로 이루어져 있기 때문에 인내심을 가지고 공부하는 자세가 필요하다. 그러므로 한자공부를 싫어하는 학생에게는 다소 어렵고 따분하게 느껴질 수 있다.
졸업 후 진로	중국과 무역 빛 투자 교류를 하는 일반기업, 대한무역진흥공사와 같은 정부투자기관, 한/중 합작회사, 호텔, 여행사, 항공사, 무역사무원, 번역가, 서예가, 언어학연구원, 외국어교사, 외국어학원강사, 중국어학원, 인문계열교수, 카지노 딜러, 통역가, 항공기객실승무원, 해외영업원, 행사기획자, 호텔 및 콘도접객원, 회의기획자 등
전공과목	주요 과목으로는 중국간사, 현대한어, 고대한어, 언어학개론, 한자개론, 한어작문, 중국 당대 문학작품강독, 중국 현대 문학작품강독, 중국 고대 문학작품강독, 중국현대문학사, 중국고대문학사, 외국문학, 문학개론, 학술작문, 중국어연구주제, 중국당대문학주제, 중국현대문학주제, 중국고대문학주제 등이 있다.

▶ 영어

학과소개	영어의 이론과 실제 및 학문연구에 필요한 언어구사능력을 기르고 이를 바탕으로 영어권 지역에 대한 전반적인 지식 및 문학적 지식을 쌓고 이해를 깊게 하는 데 그 목표를 둔다. 영문학사와 문학이론에 대한 포괄적인 지식을 학습하여 이를 바탕으로 영문학의 작품이해 및 영문학의 묘미를 이해시킨다.
적성	영미문학과 언어에 대해 공부하므로 영어에 대한 관심과 흥미가 무엇보다도 필요하다. 영어 관련 서적, 영미문학 및 영화 등에 관심이 있고, 외국어에 소질이 있는 학생에게 유리하다. 영어를 과학적으로 탐구하기 위해서는 치밀하고 꼼꼼한 성격과 종합·분석하는 능력이 요구된다. 영어를 사용하는 국가가 많은 만큼 다양한 국가의 문화, 사회에 관심을 두는 것도 도움이 된다.
졸업 후 진로	외교통상부와 같은 중앙정부, 지방자치단체(일반공무원, 교육직), 외국대사관, 대한무역진흥공사와 같은 정부투자기관, 무역회사, 외국기업체, 호텔, 여행사, 항공사, 외국문화원, 무역사무원, 문리학원강사, 방송번역작가, 번역가, 아나운서, 언어학연구원, 외국어교사, 외국어학원강사, 인문계열교수, 출판물기획원, 통역가, 항공기승무원, 해외영업원, 행사기획자, 회의기획자 등
전공과목	주요 과목으로는 종합영어, 영어듣기, 영어회화, 통역, 영어작문, 번역, 고급영어, 영어국가개황, 서양사회와 문화, 영자신문강독, 국제상무영어, 과학영어독해, 영어어휘학, 영어사, 영어문체학, 언어학유파, 컴퓨터언어학, 기기번역개론, 영국문학, 미국문학, 유럽문학작품강독, 영어 명작가 강독, 영어희곡강독 등이 있다.

▶ 법학

학과소개	사회의 모든 분야에서 필요한 법에 관한 전문지식과 건전한 법적 사유의 소양을 갖춘 인재를 키우는 것을 목표로 하고 있다. 학생에게 덕과 인을 갖추게 할 뿐만 아니라 탄탄한 법률이론기초와 체계적인 법학전공지식, 자연과학, 경제관리지식과 인문소양(유창한 외국어실력 및 컴퓨터 응용능력)을 갖추도록 하여, 법률 혹은 관련기관에서 종사하거나 연구형 전문인재로 배양한다.
적성	법학은 실생활에 적용되는 응용학문의 성격이 강하므로 주어진 상황을 잘 분석하고 정리할 수 있는 능력, 논리적으로 합당한 결론을 끌어낼 수 있는 사고방식, 공정한 판단력 등이 요구된다. 자기의 생각과 주장을 말이나 글로 정확하고 사리에 맞게 표현할 수 있는 능력이 필요하다.
졸업 후 진로	국제변호사, 관세사, 노무사, 법률행정사무원, 법무사, 법학연구원, 변리사, 부동산중개인, 세무사, 입법공무원, 행정고위공무원, 회계사, M&A전문가(기업인수합병원), 일반기업 법무팀, 언론사, 형사정책연구원, 한국법제연구원, 판사, 검사, 검찰수사관 등
전공과목	주요 과목으로는 법학서론, 헌법학, 민법총론, 상법총론, 형법총론, 국제법학, 민사소송법학, 행정법과 행정소송법학, 중국법제사학, 경제법총론, 형사소송법학, 지적재산권법, 법리학, 국제사법학, 중국법률사상사, 서양법률사상사 등이 있다.

▶ 신문방송학

학과소개	신문방송이론, 신문방송법, 방송예술과 매체기술과 더불어, 유창한 외국어 실력과 컴퓨터 응용능력을 갖추게 하는 것을 기본적으로 한다. 이에 그치지 않고 사회적 책임감과 사명감, 다양한 지식과 국제적인 시야를 갖춘 전문 인재를 배양하는 것을 목표로 한다. 흔히 신문방송학이라 하면 신문과 방송에 관해서만 배우는 것으로 알기 쉬우나 일상생활과 밀접한 매스미디어(신문, 영화, TV, 라디오, 잡지, 광고 등)에 관한 모든 연구와 매스커뮤니케이션의 전반적인 형상과 흐름 그 이외에도 이에 수반된 모든 문화 형태와 이에 따른 태중들의 삶의 방식까지 속속들이 연구하는 학문이다.

적성	대중매체를 공부하기 위해서는 우리말과 글에 남다른 감각과 능력이 있어야 한다. 말과 글의 기능, 효과에 관심을 가지고 있는 학생에게 적합한 전공이다. 자료분석을 위해 통계도 많이 다루기 때문에 수리에 대한 자질도 요구된다. 대중매체로 매개되는 예술현상을 이해하기 위해서는 예술적 감수성도 필요하다.
졸업 후 진로	졸업 후 신문출판, 인터넷방송, 광고 등의 관리, 기획, 편집, 제작 등 방면의 사업에 종사할 수 있다.
전공과목	주요 과목으로는 신문학원리, 중국신문방송사, 외국신문방송사, 뉴스취재와 작문, 방송학원리, 뉴스평론, 신문편집, 방송뉴스, 신매체개론, 영상예술, 미디어경영과 관리, 매체논리와 법규, 매체비평, 뉴스촬영, 방송과 진행 등이 있다.

▶ 일어

학과소개	본 학과는 착실한 일어기초와 심층적인 일어구사능력, 폭넓은 인문, 과학기술, 경제무역과의 지식 가진 학생을 배양함을 목적으로 한다. 일어 전공은 일본어 구사력을 향상시키고 다양한 장르의 일본문학 작품을 읽고 감상함으로써 일본문화에 대한 이해를 높인다. 일본 문화 전반에 대한 심도 있고 수준 높은 교과목을 개설하여 지식을 습득하게 하고, 인문, 과학기술, 경제무역 등의 전공지식을 갖추어 학생들이 진취적으로 미래를 설계할 수 있도록 돕는다.
적성	국제화 시대에 능동적으로 대처할 수 있는 진취적 소양과 국제 감각을 지닌 학생이 적합하다. 또한 일본에 관한 선입관에서 벗어나 일본을 정확하게 보고 학문분야별 전공지식을 배양하여 한일관계 발전에 기여하고자 하면 더욱 좋다.
졸업 후 진로	졸업 후 번역, 교육, 상무, 관리와 국제문화교류 등의 분야에 종사할 수 있다. 또한 한국 내 기업, 일본계 회사, 인문 계열 교수, 대사관, 은행, 여행사, 일본어강사, 공무원, 일본어 관련 교육기관, 언론사, 호텔, 각종 유통업계, 무역 등의 분야에도 종사할 수 있다.

전공과목	주요 과목은 기초일어, 듣기, 회화, 범독, 정독, 받아쓰기, 어법, 영화감상, 기초작문, 일어사회, 일본문화, 일본문학사, 일본문학, 신문읽기, 고전어법, 일본어언연구기초, 일본문화연구기초 등이 있다.

▶ 청화대학미술학원

학과소개	전공과목
예술설계학과	염색디자인/ 패션디자인/ 자기공예/ 자기디자인/ 그래픽디자인/ 도서디자인/ 광고디자인/ 실내디자인/ 조경디자인/ 상품디자인/ 전시디자인/ 교통수단디자인/ 정보디자인/ 애니메이션과 게임디자인
조형예술학과	중국화/ 유화/ 판화/ 옥화/ 조소/ 금속예술/ 페인트예술/ -유리예술/ 섬유공예
예술사론과	예술설계사론/ 미술사론
입시요강	
입시 전에 기본 미술 실력이 있어야 하며, 매년 늘어나는 유학생 때문에 입시요강은 매년 다르다. 대체로 1차 시험은 소묘, 색채, 2차 시험은 면접이다.	
과사 위치 및 연락처	
http://cafe.daum.net/Tsinghuameiyuan	

청화대 입시요강

신청자격	신청시기	시험일자	합격발표일
25세 이하, 고등학교졸업(검정고시 출신자는 불가) 외국인여권소지 HSK 6등급	인터넷접수 3월~4월 초순 경까지, 서류 제출 4월 중순경 까지	5월 두 번째 주 주말	6월 초순경

신청서류		시험과목	
고등학교졸업장(졸업예정증서, 중문 혹은 영문) 5통 고등학교 6학기 성적증명(중문 혹은 영문) 5통 HSK 6급 이상 증서(원본) 학교추천서 2통(청화대학 별도 양식) 여권, 비자 복사본 여권용 사진 2장 18세 이하 후견인 공증서 원본 등록비 600위안		문과, 법학 : 기초한어, 작문, 상식, 영어 이과, 관리 : 수학, 물리, 화학, 영어 영어, 일본어 : 면접 추가 사회과학실험 : 수학 추가	

시험배점
문과 : 어문 100점, 영어 100점, 상식 20점, 작문 80점 사회과학실험반 : 어문 100점, 영어 100점, 수학 100점, 상식 20점, 작문 80점 영문과 : 어문 100점, 영어 100점, 상식 20점, 작문 80점 + 영문구술 5점 이과 : 영어 100점, 수학 100점, 물리 100점, 화학 50점(총 350년 만점)

▶ 청화대 이공과 계열 입시 경향(2009년도부터)

① 08년 수학 시험범위 확대 및 난이도 상승, 09년 수학 난이
  도는 예년보다 소폭 내려갈 것으로 예상

② 08년 합격생의 정확한 커트라인은 없으나, 물리 수학 합산 110점이면 합격이 가능하였음

③ 절대평가 적용으로 과목별 60점 이상일 경우 합격이 가능하며, 영어 점수는 물리 수학합산이 합격선일 경우 최저 42점까지 허용하였음

④ 지난 3년간 영어 난이도는 중국 학생 대입시험 난이도와 비슷하며 문제유형도 안정됨

⑤ 물리는 07년도 〈북경시고고대강고시설명〉의 범위내용과 완전 일치, 올해 역시 큰 변화 없을 것으로 예상

⑥ 화학에서 중요부분은 무기화학과 유기화학이며, 특히 유기화학 비중이 높아지는 추세

⑦ 면접은 일부 학생만 선발되어 참여하며, 전공 선택에 다소 가산점이 주어짐

⑧ 매년 약 300여 명의 학생이 이공계 시험을 치르며, 합격자 수는 약 40~50여 명이고, 합격률이 16%에 달함

⑨ 07년 대비 08년 합격자 수 증가는 지원자 수 증가에 따른 결과이며, 09년도 모집인원은 예년 수준 유지할 듯 보임.

▶ **청화대 문과 계열 입시 경향(2009년도부터)**

① 2008년도 입시에서는 중어중문학과, 영어과 합격생이 대폭 증가

② 북경대학의 문과종합이 제외되고, 수학 비중이 높아짐으로
   인해 청화대학 문과로 지원하는 학생이 증가할 것으로 예
   상
③ 신문학, 법학 등은 작문, 통식 커트라인이 60점 이상 되어
   야 함
④ 영어과는 영어 점수가 70점 이상이 되어야 합격 가능성이
   높음
⑤ 면접은 영어과와 일어과만 실시하며, 영어과는 영어면접,
   일어과는 중국어면접 외에 일어 테스트를 실시하였음
⑥ 단, 1지망과 2지망의 합격 점수가 애매한 경우에는 별도로
   면접을 실시하여 당락을 결정함

05

중국인민대학 최신 입학 정보

중국인민대학 지원가능학과

▶ 문과 계열

분류	학부	세부전공
국제관계학원	국제정치	정치학과 행정학
		국제정치
		외교학
	중국어언문학(중문학)	중어중문학
		중국어
신문학원	신문전파학	신문학
		방송텔레비전신문학
		광고학
		편집출판학
법학원	법학	법학
역사학원	역사학	역사학
사회인구	사회학	공공사업관리(공공정책)

학원(이과)		사회학
		사회공작
철학원	철학	철학
		종교학
		윤리학
마르크스 주의학원	중국혁명사 및 중국공산당사	중국혁명사 및 중국공산당사

문과 계열—총 350점 만점 : 어문 150점, 영어 100점, 역사 50점, 지리 50점

▶ 상과, 경제 계열

분류	학부	세부전공
상학원	공상관리	재무관리
		회계학
		공상관리
		시장마케팅
		공정관리
	무역경제	무역경제
경제학원	경제학	경제학
		국민경제관리
	국제경제무역	국제경제무역
재정금융학원	재정학	재정학
	세무학	세무학
	금융학	보험
		금융학
		금융공정
		신용관리
농업농촌 발전 학원	농업경제관리	농업경제관리

정보자원	정보관리 및 정보시스템	정보관리 및 정보시스템
관리학원	당안학	당안학
통계학원	통계학	통계학
환경학원	공공사업과리	공공사업관리
	환경관리	환경관리
정보학원	컴퓨터과학기술	컴퓨터과학기술
	수학 및 응용수학	수학 및 응용수학
	정보관리 및 정보시스템	정보관리 및 정보시스템
공공관리학원	공공관리	행정관리
		토지자원관리
		공공사업관리(도시관리)
노동인사학원	인력자원과리	인력자원과리
	노동사회보장	노동사회보장

상과, 경제 계열−총 450점 만점 : 어문 150점, 영어, 100점,
역사 50점, 지리, 50점, 수학 100점

중국인민대학 예상 합격 커트라인

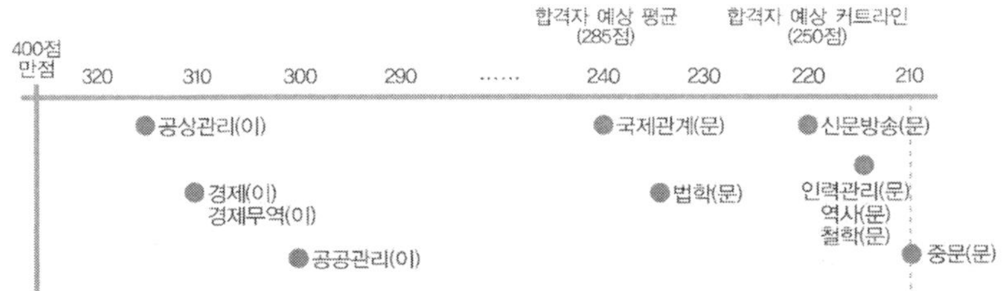

2008년 외국인 전형 합격자

총 205명 합격(한국인 167명, 한국 외 외국인 38명)

학과	총 합격자수	한국인 합격자	외국인 합격자	학과	총 합격자수	한국인 합격자	외국인 합격자
재정금융학원	9	5	4	공공관리학원	3	0	3
경제학원	24	18	6	정보자원관리	5	0	5
상학원	36	33	0	신문학원	28	22	6
역사학원	3	3	0	법학원	13	12	1
사회	3	3	0	국제관계학원	38	21	17
노동인사학원	5	5	0	문학원	38	37	1

• 참고사이트

중국인민대 카페 : http://cafe.daum.net/rucstory

인민대경제관련학과 : http://cafe.daum.net/bizclasses

국제관계학원 : http://cafe.daum.net/rendaguozheng

중문과 : http://cafe.daum.net/ruczhongwen

대외한어과 : http://cafe.daum.net/RUCDH

역사학과 : http://cafe.daum.net/rendalishi

학과 및 적성, 진로 소개

▶ 상학원 1

분야	재무관리 / 회계학 / 공상관리 / 시장마케팅
학과소개	현대 경제 사회의 중심 조직인 기업과 그 관리를 연구 대상으로 하며, 산업 사회 및 정보 사회의 다양한 조직이 필요로 하는 고급 인력을 양성함을 목적으로 하고 있다. 본 학과는 금융, 재무, 보험, 세무, 회계 등에 관한 제반이론과 실제적인 응용방법을 연구하는 학문으로, 경제학, 경영학, 법학, 사회학, 수학 등이 종합적으로 응용된 학제 간 학문이기도 하다. 연구 분야는 자금배분원리, 자본시장의 기능 및 투자 원리, 기업의 자금조달과 운영, 보험의 금융적·법적 원리 및 경제주체의 위험관리, 금융기관의 경영 등 금융전반과 금융 보험 경영이론, 재무회계, 관리회계, 세무회계, 회계정보시스템, 회계감사, 비영리회계, 국제회계 등이 있다.
전공과목	경제학, 고등수학, 국제금융, 금융시장과 금융기구, 증권투자학, 경영정보시스템, 기초회계, 재무회계, 경영회계, 회계감사, 회사재무관리, 통계학원리, 마케팅, 국제마케팅, 보험학, 시장연구, 소비자행위, 인력자원관리, 시장분석과 예측, 민상법 등
적성	진취적 사고와 함께 문과, 이과의 속성을 겸비하고 있다. 사회과학에 대한 관심과 외국어와 수학에 흥미를 가지고 있다. 윤리의식이 강하며 현실적응력과 합리적 사고, 수리력을 갖춘 학생이 적합하다.
졸업 후 진로	국제통화기금(IMF), 세계은행(IBRD), 세계무역기구(WTO), 경제개발협력기구(OECD),아시아개발은행(ADB),그리고 국제금융공사(IFC)등과 같은 국제기구, 금융감독원, 금융결제원 등과 같은 공기업, 은행, 증권사, 투신사, 보험회사, 언론사, 회계 컨설팅회사, KDI(한국개발연구원), 대외경제정책연구원, 한국경제연구원, 기업의 경제연구소(삼성경제연구소, LG경제연구소, 현대경제연구소), 공인회계사 사무실, 세무사 사무실, 변리사 사무실 등

▶ 상학원 2

분야	경제무역(국제비지니스방향)
학과소개	자유무역협정(FTA) 체결로 우리 생활의 모든 분야가 국제화됨에 따라 대외 무역이 더욱 중요해지고 있다. 이러한 추세에 따라 국제 교역 및 유통 관련 인력이 더 많이 필요하고 무역·경제학의 중요성도 함께 커지고 있다. 무역학은 크게 무역, 유통, 통상 분야로 구분된다. '무역 분야'는 국가 간에 이루어지는 물품거래, 서비스, 기술, 자원 등의 국제 이동에 대한 현상, 국제 상거래상의 각종 상관습 및 법리 등에 대해 연구하고, '유통분야'는 물품생산에서 공급에 이르기까지 일련의 과정에 대해 연구하며, '통상분야'에서는 국제경제 교류에 관계되는 통상학, 무역학, 경제학 등을 연구한다.
전공과목	산업경제, 무역경제, 국제무역이론과 실무, 소비경제, 서비스경제와 서비스 무역, 무역정책, 시장관리, 물류학, 국제금융, 화폐은행학, 재정학, 선물시장작동, 전자상무와 인터넷 무역 등
적성	경제무역학과는 사회관학 관련분야의 종합적인 학문으로, 학제 간 연구가 필수적이기 때문에 경영학, 경제학, 통계학, 법학, 보험학, 사회학 등에 대해 폭넓은 관심이 있어야 한다. 무역에 꼭 필요한 수단인 외국어에 소질이 있으면 졸업 후에 더욱 유리한 기회를 가질 수 있다. 정보기술을 실제에 응용해야 한다는 측면에서는 창의력도 필요하다. 컴퓨터시스템을 다루는데 흥기가 있고 문제해결을 위해 조화로운 팀워크를 유지할 수 있는 능력도 필요하다.
졸업 후 진로	경영컨설턴트, 경제학연구원, 관세사, 구매 및 자재사무원, 구매인(바이어), 금융관련관리자, 기업고위임원, 도로운송사무원, 마케팅사무원, 무역사무원, 물류관리전문가, 보험관련관리자, 사회계열교수, 상품중개인(경매인포함), 생산관리사무원, 세무사, 수상운송사무원, 식품영업원, 신문제작관리자, 실업교사, 영업 및 판매관리자, 운송 및 선적사무원, 인사관리자, 인사사무원, 인적자원전문가, 일반영업원, 재무 및 회계관리자, 제조 및 생산관리자, 철도운송사무원, 편의점 수퍼바이저, 해외영업원, 호텔관리자, 회계사, 회계사무원, M&A전문가(기업인수합병원) 등

분야	공정관리(부동산관리)
학과소개	부동산학이란 부동산의 효율적 이용과 수익성 제고를 목표로 부동산의 개발, 투자, 관리 등의 문제를 연구하는 학문이다. 부동산은 다른 재화와는 달리 고유의 특성으로 인해 가격형성이 복합적인 제 요인에 의하여 결정된다. 따라서 고도의 전문 지식과 풍부한 경험 정확한 판단력이 요구되고 이러한 필요성에 의해 창설된 본 학과에서는 부동산학 전반에 관한 기초이론과 방법론을 배운다. 또한 부동산 관련 정책과정 전반에 관한 지식과 이해의 습득을 목표로 한다.
전공과목	채권법총론, 회계원리, 부동산학원론, 부동산 고법, 부동산기술론, 입지론, 감정평가론, 주택정책론, 토지이용계호기 연습
적성	경제성의 실현을 위하여 토지의 제반 환경에 대한 기본적인 문제의식과 부동산의 공정한 분배 및 균형 있는 개발에 대한 뚜렷한 공익 정신이 있어야 한다. 부동산학은 인간의 생활 터전인 토지에 대한 균형 있는 발전방향, 토지에 관한 법률지식, 토지의 가격형성에 필요한 감정 및 평가 등의 문제를 다루기 때문에 인문 사회과학 법학에 대한 관심도 필요하다. 한편 부동산 중가업무에 종사할 경우에 대인관계가 업무의 주를 이루기 때문에 깨끗한 용모나 화술도 필요하다.
졸업 후 진로	졸업 후에는 첫째 감정평가사, 공인중계사, 주택관사, 환지사, 지적기사 등의 자격증을 취득하여 전문 직업으로 이를 활용하는 길이다. 둘째로는 부동산과 관련되어 있어 정무 기관이 될 것이다. 한국으로 예를 들자며 대한국주택공사, 한국토지공사, 대한 부동산신탁 등 부동산 관련 공기업에 취직 하는 것이다. 셋째 은행 생명보험회사, 증권회사 같은 유관회사 및 일반 사기업의 부동산 관리자 등으로 취업하는 길이다. 이외에도 부동산 관련 분야가 폭넓게 분포되어 있다.

신문전파학부

분야	신문학 / 신방학/ 광고학 / 편집출판학
학과소개	현대사회에서 커뮤니케이션(의사소통)은 한 사회를 형성, 유지, 발전시키는 근본 메커니즘으로 우리 삶에 꼭 필요한 요소로 자리 잡고 있다. 신문방송학에서는 작게는 개인과 개인 사이의 의사소통에서 크게는 신문, 방송, 영화 잡지 등의 대중매체에 이르기까지 커뮤니케이션 과정상의 여러 이론과 기술을 배우게 된다.
전공과목	신문학, 신문전파이론, 신문편집, 국제신문, 광고학, 광고매체연구, 광고관리, 편집출판학, 대중매체, 인터넷전보, 공공관계, 미디어경영관리, 시장경영과 매출원리, 방송신문, 세계방송사업 등
적성	대중매체를 공부하기 위해서는 우리말과 글에 남다른 감각과 능력이 있어야 한다. 그래서 말과 글의 기능, 효과에 관심을 가지고 있는 학생에게 적합한 전공이다. 그리고 자료 분석을 위해 통계도 많이 다루기 때문에 수리에 대한 자질도 요구된다. 대중매체로 매개되는 예술현상을 이해하기 위해서는 예술적 감수성도 필요하다.
졸업 후 진로	광고 및 홍보전문과, 광고제작감독, 마케팅전문가, 방송기자, 방송대본작가, 방송제작관리자, 사진기자, 사회계열교수, 사회단체활동가, 사회복지관련관리자, 사회학연구원, 시장 및 여론조사관련 사무원, 시장 및 여론조사 전문가, 신문기자, 신문제작관리자, 아나운서, 잡지기자, 정치학연구원, 지방의회의원, 촬영기사, 촬영기자, 카피라이터, 편집기자, 행사기획자, 행정부고위공무원, 헤드헌터, 홍보부서관리자 등

경제학부 1

분야	국민경제관리학과
학과소개	본과는 학생들에게 경제학기초이론 및 경제시스템의 전문적인 지식을 습득하게 하고, 중국경제사와 발전전략과 계획, 중국의 경제정책과 경제관리의 현상활 및 세계경제의 흐름과 동태를 이해하고 숙지시키며 창조적인 경제정책분석과 현실적인 경제문제 해결능력 등을 한층 강화시켜 현대중국 경제사회에 부합한 인재를 배양함이 목적이다.

전공과목	경제학기초, 중급미시경제학, 중국거시경제학, 재정학, 화폐은행학, 국제경제학, 금융경제학, 통계학, 계량경제학, 회계학, 정치경제학, 국민경제관리학, 발전전략과 계획, 생산경제학, 관리학기초 등
적성	경제학이 사회과학의 여러 학문 중에서 가장 과학성이 높은 사실을 토대로 해 볼 때 분석적이고 수학적이 두뇌를 가지고 있고 사회과학에 관심을 가진 학생에게 적합하다. 즉 사회현상을 논리적으로 분석 정리할 수 있고 수학적 모형을 응용하며 이해할 수 있는 능력이 필요하다.
졸업 후 진로	졸업 후 진로는 매우 다양하며, 정부 부문으로 나아가거나, 각종 언론사, 금융계, 기업체 등 다양한 방면으로 진출할 수 있다.

경제학부 2

분야	국제경제와 무역학과
학과소개	본과는 국제무역, 국제금융, 국제투자이론 등 경제학에 포함한 모든 것을 배우는 종합적 성격이 강한 학과이다. 본과는 학생들에게 기본적으로 국제경제와 무역의 기본 이론과 업무지식을 가르치며 국제경제의 발전방향과 국제시장의 운영규칙 등을 더 깊이 이해하여, 중국의 대외무역방침과 정책 등에 대한 이해를 한층 더 높인다.
전공과목	본과의 주요 전공과목으로는 세계경제, 국제경제학, 국제투자이론과 실무, 국제금융, 국제공상관리, 국제경제법, 국제무역이론과 실무, 외국기업재무, 국제결산, 계량경제학 등을 배운다.
적성	다양한 국제환경 속에서 여러 가지 경제현상에 효과적으로 대응할 수 있는 능력을 길러야 하므로 분석적 사고능력과 순발력이 요구된다. 그러기 위해서는 정보를 수집하는데 남다른 적극성과 활동력이 필요하다. 또한 다양한 국제사회에서 수행되어지는 업무가 많으므로 어학을 비롯한 국제사회에 여러 방면에 관심이 있으면 좋다.

졸업 후 진로	국제통화기금(IMF), 세계은행(IBRD), 세계무역기구(WTO), 경제개발협력기구(OECD), 아시아개발은행(ADB), 그리고 국제금융공사(IFC) 등과 같은 국제기구, 금융감독원, 금융결제원과 같은 공기업, 은행, 증권사, 보험회사, 투신사, 언론사, 경영컨설턴트, 경제학연구원, 관세사, 구매인(바이어), 금융관련관리자, 마케팅전문가, 물류관리전문가, 보험계리사, 보험관련관리자, 부동산투자신탁운용가, 세무사, 손해사정사, 스포츠마케터, 신용분석가, 영업 및 판매관리자, 외환딜러, 재무 및 회계관리자, 전문비서, 증권중개인, 채권관리원, 투자분석가(애널리스트), 투자인수 심사원(투자언더라이터), 편의점수퍼바이저, 해외영업원, 호텔관리자, 회계사, 회의기획자, M&A전문가(기업인수합병원) 등

법학부

분야	법학
학과소개	중국 사회가 복잡해지고 사회구조가 변화함에 따라 법지식의 필요성이 더 커지고 있다. 또한 정부의 행정수행, 정치활동, 기업운영 등 각 활동분야에서 전문적인 법지식이 요구됨에 따라 법학연구의 필요성은 점점 더 높아져 가고 있다. 법학에서는 헌법, 민법, 형법 등의 실정법(우리가 살고 있는 사회에 실제로 적용되고 있는 법)을 연구할 뿐만 아니라, 설정법 이면의 기초이론과 철학 등을 연구하여 변화하는 사회의 요구에 부응할 수 있도록 법전문가를 양성한다. 따라서 법학은 순수학문적 성격과 응용학문적 성격을 모두 갖는 학문이다.
전공과목	법이학, 중국헌법, 중국법제사, 외국법제사, 행정법과 행정소송법, 형법학, 민법학, 상법학, 경제법학, 지식소유권법학, 형법소송법, 민사소송법학, 국제법학, 국제사법학, 국제경제법학, 물증기술학, 증거법학 등
적성	법학은 실생활에 적용되는 응용학문의 성격이 강하므로 주어진 상황을 잘 분석하고 정리할 수 있는 능력, 논리적으로 합당한 결론을 끌어낼 수 있는 사고방식, 공정한 판단력 등이 요구된다. 여기에 자기의 생각과 주장을 말이나 글로 정확하고 사리에 맞게 표현할 수 있는 능력이 필요하다.

<table>
<tr><td>졸업 후
진로</td><td>국제변호사, 관세사, 노무사, 법률행정사무원, 법무사, 법학연구원, 변리사, 부동산중개인, 세무사, 입법 공무원, 행정부고위공무원, 회계사, M&A전문가(기업인수합병원), 일반기업 법무팀, 언론사, 형사정책연구원, 한국법제연구원, 판사, 검사, 검찰수사관 등</td></tr>
</table>

재정금융학부

<table>
<tr><td>분야</td><td>금융학/ 세무학/ 재정학/ 보험학/ 신용관리/ 금융공정과</td></tr>
<tr><td>학과소개</td><td>본 학과는 금융, 재무, 보험, 세무, 회계 등에 관한 제반이론과 실제적인 응용방법을 연구하는 학문으로, 경제학, 경영학, 법학, 사회학, 수학 등이 종합적으로 응용된 학제간 학문이기도 하다. 연구 분야는 자금배분원리, 자본시장의 기능 및 투자원리, 기업의 자금조달과 운영, 보험의 금융적·법적 원리 및 경제주체의 위험관리, 금융기관의 경영 등 금융전반과 금융 보험 경영이론, 재무회계, 관리회계, 세무회계, 회계정보시스템, 회계감사, 비영리회계, 국제회계 등이 있다.</td></tr>
<tr><td>전공과목</td><td>경제학, 고등수학, 국제금융, 금융시장과 금융기구, 증권투자학, 경영정보시스템, 기초회계, 재무회계, 경영회계, 회계감사, 회사재무관리, 통계학원리, 마케팅, 국제마케팅, 보험학, 시장연구, 소비자행위, 인력자원관리, 시장분석과 예측, 민상법 등</td></tr>
<tr><td>적성</td><td>진취적 사고와 함께 문과, 이과의 속성을 겸비하고 있으며, 사회과학에 대한 관심과 외국어와 수학에 흥미를 가지고 있고 윤리의식이 강하며 현실적응력과 합리적 사고, 수리력을 갖춘 학생이 적합하다.</td></tr>
<tr><td>졸업 후
진로</td><td>보험회사, 은행, 증권회사, 투자신탁 운용사, 대형기업의 재무관리, 언론사, 회계컨설팅회사, KDI(한국개발연구원), 대외경제정책연구원, 한국경제연구원, 기업의 경제연구소(삼성경제연구소, LG경제연구소, 현대경제연구소), 공인회계사 사무실, 세무사 사무실, 변리사 사무실 등</td></tr>
</table>

국제관계

분야	국제정치학/ 외교학/ 국제정치학
학과소개	국제 관계는 정치학의 한 부문으로, 여러 나라 사이의 외교 관계와 세계적인 문제에 대한 연구를 말한다. 정치학 일반 및 국제 정치와 관련하여 사상, 이론, 제도, 역사, 기구, 조직상의 제반 분야를 연구 개발하며, 정치학 전반 및 세계정치 문제에 관하여 포괄적으로 학습함으로써 전문통상외교관을 길러내는 곳이다.
전공과목	외교학, 외교예의, 외사문서, 국제정치개론, 중국정부개론, 중국대외경제관계, 근대국제관계사, 국제정치경제학, 세계경제개론, 동북아 정치경제와 외교, 냉전 후 국제관계, 국제관계와 국제법 등
적성	국제사회전반에 대한 관심과 흥미를 가지고 있으며 사고가 유연하고 도전적인 학생, 폭넓은 지식과 소양을 갖추고 있으며 인간관계가 원만하고 협상능력이 강한 학생, 창조적인 추리와 논리적인 분석력을 갖추고 있으며 언어적성이 높은 학생에게 적합하다.
졸업 후 진로	외교관(외무고시에 합격하거나 특별채용) ★특별채용 : 특수 분야와 특수 언어를 전공하거나 경력을 쌓은 사람을 비정기적으로 채용 한국 외교통상부의 각 부처, 행정자치부, 대사관, 총영사관, 정치학교수, 중고교 사회과목 교사, 기업 기획실과 총무부 및 해외 담당부서, 기자 등

사회인구학부

분야	사회학/ 사회공작학 / 공공사업관리
학과소개	사회는 여러 가지 다양한 현상과 문제들을 내포하고 있다. 사회학은 이러한 다양한 특성을 지닌 여러 개인들이 사회라는 집단에서 살아가는 방식을 이해하고, 사회적 현상을 설명하며 보다 나은 사회를 모색하는 학문이다 사회학은 사회 전체에 대한 종합적 이해를 목적으로 하느냐, 또는 특정부분의 분석을 목적으로 하느냐에 따라 '종합사회학'과 '특수사회학'의 두 영역으로 구분된다. '종합사회학'에서는 사회전체의 시각에서 사회사상, 사회변동, 사회발전론 등을 배우며, '특수사회학'에서는 정치·경제·종교·문화 등 사회의 특정 부분을 집중적으로 공부한다. 그리고 각 이론의 증명을 위한 조사, 통계 등의 방법론이 한 분야를 이루고 있다.

	사회학개론, 사회통계학, 사회조사와 연구방법, 사회통계 소프트웨어와 응용(SPSS), 고등수학, 구외사회학학설, 마르크스레닌 고전작품선집, 중국사회사상사, 사회심리학, 사회인류학, 경제사회학, 중국사회, 사회직업개론, 농촌·도시·인구 사회학 등
졸업 후 진로	광고 및 홍보전문가, 교도관리자, 방송기자, 방송대본작가, 방송제작관리자, 사진기자, 사회계열교수, 사회교사, 사회단체활동가, 사회복지관련관리자, 사회복지사, 사회복지시설종사원, 사회학연구원, 시장 및 여론조사 사업운영관리자, 시장 및 여론조사관련 사무원, 시장 및 여론조사전문가, 신문기자, 신문제작관리자, 심리학연구원, 아나운서, 외교관, 유치원 원장 및 원감, 잡지기자, 정치학연구원, 지방의회의원, 직업상담원, 촬영기사, 촬영기자, 카피라이터, 편집기자, 평론가, 행사기획자, 행정부고위공무원, 행정학연구원, 헤드헌터, 홍보부서관리자 등

철학과

분야	철학/ 종교학/ 논리학
학과소개	철학은 대학에 진학하여 여러 분야의 교양과목을 공부하게 될 때 빠지지 않는 학문으로, 단순히 교양 쌓기에 그치지 않고 여러 학문적 토대를 마련하는데 기본이 된다. 철학은 논리적으로 생각할 수 있는 능력을 기르고 인간과 사회에 대한 거시적 안목을 키우며 인간의 기본적 태도와 인성을 함께 기르는 학문이라고 할 수 있다. 삶이 힘겹고 지칠 때 많은 사람들이 종교를 통해 위안을 얻고자 한다. 종교는 인류와 함께 해 온 오래된 문화의 하나이므로, 서로 다른 문화에 대한 이해와 수용이 필요하다. 종교학에서는 종교현상에 대한 연구를 통해 다양한 무화를 이해하고 세계 각국의 다양한 종교의 역사, 철학 그리고 사회적 기능, 사회와의 상호작용 등을 탐구한다.
전공과목	철학도론, 수리논리, 고대한어, 논리학도론, 미학원리, 과학통사, 과학철학, 논리사, 논리철학, 종교학, 종교현황과 종교사무, 기독교사, 중국기독교사, 이슬람교사, 인도불교사, 중국불교사, 도교사 등

적성	다른 사람의 주장을 분석하고 비판할 수 있는 능력, 자신의 의견을 논리적으로 설명할 수 있는 능력이 필요, 또한 편협하지 않으며 깊고 합리적인 사고를 할 수 있어야 한다. 동양철학을 위해서는 한문에, 서양철학을 위해서는 영어 등 외국어에 대한 흥미가 필요하다. 종교도 한 국가의 사회문화의 일부에 속하므로 역사, 경제, 예술 등 다양한 분야에 대해 관심을 가지는 것이 좋다. 서로 다른 문화와 종교를 존중하고 이해할 줄 아는 열린 말음을 가져야 하며, 남을 위해 봉사하고 희생할 수 있는 마음가짐이 필요하다. 신학은 원전을 읽기 위해 영어, 라틴어 등 외국어에도 소질이 있어야 하며, 불교학의 경우 한문을 잘 아는 것도 도움이 된다. 불교학, 기독교학 등 특정종교를 중심으로 공부하는 경우 대부분 해당 종교 신앙을 가진 학생들이 진학한다.
졸업 후 진로	언론사, 출판사, 광고회사, 문화예술 관련분야, 시민사회단체, 윤리위원회, 환경단체, 연구소 연구원, 언론기관, 방송사, 공무원 그리고 기업의 윤리문화관련 부문의 진출, 윤리관련 전문가 교무(원불교), 목사, 문화재감정평가사, 문화재보존가, 사서, 수녀, 승려, 신부, 전도사, 철학연구원 등

공공관리학부

분야	행정관리 / 토지자원관리 / 도시관리
학과소개	도시 및 지역 발전을 위한 전문계획인력을 양성하는 과로서 지역(도시)개발론, 도시계획론, 토지이용계획, 사회과학 방법론, 지역분석론, 환경계획론, 지역정책세미나, 지역계획실습 등 각 자치별로 행정과 개발계획이 이루어지는 중국에서 부딪히는 여러 어려운 문제들을 직접 해결할 수 있는 지방행정 필수 교과목을 교육할 뿐만 아니라 현장 실무자들과의 연계를 통한 실무적인 과목에 많은 비중을 두어 향후 지역 행정관리의 인재양성에 목표를 두고 있다.
전공과목	관리학기초, 경제학기초, 건설학, 지리학, 공공재정학, 행정법, 거시경제학, 지역정보시스템, 도시계획 및 설계, 도시교통관리, 도시기초 설계와 공공행정, 토지 자원관리학, 토지경제학, 토지법학, 토지이용계획, 농지관리, 부동산평가, 토지정보관리, 부동산개발과 경영, 도시계호기, 행적학 기초, 공공조직과 관리, 중국정부와 정치, 행정학원론, 행정법, 고옥재정법, 공공정책, 비교정부, 인사행정, 비영리조직 관리리더쉽학, 지방정부관리, 행정관찰학, 시정관리학

적성	도시문제나 지역개발문제에 관심이 있는 학생이면 좋다. 도시문제나 도시지역개발의 정치적, 경제적 의미를 깊이 생각할 줄 아는 사람이 적합하다. 지역적인 것이 아니라 전체적인 것을 다루며 실제 환경과 밀접하게 관련되어 있는 것이므로 각종 사회 현상을 종합적으로 보는 안목이 필요하다.
졸업 후 진로	진로는 공무원, 연구직(도시 및 지역전문 전문 연구기관), 건설회사, 기업체, 부동산 관련직 등이 있으며, 중국의 전반적인 도시의 상황을 알 수 있는 중국전문프리랜서 등 다양한 직업군으로 발전 가능성이 있는 학과라고 본다.

문학원

분야	중국문학/ 대외한어과
학과소개	중국어는 세계에서 가장 많은 사람들이 사용하는 언어다. 최근 중국의 달라진 위상으로 중국어를 배우려는 사람들이 증가하고 있다. 특히 오래된 문화를 자랑하는 중국은 예로부터 우리나라에 많은 영향을 미쳤고 1992년 수교 이후에는 더욱 활발한 교류와 협력이 이루어지고 있다. 중국어문학 영역은 크게 '중국어학', '중국문학'으로 나누어진다. '중국어학'은 단순히 말하고 쓰는 능력이 아니라 중국어가 어떻게 형성, 발달해왔는지, 다른 언어와는 어떤 차이점이 있는지에 대하여 학문적, 이론적으로 공부하는 영역이다. '중국문학'은 다양한 장르의 중국 고전문학, 현대문학 작품과 작가를 분석하여 중국인과 중국문화를 이해하기 위한 영역이다 .
전공과목	현대중국어, 고대중국어, 중국고대문학사, 어학개론, 중국현대문학, 중국당대문학, 문학이론, 중국고대문화 등
적성	우리나라, 일본 중국 등 동양문화에 관심이 있고, 특히 중국의 역사와 급변하고 있는 중국의 현실에 대해 남다른 애정과 호기심이 있는 학생이라면 재미있게 공부할 수 있다. 중국어는 한자로 이루어져 있기 때문에 인내심을 가지고 공부하는 자세가 필요하다. 그러므로 한자공부를 싫어하는 학생에게는 다소 어렵고 따분하게 느껴질 수 있다.

| 졸업 후
진로 | 중국과 무역 및 투자 교류를 하는 일반기업, 대한무역진흥공사와 같은 정부투자기관, 한/중합작회사, 호텔, 여행사, 항공사, 무역사무원, 번역가, 서예가, 언어학연구원, 외국어교사, 외국어학원 강사, 중국어학원, 인문계열교수, 카지노딜러, 통역가, 항공기객실승무원, 해외영업원, 행사기획자, 회의기획자 등 |

노동인사학부

분야	인력자원관리/ 노동 및 사회보장
학과소개	본 과는 학생들에게 국내외의 노동경제와 사회보장의 이론과 방법을 습득하게 하여 중국의 노동과 사회 보장제도, 정부저액의 변화와 발전 등을 이해시켜, 향후 중국의 노동과 사회보장업무 관리와 실행방법과 기술을 학생들 스스로 깊이 연구하고 실무와 연계시켜 중국의 사회보장관리 인력관리의 주요 인재를 양성 배출하는 목표가 있다.
전공과목	서방경제학, 노동경제학, 사회보장학, 사회보험, 노동관계, 인력자원관리, 노동법, 사회보장법, 사회보장관리, 연금관리, 발전과 취업, 기업연금, 사회보장기금운용, 관리학, 인력자원관리, 조직행정학, 조직설계와 관리, 관리기능개발, 인재평가, 업무분석, 직원관리
적성	이 분야의 업무는 상품이나 재산, 지식의 교환이 아닌 사람이 중심이 되는 학문이기 때문에 본인 스스로도 성숙하고 책임감을 가지고 업무를 수행할 수 있는 독립심이 강한 사람이 이 학부에 적합하다고 본다.
졸업 후 진로	중국의 하계나, 연구기관, 언론기관 등으로 많이 진출하고 있으나 현재의 중국의 급속한 성장하고 빠른 정책의 변화와 국민들의 의식 변화로 인해 향후 많은 변화가 있고 수요가 높아질거라 예상되어 진다.

역사학과

분야	역사학
학과소개	역사학은 과거로부터 현재에 이르는 인간사회의 변화를 연구하는 학문이다. 또한 인류의 변천과정을 고찰하고, 당대 사회와 인간을 분석하여 인간과 사회에 있어서 각각의 특수성과 보편성을 인식하고, 나아가 앞으로의 인간행위와 사회발전의 지표와 방향을 모색하는 학문이다. 역사학에서 연구하는 영역은 '중국사', '세계사'로 나눌 수 있다. 이들 영역은 고대, 중세, 근대, 현대 등 시대별로 분류하여 연구할 수도 있고, 정치, 경제, 예술 등 분야별로 연구할 수도 있다.
전공과목	중국통사, 세계통사, 사학개론, 역사문헌학, 중국역사문선, 중국역사지리, 고고학개론, 중국정치제도사, 서방문명사, 서방정치제도사, 국제관계사 등
적성	인류문명의 변천사를 비롯해 동서양 고금의 역사에 대해 지적 호기심이 많은 학생에게 유리한 전공이다. 각종 문헌자료를 통해 역사를 탐구하므로, 영어, 한문, 일본어 등에 소질이 있으면 좋다. 다양한 국가의 역사를 공부하므로, 정치, 경제, 철학, 문학 등 인문학과 사회과학 전반에 걸친 흥미가 필요하다.
졸업 후 진로	세계 각국의 문화에 대한 이해를 바탕으로 해외교류가 있는 기업체, 유네스코 한국위원회와 같은 국제기구, 한국문화재보호재단, 방송사, 언론사, 출판사, 중앙정부 및 지방자치단체(문화관광부, 행정자치부 등), 박물관(국립중앙박물관, 국립민속박물관, 시/도립 박물관, 대학박물관 등), 문화재청, 지역문화원, 국가기록원, 문화재 및 관련 문화 연구소(국립문화재연구소, 국립경주문화재연구소), 민족문제 연구소, 한국정신문화연구원, 역사학연구원, 중고등학교 교사, 감정평가사, 기록물관리사, 도서관장, 문리학원 강사, 문화재감정평가사, 문화재보존가, 박물관장, 사서, 역사학연구원 등

정보자원관리학부

분야	정보관리 및 정보시스템학/ 데이터학과
학과소개	정보 분야는 전자계산학 전반에 관한 폭넓은 이론을 연구하고 컴퓨터응용기술을 개발하는 학문이다. 이 영역은 정보문제의 극복과 관련된 사회과학적 측면, 지식의 조직과 내용 및 정보의 유형 분석을 위한 인문학적 측면, 그리고 디지털도서관과 데이터베이스 구축에 관한 공학적 측면을 다룬다. 따라서 이 학과는 학제간의 복합체적 특성을 지닌 학문이라고 할 수 있다.
전공과목	계산개론, 데이터구조, 정보관리개론, 프로그램 설계언어, 데이터계통, 정보조직, 조사와 통계방법, 정보저장과 검색, 정보정책과 법규, 정보분석과 결책, 정보서비스, 컴퓨터네트워크, 디지털도서관, 정보계통분석과 설계, 관리정보계통, 정보경제학, 시장마케팅학, 네트워크관리, 도서관관리, 문헌목록, 도서관자동화 등
적성	공학적, 과학적, 논리적인 학습능력, 과학 및 사무용어, 컴퓨터 전문용어에 대한 이해능력 및 수리능력, 미세한 부분에도 집중하는 세심한 주의력과 창조력, 영어, 한문을 비롯한 외국어에 대한 관심과 소질, 독서를 좋아하고 평소 신문, 잡지, 서적 등 다양한 분야의 신간 도서 및 자료에 관심, 전산·통계 등에 대한 흥미, 방대한 양의 지식과 정보를 체계화할 수 있는 분석력이 요구된다.
졸업 후 진로	가상현실전문가, 게임기획자, 게임프로그래머, 공학계열교수, 네트워크관리자, 네트워크엔지니어, 데이터베이스관리자, 디지털영상처리전문가, 모바일콘텐츠개발자, 시스템관리자·엔지니어·컨설턴트, 웹디자이너·마스터·방송전문가·엔지니어·프로그래머, 음성처리전문가, 응용소프트웨어엔지니어, 정보보호전문가, 정보시스템감리사, 정보통신기술자·관리자·영업원, 컴퓨터프로그래머, 컴퓨터하드웨어엔지니어, IT강사, IT컨설턴트, 기록물관리사, 도서관장, 문화재감정평가사, 문화재보존가, 박물관장, 사서 등

정보학부

분야	수학과(응용수학)/정보관리시스템/ 컴퓨터과학과 기술
학과소개	현대사회는 정보화 사회로 특정지어지며, 경제, 경영정보의 체계적인 수집 및 분석, 정보시스템의 설계 및 계발, 정보 통신시스템 평가등의 분야에서 새로운 전문인력의 수요가 급증하는 추세이다. 따라서 본 학부는 이러한 시대적 수요에 부응하기 위해 경제, 경영, 전산, 통신시스템, 응용수학, 컴퓨터기술과 관련된 분야를 정보기술을 축으로 유기적으로 연계하여 정보시스템의 과학적 체계를 세우고자 한다. 본 학부의 교육목표는 정보사회에서 발생하는 다양한 형태의 정보수요에 선도적으로 정보서비스를 제공할 능력 있는 정보전문인의 육성에 있다.
전공과목	수학분석, 고등대수, 수리통계, 프로그래밍, 네트워크, 시뮬레이션, 영상처리 및 인식, 기초회로이론, 컴퓨터구조, 마이크로프로세서 및 응용, 신호 및 시스템, 실험실습, 수학분석, 해석학, 기하학, 위상수학, 응용수학, 선형대수학, 위상수학, 해석개론, 기하학, 미적분학, 대수와 기와, 고등미적분학, 미분방정식, 현대대수, 복소해석학, 금융이론, 거시경제학, 정수론, 미시경제학, 투자분석, 수학경제학, 보통물리, 일반물리학, 수리사, 공간분석학, 생산과 작업관리론, 소프트웨어개발방법론, 정보안전론 등
적성	높은 추리력과 논리적인 사고력이 요구되며, 자연현상을 주관성보다 객관성에 의해 판단할 수 있는 능력이 필요하다. 침착성과 끈기가 있으며 수학문제 풀기를 좋아하는 학생에 적합하다.
졸업 후 진로	컴퓨터 프로그래머, 시스템엔지니어, 정보산업체, 멀티미디어 정보처리분야, 전기전자 및 통신관련분야, 정부투자기관, 금융기고나 등 컴퓨터 및 정보통신과 관련되는 모든 산업체에 취업이 가능하다. 또한 대학원에 진학이나 전산직 공무원으로의 취업도 가능하며 방송국, 광고전문회사, 소프트웨어개발업체, 멀티미디어 분야에 참여하고 있는 모든 업체로 진출이 가능하다.

통계학부

분야	정보관리 및 정보시스템학/ 데이터학과
학과소개	현대사회가 복잡 다양해짐에 따라 인문과학 자연과학, 사회과학 등의 학문분야뿐만 아리나 모든 사회분야에서 통계학의 비중은 증대되고 있다. 통계학은 수학 전반에 관한 교육과 전산학 교육을 바탕으로 수리통계학, 표본조사론, 회귀분석론 등의 전문적 지식을 교육하고 실용성을 다질 수 있는 품질관리, 시계열 분석, 실험계획법 등을 학습시킨다. 본 학과는 기업과 사회 전반에 대한 응용력을 부가하여 정보화 사회가 필요로 하는 전문인의 양성을 목표로 하며 전문화 되는 사회 구조는 많은 전문통계인의 수요를 증가시킨다.
전공과목	자료분석, 표본조사론, 수리통계학, 회귀분석, 비모수통계학, 시계열분석, 통계조사 및 실습, 논리회로설계, 확률과정론 등의 과목이 개설되어 있다.
적성	통계학은 논리적으로 분석정리하고 수학적 모형을 응용하여 이해할 수 있는 적성과 능력을 필요로 한다. 그리고 신속정학하게 계산하고 산술적으로 사고하고 추리하는 수리능력과 문자나 기호를 정확하게 식별하는 사무능력이 요구된다.
졸업 후 진로	은행, 보험, 증권, 제약회사, 특히 각 회사의 전산요원으로 취업하는 경우가 많고 리서치조사회사로의 진출도 두드러진다. 컴퓨터가 이미 현대생활의 필수불가결한 요소가 됨에 따라 본 학과 전공의 인력수요도 급증하고 있기 때문에 전망이 매우 밝은 편이다.

환경학부

분야	공공사업관리(환경경제와 관리방향)
학과소개	본 학과는 중국의 경제가 양적, 질적인 지속적인 발전에 필요한 환경경제와 환경관리 전문가를 양성 배출하는데 목표가 잇다. 본 학부는 학생들에게 경제학과 관리학의 기초와 토대아래, 각종 환경경제문제와 관리문제, 현재 중국의 환경정책과 관련법규를 익히고 습득하여, 독립적이고 창조적으로 환경경제조사와 연구, 실질적인 환경 문제해결 등을 할 수 있는 인재를 배양한다.
전공과목	환경학, 환경법학, 환경과 자원경제학, 환경관리, 항목분석 및 평가관리, 수량분석방법응용, 자연자원관리개론, 환경계호기, 생태경제학, 인구경제학, 환경감찰, 환경과학기술개론 등
적성	본 학과는 쾌적한 생활환경을 건설하기 위한 Total System Engineering으로서 수학, 물리, 화학, 경제학 및 컴퓨터 분야에 대한 확고한 기초지식과 소질을 갖추어야 하며, 기초이론을 공학적으로 응용할 수 있는 사고력과 응용력이 요망된다. 이과는 배우는 교과과정자체도 광범위한 학문이므로 인내심과 개척자적인 진취적 기상이 요구되며 특히 이 분야에서는 팀워크를 이룰 수 있는 협동심이 필수적이다.
졸업 후 진로	현재 국제 사회에서 경제 쪽으로는 나름 맹주를 자처하는 중국이지만 빠른 경제발전에 비해 수준이 더디게 올라가는 분야가 바로 환경 쪽이다. 졸업 후 중국의 대형 기업이나 일반적인 환경연구가, 연구실, 학교 등 다양하게 나아갈 수 있는, 잠재성 있는 과이며, 지금 현재 환경 관련 학과생은 중국뿐 아니라 한국에서도 그 수요가 많이 부족한 실정이어서 기대가 되는 과이다.

농업과 농촌발전학부

분야	농촌경제관리학과 / 농촌발전학과
학과소개	본 학부는 농촌경제관리학과와 농촌지역발전 두 전공과로 나누어지며, 농업경제학은 일반 경제학을 농업에 응용한 학문이다. 경제학은 경영학, 그리고 농학 분야가 한데 어울려 실천적 응용경제학, 농촌사회학, 농업교육학 세 가지이며 이중에서 농업경제학이 주가 된다. 따라서 농업 경제학이론은 물론 통계학, 역사학, 법률 및 행정학, 심리학, 사회학 등 사회과학적인 분야와 더불어 농업경제관리학과에서는 농업기술학적인 모든 분야를 폭넓게 다루고 있다.
전공과목	거시경제학, 미시경제학, 국제경제학, 화폐은행학, 수량경제학, 관리학원론, 시장마케팅학, 인력자원관리, 회사재무관리, 회계학, 통계학, 농업경제학, 농업정책학, 농업가격분석, 농산품운수학, 농상품 국제무역, 비교농업경제학, 식품경제학, 농기업관리, 농촌금융, 응용경제분석, 농촌지역종합관리, 개발과 자원관리, 토지와 자원경제, 공공관리, 자원관리 등의 과목이 개설되어있으며 3학년부터는 〈토지와 자원경제〉, 〈발전관리와 정책〉의 두 방향의 심화전공을 택할 수 있다.
적성	농촌문제나 농촌지역개발문제에 관심이 있는 학생이면 좋다. 농촌문제나 농촌지역개발의 정치적, 경제적 의미를 깊이 생각할 줄 아는 사람이 적합하다. 지역적인 것이 아니라 전체적인 것을 다루며 실제 환경과 밀접하게 관련되어 있는 것이므로 각종 사회 현상을 종합적으로 보는 안목이 필요하다.
졸업 후 진로	농상업계의 행정 및 연구 분야의 국가공공기관을 비롯하여 교육기관협동조합, 금융기관 등으로 진출할 수 있다.

예술학원

분야	회화/ 예술설계
학과소개	연극·영화는 음악, 미술, 무용 등 예술의 다양한 분야를 포괄하여 대중적으로 재생산하는 '종합예술'이다. 또한 누구나 손쉽게 접근할 수 있는 우리 생활 속의 한 부분이라고 할 수 있다. 전차 일상생활 속에서 문화를 즐기려는 사람들이 늘어가고 문화예술에 대한 욕구가 증가하면서 연극·영화분야는 최근 상당한 관심을 끌고 있다. 공연예술로서 미래지향적인 연극과, 비디오 예술의 차원까지 포함한 영화에 대하여 연구함으로써 극예술 분야의 발전에 이바지한다.
전공과목	중국영화사, 희극예술개론, 중국당대문학, 영화분석, 영화와 TV개론, 세계영화사, 오디오와 비디오언어, 중국고대문학, 외국문학 등
적성	무엇보다 공연 및 영상예술에 관심이 많고, 연극·영화 분야에서 활동하고자 하는 열의가 있는 학생에게 적합한 전공이다. 개성이 강하고 창의력, 미적 감각, 예술적 감수성, 영상적 조형감각, 풍부한 표현력 등이 있으면 더욱 좋다. 각자의 독특한 개성을 집단에 잘 조화시키는 융화력과 인간과 사회 전반에 대한 깊은 이해력 및 폭넓은 교양을 요구한다. 재학 중에 실습을 통하여 작품 연구에 할애하는 시간이 많기 때문에 학과 수업 이외의 시간을 투자하여 노력할 수 있는 끈기와 인내심도 필요하다.

중국인민대학 입시요강

신청자격	신청시기	시험일자	합격발표일
18세 이상 고등학교졸업 외국국적 검정고시 신청가능	09년 3월 2일 09년 3월 20일	09년 5월 9, 10일	5월 29일 - 1차 발표 6월 6일 - 면접 추가 6월 12일 - 최종발표

신청서류	시험과목
고등학교졸업장(졸업예정증서) 고등학교 6학기 성적증명서 HSK 6급 이상 증서(원본) 담보서와 추천서 여권, 비자 복사본 여권용 사진 5장	문과 - 어문, 영어 -문과종합(역사, 지리, 중국문화상식) 이과, 상경계열 - 수학추가

시험배점
문과 : 어문 150점, 영어 100점, 역사 50점, 지리 40점, 중국문화상식 10점 이과 : 어문 150점, 영어 100점, 역사 50점, 지리 40점, 중국문화상식 10점, 수학 100점

▶ 입시 경향(2009년도부터)

① 면접탈락자가 지속적으로 증가함.(2008년의 경우 1차 필기 시험에서 합격자의 130% 선발)

② 서류신청 자격조건에 HSK6등급이 필수로 추가됨. 경제학과, 신문방송학과, 법학과, 국제관계학과의 경우에는 HSK7등급 이상만 신청 가능한 조건으로 변경됨

③ 09년 입시부터는 수학시험의 난이도를 높이겠다고 발표함.

④ 09년 입시 합격생수에서 국적비율을 다양화 하겠다는 의지를 밝힘으로 인해, 한국유학생 수는 감소하고 타국적 학생의 합격이 상승하리라 예측함.

현재 중국의 패션이나 보석 산업 분야에서 중국에서 1위가 세계 1위로 가는 추세입니다. 세계 명품이 가장 잘 팔리는 곳으로 중국을 꼽을 수 있어, 앞으로 중국식 패션이나 액세서리 그리고 중국인이 좋아하는 일상용품의 디자인 등이 눈여겨봐야 할 사항인 것 같습니다.

중국에서 뜨는 유망학과는,

- 지질대학의 보석디자인
- 복장대학의 복장디자인
- 절강대학의 중국차학과
- 조경학과
- 물류학과
- 중국인을 위한 공상관리학과(마케팅, 경영학과)
- 중국의 외교관을 만드는 정치외교학과
- 자동차 관련학과
- 항공비행학
- 미술학원
- 언론방송학원
- 중국법학

등 중국을 이해하고 중국적인 특징을 배울 수 있는 학과가 유망하리라 봅니다.

06
명문대학 진학을 위한 맞춤식 코스

대학진학을 위한 막다른 선택, 입시학원

앞서 얘기했듯이 중국 고등학교는 중국 학생들의 대학시험을 준비하는 곳입니다. 인구가 많은 만큼 중국 학생들이 명문 대학에 진학하기 위해 겪는 어려움은 우리나라와 다름이 없습니다. 전교생의 1%도 되지 않는 외국 학생을 위해서 어느 학교에서 외국인 특별전형을 이해하고 지도를 해줄 수 있겠습니까? 그래서 외국인으로서 중국 대학에 진학하기 위해서는 중국 고등학교 수업을 중단하고 입시준비를 할 수밖에 없었습니다.

장기간 중국에서 중국 학교를 다니며 중국 학생 수준의 학습 능력을 갖춘 학생이라면 외국인 특별전형을 준비하는 데 크게 어려움은 없을 것으로 생각합니다. 입시과목과 전년도 시험 유형을 파악하고, 혼자서 공부해도 열심히 한다면 충분히 합격할 수 있을 것으로 믿습니다.

하지만 우리 아이들은 중국에 온 지 1년여 기간밖에 지나지 않아 중국어 실력은 물론이거니와 중국 역사, 개황, 수학 등 여타 입시과목이 전혀 기초가 되어 있지 않은 상태였습니다. 대학 합격을 위해서는 비상수단을 강구하지 않을 수 없었습니다. 그래서 북경 시내를 돌며 경험 있고 신뢰감이 가는 학원을 찾기 위해 뛰어 다녔습니다.

우리나라에서도 많은 학생들이 대학 진학을 위해 학원에서 준비하고 있듯이, 중국에도 중국 대학에 진학하도록 도움을 주는 전문 입시학원이 있습니다. 한국인들이 시험에 대한 노하우를 갖추고 운영하는 곳이지요. 역시 입시학원은 한국인이 운영하는 곳이 최고라고 할 수 있습니다. 토플도 한국 학원에서 가장 잘 가르친다고 하지 않습니까. 물론 학원에 다닌다고 모두 입학이 보장되는 것은 아닙니다. 학원마다 다소 차이는 있지만 북경대 입시 준비생 중 30% 이상을 합격시키면 명성 있는 학원이라고 할 수 있습니다. 그만큼 북경대를 준비하는 학생도 많아 북경대 입학이 결코 쉽지 않다는 것이지요.

입시학원에서는 우리나라 고3 생활처럼 아침부터 오후 늦게까지 수업하고 야간 자습을 시킵니다. 인내와 노력을 요구하지요. 입시학원에 등록한 학생의 99.9%가 한국 학생입니다. 이 학생들 중에는 중국에서만 자란 것이 아니라 세계 각국에서 다양한 문화를 경험하고 자란 아이들도 있었습니다. 각자 자라난 환경이 다르고 개성도 달랐지만 북경대라는 하나의 목표를 두고 모인 집단이었습니다.

북경대를 진학한 학생들의 중국 거주 평균 기간은 약 4.4년이고, 청화대는 약 4년이라는 통계가 있습니다. 특히 아이들은 나이도 어리고 중국에 온 지도 얼마 지나지 않은 상태라 대학에 들어갈 가능성이 낮았습니다. 하지만 대학에 들어갈 수 있도록 열심히 해달라고 부탁을 하면서 같은 입시학원에 함께 등록을 했습니다.

그리고 학원에 다니기로 결정한 이상, 오직 학원에서 하는 수업과 선생님의 말씀 그리고 학원의 운영 방식만을 믿고 따랐습니다. 도중에 학원을 믿지 못하고 나와 버리면 스스로 낙방의 길로 가는 수밖에 없다는 생각으로 말입니다. 시간이 매우 촉박하였기에 선택의 여지가 없었던 것도 사실입니다. 믿음이 없으면 힘이 없고, 힘이 없으면 저력도 상실되기에 오직 학원의 방법에 매달리며 열심히 앞만 보고 달려 나갔습니다.

어떤 입시 학원을 선택할 것인가?

북경에는 중국 대학 진학을 지도하는 입시 전문학원이 약 20여 개 되는 것으로 알고 있습니다. 칭다오 생활을 시작한 지 1년여 시간이 지난 후 입시학원을 알아보기 위해 북경 여행을 갔습니다. 북경대 인근 우따오커우(五道口)에 도착한 후 북경대에 많은 학생을 합격시키는 유명한 학원을 한 군데 한 군데 다니며 설명을 들었습니다. 우따오커우 근처에는 입시학원이 10여 개가 되는데, 기숙사가 있고 없고의 차이도 있고 학원 나름대로의 입시전략도 다릅니다. 학원과 학생의 관점이 같은 곳을 찾는 것이 좋을 듯합니다. 또 학원의 수업과 선생님 그리고 시설들을 한 번이 아닌 두세 번 둘러보면서 아이와 함께 호흡할 수 있는 학원을 찾는 것이 가장 좋습니다.

모르는 것을 배우고, 알고 있는 것을 복습한다는 마음으로 학원 선생님들을 만나 입시 설명을 들었습니다. 입시 설명회를 다니면서 최근 입시경향과 출제방식에 대해서도 최대한 파악하려고 노력했습니다.

하지만 원장 선생님 등 학원 관계자 분들 중 중국에서 생활한 지 1년밖에 되지 않은 두 아이를 한꺼번에 북경대에 보내려고 하는 제 생각을 지지하고 찬성하는 사람은 많지 않았습니다. 대부분 힘들 것이라는 평가와 함께 나름대로의 방법을 설명해 주었지만 저의 생각과 달랐습니다. 여러 학원을 돌면서 한 학원에서 약 한 시간 정도씩 상담을 받았는데 긍정적인 답변은 극소수에 그쳤습니다. 그 당시 그러한 오기와 용기가 어디서 나왔는지 모르겠지만 그토록 많은 사람이 부정적인 반응을 보였음에도 불구하고, 저는 제 방법대로 밀고 나가기로 마음속 결정을 내렸습니다. 상담해주신 분들 가운데 가장 긍정적인 대답을 해주신 분을 믿고 따르기로 결정을 내렸지요. 그리고 한 번 결정한 이상 가다가 회의감이 들어도 계속 밀어붙일 수밖에 없었습니다. 아이들에게 학원에서 시키는 대로 믿고 따르도록 했습니다. 중간 중간 아이들이 함께 공부하는 학원 친구들과 사이가 좋지 않을 때나 학원 분위기가 산만할 때에는 잠시 흔들렸지만, 엄마의 권한으로 엄마의 마음으로 그래도 그곳밖에 없다라는 믿음을 주었습니다. 믿음이 없이 다니는 학원에서 성적이 오를 수 있을까요? 믿음이 없는 학원 선생님의 말을 아이들이 따를 수 있을까요?

아이들이 강한 믿음을 가져야만 성적이 오를 수도 있고, 자신감도 가질 수 있다고 강하게 인식시켰습니다. 또 매달 학교에 가서 원장님과 상담하고 담임선생님과도 얘기를 나누었지요. "한 달에 각 과목마다 5점씩만 올려주면 북경대에 갈 수 있겠는데 어떻게 5점씩 올릴 수 있을까" 하면서요. 고민을 함께 나누면서 방도를 찾으려고 노력했습니다. 때때로 보충 학습 교재를 소개받고 주말을 이용하여 모자라는 부분을 보충할 수 있도록 했습니다.

입시 전문 학원의 수업시간과 내용 예시

북경대반 [재수생반, A반, 선행반, 실력강화반]-실력별 4개 반 편성

요일 \ 시간	월	화	수	목	금	토	일
오전7시	기상						
오전 7시 30분~ 오전 8시	아침(한식제공)						
1교시 (8 : 40~10 : 20)	어문	어문	어문	어문	어문	듣기	
2교시 (10 : 30~12 : 10)	듣기	듣기	수학	작문	작문	작문	자유 시간
오후 12 : 10~ 오후 1시	점심(한식제공)						
3교시 (1 : 00~2 : 40)	수학	수학	수학	수학	수학	수학	
4교시 (2 : 50~4 : 30)	영어	수학	영어	영어	영어	영어	
오후 4 : 30~ 오후 6시	저녁(한식제공), 휴식						
오후 6시~ 오후 7시 30분	1 : 1 클리닉, 확인학습						
오후 7시 30분~ 저녁 11시	선생님 지도 하의 자습						
저녁 11시 이후	점호, 취침						

청화대 이과반 [재수생반, 선행반, 실력강화반] – 실력별 3개 반 편성

요일＼시간	월	화	수	목	금	토	일
오전7시	기상						
오전 7시 30분 ~ 오전 8시	아침(한식제공)						자유 시간
1교시 (8 : 40~10 : 20)	수학	수학	수학	수학	수학	수학	
2교시 (10 : 30~12 : 10)	화학	화학	화학	수학	화학	수학	
오후 12 : 10~오후 1시	점심(한식제공)						
3교시 (1 : 00~2 : 40)	영어	영어	영어	영어	영어	영어	
4교시 (2 : 50~4 : 30)	물리	물리	물리	물리	물리	물리	
오후 4 : 30~ 오후 6시	저녁(한식제공), 휴식						
오후 6시~ 오후 7시 30분	1 : 1 클리닉, 확인학습						
오후 7시 30분~ 저녁 11시	선생님 지도 하의 자습						
저녁 11시 이후	점호, 취침						

청화대 문과반 [재수생반, A반, 선행반, 실력강화반] - 실력별 4개 반 편성

요일 \ 시간	월	화	수	목	금	토	일
오전7시	기상						자유 시간
오전 7시 30분~ 오전 8시	아침(한식제공)						
1교시 (8 : 40~10 : 20)	작문	작문	작문	작문	작문	작문	
2교시 (10 : 30~12 : 10)	영어	영어	영어	영어	영어	영어	
오후 12 : 10~ 오후 1시	점심(한식제공)						
3교시 (1 : 00~2 : 40)	고문	고문	고문	고문	고문	통식	
4교시 (2 : 50~4 : 30)	현대 문학	현대 문학	현대 문학	현대 문학	현대 문학	현대 문학	
오후 4 : 30~ 오후 6시	저녁(한식제공), 휴식						
오후 6시~ 오후 7시 30분	1 : 1 클리닉, 확인학습						
오후 7시 30분~ 저녁 11시	선생님 지도 하의 자습						
저녁 11시 이후	점호, 취침						

* 북경고려입시학원 제공

학원, 학생, 학부모가 합심해야 합격할 수 있다

베이징 우따커우에 있는 중국 대학 입시 학원은 규율이 나름대로 엄합니다. 아침 8시 40분에 수업을 시작하여 오후 4시 30분까지 전 입시과목을 공부합니다. 한족 선생님, 조선동포 선생님, 한국 선생님도 계시지만 어문 외의 과목은 대부분 한국어로 수업합니다. 어문, 영어, 수학, 역사, 중국개황 등 적지 않은 과목을 공부해야 하는데, 우리 대학 입시와 같은 수준이기에 결코 쉽지 않았습니다.

수업 시간에 열심히 공부하는 학생들도 있지만, 많은 학생들이 수업에 집중하지 않은 채 졸기도 하고, 떠들기도 하고, 이유 없이 결석을 하기도 했습니다. 아무런 목적의식도 없이 그저 학원을 다니고 있는 데 위로를 삼는 학생들도 있었습니다. 대학 입시를 앞두고도 긴장하지 못하는 것은 아이들에게도 문제가 있지만 학원비만 지불하고 학원에 보내기만 하면 대학에 갈 수 있을 것이라고 생각하는 학부모들에게도 문제가 있지 않나 하는 생각이 들었습니다. 사실 한창 공부에 집중해야 할 고 2, 3학년 아이들은 통제를 하든 계도를 하든 옆에서 지켜주는 사람이 있을 필요가 있다고 생각합니다. 물론 혼자서도 열심히 공부해서 북경대, 청화대에 우수한 성적으로 입학하는 학생도 있지만, 그렇지 못한 학생들이 많은 게 북경에서 공부하는 입시생들의 현실이었습니다.

저는 아이들이 나태해질 수 있는 이 현실을 이겨 나가도록
하기 위해 아이들에게 수시로 우리가 중국에 온 목적을 강조하
고, 미래의 희망을 위해 순간의 힘듦을 참도록 교육했습니다.
순탄하고 편한 길이라면 젊은이가 도전할 가치조차 없다고 했
지요. 학교에 다녀온 후 힘들어하면 같이 얘기를 나누며 위로
하고, 6개월 후 대학에 합격한 후 갖게 될 기쁨을 마음속에 그
리도록 했습니다.

어느 날 아들이 학원을 다녀와서 저에게 이런 말을 하더군
요. "부모님들이 아이들의 말을 믿고 내버려 두는 것 같다. 학
원에 와서 상담을 하고 출석 여부도 수시로 체크해야 한다"고
요. 아들이 볼 때 다수의 학생들은 아침에 학원에 간다고 집을
나와서는 우따오커우를 방황한다고 합니다. 이렇게 생활한 학
생이 좋은 성적을 받아 대학에 합격할 리 만무하지요.

한국에서 고3 학생을 둔 부모는 죄인이 된다고 합니다. 1년
이 아니라 고교 3년 내내 아이가 힘들어하지 않을까, 방황하지
는 않을까 노심초사하며 아이들의 비위를 맞추며 사는 게 한국
의 부모님입니다. 그렇게 해도 좋은 대학에 간다고 장담하지
못하는데, 중국 대학 입시를 준비하는 학생들은 한국에서 공부
하는 학생들만큼 부모의 사랑을 받지 못하고 있지 않나 하는
아쉬움이 있었습니다.

한국이든 외국이든 학교는 학생들을 위해 우수한 선생님을
초빙하여 최선을 다해 좋은 수업을 제공하고, 좋은 정보를 다

각도로 수집하여 학생들이 불이익을 당하지 않도록 해주어야 합니다. 여기에 부모가 학생들과 함께 지내면서 칭찬도 하고 위로도 하고, 학교에 가서 상담도 하면서 성적에 관심을 가져 준다면 금상첨화가 될 것이라고 믿습니다. 마지막으로 학생이 최선을 다해 공부해줘야 대학에 입학할 수 있겠지요. 이렇게 학생, 학부모, 학교가 삼위일체가 될 때 원하는 목표를 이룰 수 있습니다.

본과 입학 시험과목과 배점

▶ 북경대

계열	시험과목		배점	총점
문과, 이과 공통 어문 150 영어 100 수학 100	어문	작문	60	150
		독해	30	
		문학상식	14	
		한어기초	16	
		듣기	30	
	영어	독해	30	100
		영작	15	
		어음(5) 및 어법(20)	25	
		빈칸 채우기	20	
		틀린 곳 찾기	10	
	수학	객관식	48	100
		주관식 빈칸 채우기	12	
		주관식 서술	40	

문과총점 500 이과 총점 550	문과종합(역사, 개황)	객관식	40	역사100+ 중국개황 50=150
		빈칸 채우기	20	
		서술	40	
		개황	50	
	이과 종합	물리	70	170+중국개황30 =200
		화학	70	
		생물	30	
		중국개황	30	

▶ 청화대

계열	시험과목	배점	총점
문과법학과	어문(한어기초, 문학상식)	100	300
	영어필기	100	
	상식	20	
	작문(800자 작문)	80	
이공계, 관리학과	수학	100	350
	영어	100	
	물리	100	
	화학	50	

영어학과의 경우 영어회화 시험, 건축학과의 경우 소묘가 추가된다.

북경대 입학시험 과목과 출제 방식

2009년 4월 11일 북경대 입시 현장

일반적으로 중국 학교에서는 외국인 특례자를 위하여 전적으로 시험 준비를 해줄 수가 없으므로 학교에서 학원을 추천하는 경우가 있습니다. 북경에 있는 입시학원은 모두 중국 학교 국제부와 연결이 되어 있어 학교 수업과 병행할 수 있습니다.

중국 학교에서는 고1, 2학년 때 선행학습까지 하면서 수업을 진행하다가 고3이 되면 완전히 복습체제로 전환합니다. 성적이 우수한 학생들은 우리나라 수시처럼 수능을 치르지 않고 대학에 가는 경우도 있습니다. 이처럼 중국 학교에서 허락하여 북경의 학원 등에서 수업을 받을 수 있으므로 대학 입시 이후 다시 학교로 돌아가서 졸업하는 데는 문제가 없습니다.

중국 대학 입시과목은 학교에 따라 다소 차이가 있기는 하나, 대체적으로 문과는 어문, 영어, 수학, 역사, 중국개황 등 5과목과 면접을, 이과는 어문, 영어, 수학, 물리, 화학, 생물, 중국개황 등 7과목과 면접을 통해 학생을 선발합니다. 우리 아이들은 다른 학생들에 비해 입시학원 등록이 늦었기 때문에 짧은 시간 내 적응하기 위해서는 각 과목별 출제 수준, 출제 방식 등을 먼저 파악하여 선택적으로 공부를 해야 했습니다. 그래서 학교 선생님과 상담하며 하나하나 체크했습니다.

▶ 어문

중국어 시험은 HSK와는 전혀 다른 형식으로 출제됩니다. 대부분 고사성어 중 틀린 글자 찾아내기라든지, 多音字 구분하기, 동의어·반의어 구분하기, 독해(지문에 나와 있는 단어를 사전적인 의미가 아닌 문장 내에서 내포하는 의미 서술하기), 작문(600자 이상, 주제는 까다로운 편임)이 나옵니다.

본과 한어 시험은 수험생의 어문 이해, 분석 능력 및 어문의 종합 운영 능력을 파악하기 위한 정독과 작문 중심으로 출제됩니다. 정독은 현대한어(백화문)가 주(主)가 되며, 작문은 600자 내외를 요구합니다. 시험문제 중 주관식은 75%, 객관식은 25%

의 비율로 출제됩니다.

한어 지식 및 운용 : 25%,   현대문 정독 : 35%,   작문 : 40%

어문은 150점 만점 중 작문이 60점, 독해가 30점, 듣기 30점, 문학상식 14점, 한어상식 및 기초가 40점이었습니다.

▶ 작문

저는 아이들에게 중국어를 가르칠 때 가장 중요한 것이 '작문'이라고 수없이 강조해 왔습니다. 처음엔 주어·동사·빈어 순으로 쓰는 형식에서 보어를 첨가하는 등 조금씩 조금씩 긴 문장을 쓰도록 했습니다. 그런 다음 고급 단어나 고사성어를 넣어서 작문을 하도록 가르쳤습니다. 작문을 잘하기 위해 일상 생활에서도 중국식으로 사고하며 머릿속에 중국어를 연상하도록 했습니다. 작문의 경우 600자 이상을 써야 하는데, 10글자가 모자라면 1점 감점이 되므로 유의해야 합니다.

독해는 책을 빨리 읽되 한 번 읽고 전체 내용을 파악하는 것이 가장 중요합니다. 이러한 경지에 이르기 위해서는 엄청난 수련이 필요하지요. 초기 중국어 실력이 부족할 때 아이들은 주로 초등학생 교과서나 만화를 어학교재로 사용하여 거의 외웠습니다. 문장을 외우게 되면 독해뿐 아니라 작문, 듣기 등 모든 어학 공부에 도움이 됩니다.

▶ 듣기

듣기는 매일 30분 정도 테이프로 듣기, 쓰기 그리고 수정하기를 하루도 빠짐없이 3개월을 했습니다. 그러더니 귀가 열리기 시작하는 것 같았습니다. 힘들고 엄청난 인내심을 요구하는 공부 방법입니다. 한 문장씩 듣고 들은 만큼 쓰도록 합니다. 물론 처음에는 들리지 않는 말이 너무 많고 잘못 들은 낱말도 무수해서 한 문장을 써도 듬성듬성 중간에 빈칸 투성이지요. 하루, 이틀…… 그리고 한 달의 시간이 지나면서 빈칸이 점차 줄어들고 수개월이 지나면서 거의 문장을 완벽하게 듣게 되었습니다. 지금 생각해도 듣기 공부에 이 방법만큼 확실하게 효과를 볼 수 있는 방법은 없다고 생각합니다. 역시 어학은 고생하는 만큼 실력이 느는 것 같습니다.

▶ 한어 기초

한어 기초는 같은 글자에 여러 개 발음이 있다는 것을 구별해 내는 문제입니다. 중국어 단어에 대한 기본 지식이 부족한 아이들에게는 보통 어려운 것이 아닌 것 같았습니다. 가능한 많은 단어를 발음까지 제대로 암기하는 방법 이외는 지름길이 없는 분야였습니다.

▶ 문학상식

문학상식은 아이들이 가장 어려워했던 분야였습니다. 중국어도 부족한데 문학적 지식까지 익히기에는 아이들에게 주어진 시간이 너무 촉박했습니다. 그래서 문학상식 분야는 과감하게 아는 것만 풀고 모르는 것은 포기하자는 마음을 먹을 수밖에 없었습니다.

학원에서 본격적인 입시 중국어 공부를 시작하기 6개월 전부터 외국인 전형과 시험 방식에 맞도록 작문과 듣기 공부를 시켰던 것이 아이들이 입시공부에 보다 쉽게 적응할 수 있었고 기대 이상의 효과를 볼 수 있었던 것 같습니다.

一. 听力理解(30分)　　　*듣고 답하므로 테이프가 필요한 부분입니다

(一) 选择题(20分, 每小题1分)

> 说明：1-20题，在这部分试题中，你将听到几段对话和讲话。在试卷上，你会看到若干个问题，每个问题都有A，B，C，D四个答案，请你边听边选出唯一正确的答案。每段对话都只念一遍，答案请写在答题纸上。

1-4

1. "姚明队"是些什么人？
   A. 拉拉队员　　　　　　　　　B. 球队队员
   C. 广告商人　　　　　　　　　D. 经营人员

2. 严芳现在的工作是：
   A. 打垒球　　　　　　　　　　B. 当记者
   C. 安排比赛　　　　　　　　　D. 教沙滩排球

3. 一场比赛的收入中, 经纪人要拿：
   A. 约一半　　　　　　　　　　B. 十万元
   C. 几十万元　　　　　　　　　D. 上百万元

4. 这段讲话主要谈的是：
   A. 姚明很懂经济　　　　　　　B. 体育品牌包装
   C. 高校本科教育　　　　　　　D. 一种新的职业

语文试卷(한어기초)

第 I 卷

一. (12分, 每小题3分)

1. 下列词语中加点的字, 读音全都正确的一组是( )
   A. 狙击jū 粗犷kuàng 强劲有力 jìng 瑕瑜互见 jiàn
   B. 创伤 chuàng 择菜 zhái 供认不讳 gong 悄然无声 qiǎo
   C. 行款 háng 丰稔 niǎn 自怨自艾 yì 螳臂当车 dǎng
   D. 泥淖 nào 校正 jiào 量体裁衣liàng 不稂不莠 láng

2. 下列各组词语中, 有两个错别字的一组是( )
   A. 引疚自责 举世瞩目 陈渣泛起 饮鸠止渴
   B. 急功近利 被水一战 集思广益 金榜提名
   C. 山青水秀 执迷不悟 寻死舞弊 觥筹交错
   D. 流恋忘返 姗姗来迟 甘之如饴 恬不知耻

3. 下列各句中, 加点的熟语使用恰当的一句是( )
   A. 王江的 "笨" 是出了名的, 学了三年木匠手艺, 却把一个书
      柜打造得像一个一柜, 真是画虎不成反类犬。
   B. 对于小王的不情之请, 何师傅很不高兴 ; 但为了顾全大局,
      他还是决定去一趟。
   C. 卡尔扎伊不仅要会见中国领导人, 他还会与中国的媒体见
      面, 毕竟日程太紧, 像故宫等名胜只好忍痛割爱, 而长城
      是不能不去的。
   D. 去年, 我们的工业产值和财政收入都有所增加, 但是, 在成
      绩面前, 我们必须保持清醒的头脑, 不可伐功矜能, 止步
      不前。

4. 下列句子中,没有语病的一句是( )

A. 完善的规划、细致的预算、周密的方案让国际展览团考
察团的全体成员深深地感受到了中国上海举办2010年世
博会的严谨作风和科学态度。

B. 肆意编造一些趣闻来迎合部分读者的需要,出版社赚了
钱,可是那些书能起到什么样的社会效果呢?

C. 目下,人们茶余饭后打点闲暇时光的最主要的文化消费形
式,非电视剧莫属。

D. 2008年北京奥林匹克运动会日益临近,北京将把怎样一个
古老而年轻的中国展现在各国人民和运动员面前?对此,
我们充满了期待。

二. (9分, 每小题3分)

阅读下面的文字,完成5-7题。

大剂量服用维生素C能够预防疾病的说法是没有根据的,相反
地,过量服用维生素C会有副作用,例如导致腹泻或增加得肾结石
的风险。

美国化学家鲍林是科学史上罕见的天才,做出了众多重大的科
学发现,曾经两次独享诺贝尔奖。他在晚年突然对医学萌发了兴
趣,创建"正分子医学",鼓吹每天服用大剂量(1克以上)的维生素
C可以预防感冒和癌症。他本人身体力行,每天至少服用12克维
生素C。1994年他以93岁高龄去世,死因恰恰是他想极力预防的癌
症———前列腺癌。

鲍林所提倡的维生素C疗法在主流医学界遭到了毫不留情的批
评,被认为是无稽之谈,视为江湖医术,但是在民间却有众多信奉
者,这当然完全归功于鲍林作为诺贝尔奖获得者的崇高声望。一

般人并没有去深究,鲍林究竟获得的是什么样的诺贝尔奖,仿佛诺贝尔奖的获得者都是无所不知无所不能的神人。事实上,他获得的诺贝尔奖,一个是因为基础化学的研究而得的化学奖,一个是因为从事反核试验活动而得的和平奖,都与生物医学无关。鲍林并没有受过生物、医学方面的专业训练,也没有遵循生物医学研究的学术规范,在这些领域毫无权威性可言。

事实又是如何呢?医学界并没有简单地否定鲍林的观点,一方面指出鲍林及其追随者以证明大剂量维生素C益处的研究经不起推敲,另一方面也设计出更严密的实验进行验证。迄今至少有30个双盲对照实验对大剂量维生素C能否预防感冒进行了验证,结果毫无例外都是否定的:每天大剂量服用维生素C并不能预防感冒。其中,大部分临床实验结果表明,大剂量维生素C不能减轻感冒症状,个别结果表明它能够轻微地减轻感冒症状,但不具有临床价值。

研究大剂量服用维生素C对癌症的 影响的临床实验结果也令人失望。美国梅约医疗中心曾经进行了3项双盲对照实验,发现大剂量维生素C对治疗癌症并无益处。鲍林的学生亚瑟·罗宾逊曾在1973年与鲍林一道创建鲍林医学研究所并任所长,但是他在做动物实验时发现,服用鲍林推荐量的维生素C的老鼠反而更容易患某些癌症。鲍林获悉这个结果后,采取了很不具有科学精神的做法:他将罗宾逊解雇,杀掉实验动物,没收实验数据,销毁实验结果。

5. 下列关于鲍林的说法,不正确的一项是( )

   A. 鲍林是天才式的科学家,两获诺贝尔奖,但在生物医学方面却并非权威。

   B. 鲍林虽然有众多民间信奉者的支持,但还是遭到了主流医学界毫不客气地否定。

   C. 鲍林希望通过身体力行和实验证明维生素C疗法的正确

性,他的死很可能和大量服用维生素C有直接关系。

    D. 鲍林出于良知和羞愧,在　获悉罗宾逊的实验结果后采取了一系列很不具有科学精神的做法。

6. 下列关于维生素C的说法,不正确的一项是( )

    A. 过量服用维生素C会有副作用,例如导致腹泻或增加得肾结石的风险,甚至反而容易患某些癌症。

    B. 3项双盲对照实验证明大剂量服用维生素C对治疗癌症并无益处,甚至反而更容易患某些癌症

    C. 大部分临床实验结果表明,大剂量服用维生素C不能减轻感冒症状,个别临床试验虽能表明它可以减轻感冒症状,但不具有临床价值。

    D. 相信维生素C疗法的人主要是因为盲从了鲍林声望和诺贝尔奖的权威性。

7. 下列理解与表述,符合原文意思的一项是( )

    A. 虽然反对者众,但鲍林所提倡的维生素C疗法毕竟曾为人们预防某些疾病起到过积极作用。

    B. 美国梅约医疗中心先后进行的30个和3项双盲对照试验为驳斥鲍林的观点提供了直接依据。

    C. 从文中我们回发现科学与伪科学较量绝非易事,往往需要多次的实验才能明确结论。

    D. 作者的主要观点是告戒人们不要盲从权威和不要通过服用维生素C来预防某些疾病。

▶ 영어

영어시험에는 문법 구조와 관련한 문제가 많이 출제됩니다. 예를 들어 동명사 구분법 등 고등학교를 무사히 마친 사람이면 한 번 훑어 봐도 그리 어렵지는 않을 듯합니다. 독해 문제 수준은 우리나라 수능보다 약간 어렵습니다. 영어시험 중엔 작문도 있는데 200자 이상 써야 합니다. 그림을 보고 말을 만들어 내는 정도입니다.

영어의 시험 범위는 발음, 어휘, 어법, 읽기의 4개 부분이며 어법과 읽기를 측정하는 데 중점을 두고 있습니다. 시험은 기억과 이해 양 방면을 다 측정하며, 문제 유형은 주관식 35%, 객관식 65%입니다.

엄마의 밀착 코치 : 시험 유형 출제 비율

발음 : 8%,　　어휘 : 12%,　　어법 : 20%,　　읽기 : 30%,　　공간 채우기 : 15%
작문 : 10%,　　번역 : 20%

영어는 중국어와 비슷한 방식으로 공부했습니다. 영어로 말하고 작문하는 데는 기본적 소양을 갖추고 있었기에 작문 문제는 일정 수준의 고득점이 가능했습니다. 하지만 아이들이 구어 위주로 영어를 공부한 탓에 문법에 약점이 있어 높은 성적을 내는 데 걸림돌이 되었습니다. 아이들이 문법 문제를 문법적

지식에 기초하여 풀기보다는 자기들의 입에서 익숙하게 나오는
표현대로 풀다 보니 난이도 높은 문법 문제의 함정을 벗어나지
못하더군요. 문법 실력이 부족한데다 일상적으로 사용하지 않
는 문법적 표현의 중국식 영어(칭글리쉬)에 잘 적응할 수가 없
었던 것 같습니다. 다행히 영작의 점수 비중이 높아 다른 아이
들에 비해 영어공부 시간을 줄일 수 있었습니다. 대신 그 시간
을 다른 과목 공부에 집중할 수 있었습니다.

英语试卷(2007)

本试卷共五个大题, 12页, 总分100分, 考试时间120分钟

一. 单项填空(共20小题；每小题1分, 满分20分)
从A, B, C, D四个选项中, 选出可以填入空白处的最佳选项。

1. The scientist that there would be a rainstorm the next week, and it did happen.
    A. predicted   B. varied
    C. observed   D. debated

2. we move the picture over there? Do you think it'll look better?
    A. What if   B. What about
    C. As long as   D. Until

3. Now that you like the portable personal computer so much, why not buy one?
    A. that expensive   B. a such cheap
    C. that an expensive   D. so a cheap

4. Her dream China has come true at last with the help of her grandfather.
    A. to visit   B. in visiting
    C. visiting   D. of visiting

5. I've visited a lot of places and stayed in lots of different
   hotels, but none of them this one.
   A. makes   B. beats
   C. compares   D. matches

6. Tom the girl that he four years ago.
   A. married; engaged
   B. was married to; was engaged
   C. has been married to; was engaged to
   D. married with; was engaged in

7. All the money he had has been, so he had to make a
   living by begging.
   A. used up   B. taken up
   C. stayed up   D. brought up

二. 完形填空(共20小题；每小题1分, 满分20分)

   阅读下面短文, 掌握其大意, 然后从21-40各题所给的A, B, C, D
四个选项中, 选出最佳选项。

   "I couldn't survive(生存)withoutmusic," says fifteen-year-old
Steve. In the morning ,Steve wakes up to his favorite 21
radio station. He listens to rock on the radio while he eats
his 22. He puts on his personal stereo before he leaves the
house and 23 cassette player on the bus to school.
   "Last week I put my headphones on in the math 24."

admits Steve. "The teacher was really 25. She took my headphones away and I couldn't use them for a week. It was 26." At home Steve does his homework to music-loud music.

"My mother 27 shouts 'Turn it down!'" says Steve. "She can't 28 how I can work with music on, but music 29 me to fix my attention upon my studies." Steve would like to make music himself. "I'm learning to play the guitar. 30, it doesn't sound too good at the 31. But I'm going to keep 32!" For 33 like Steve, music is a very important part of 34.Music is social; is brings people together at discos, parties and concerts. Fast, 35 music is full of energy; it helps people to 36 their problems and have 37. Music talks about love, freedom and imagination. There are always new songs and new styles.

38 Steve's mother agrees that music brings some problems. "Steve is a sensible boy," she says. "I don't think he would ever take drugs hearing rock. But I 39 worry about his hearing with all that loud music. And it 40 me crazy!"

21.
   A. English   B. news
   C. information   D. music

22.
   A. breakfast   B. lunch
   C. supper   D. dinner

23.

    A. carries   B. looks at

    C. listens   D. borrows

24.

    A. text   B. class

    C. lab   D. experiment

25.

    A. excited   B. worried

    C. angry   D. tired

三. 阅读理解(共20小题；每小题1.5分, 满分30分)

　　阅读下列短文, 从每题所给的A, B, C, D四个选项中, 选出最佳选项。

A man survived a plunge(投身入水) over Niagara Falls with only the clothes his back. He was the first person known to have done it without safety equipment and live.

Witnesses described seeing the man float by an Monday in the Niagara River, go head-first over the 54-meter waterfall and then pull himself out of the water onto rocks below. Water rushes over the falls at a rate of 570,000 liters per second.

"He just looked calm. He was just going past so fast. I was in shock really to see a person go by," Brenda McMullen told TV station.

"I saw him disappear over the edge of the falls,"

McMullen's husband, Terry McMullen said. The American tourists took photographs afterwards, showing the man dressed in street clothes, lying on the shoreline at the base of the Canadian Horseshoe Falls.

"The guy just basically jumped in the falls" said witness Diedre Love, who was there with her husband to celebrate their first wedding anniversary.

Only one other person was known to survive a plunge over the Canadian falls without any equipment. That was a seven-year-old boy wearing a life jacket and thrown into the water in a 1960boating accident.

No one has ever survived a trip over the narrower and rockier American falls.

Police would not release(发布)the man's name, nor would they tell why the man went over the falls. He did not appear to have serious injuries as he was led away. He was taken to Greater Niagara General Hospital for treatment.

41. Why did the man jump over the falls?
    A. It is not known from the passage.
    B. He wanted to kill himself
    C. He wanted to find out how deep the water was
    D. He had fall and slipped in the water

42. What's the correct order of the following events?
    a. The man got on a rock below the falls.
    b. The man was taken to a hospital
    c. The man jumped in the falls
    d. Two American tourists took photos of the man

    A. a, b, c, d
    B. c, d, a, b
    C. c, a, d, b
    D. d, c, b, a

43. Why did the writer mention the 7-year-old boy in the
    passage?
    A. To show the man was not the first person to jump
       over the falls.
    B. To prove the man was the first person to jump over
       the falls without safety equipment.
    C. To warn tourists not to go boating over the falls
       without life jackets.
    D. To inform readers that what the man did was of no
       value at all.

44. In this passage the word "witness" probably refers to a
    person.
    A. whose job is taking photos
    B. who likes jumping over falls
    C. who saw the accident
    D. who took the man to hospital

▶ 수학

중국의 수학 기초 지식, 기본 기능, 기본 방법의 이해 정도를 측정하고, 연산능력과 유추능력, 공간상상능력 및 수학지식과 방법 해결능력을 운용할 수 있는지를 묻습니다. 문제 유형은 선택제 47%, 공간 채우기 20%, 해답제 33%로, 문제 난이도는 초급 40%, 중급 40%, 고급 20%로 구성되어 있습니다.

엄마의 밀착 코치 : 시험 유형 출제 비율

대수 : 50%,　삼각 : 20%,　입체기하 : 10%,　평면기하 해석 : 2%

수학은 한국의 고3 수학 능력을 요구하는 정도인데, 문제 풀이 과정까지 답안을 작성하도록 요구합니다. 국제학교 수학 수준이 높지 않았던 데다 칭다오 A중에 다니면서도 들리지 않는 중국어로 수학 공부를 했던 터라 제대로 수학 공부할 기회를 놓친 아이들이었기에 고차원의 미적분과 기하학 문제를 중국어로 풀어내기엔 역부족이었습니다. 그러나 아이들은 끝까지 포기하지 않고 한 문제라도 더 풀기 위해 노력했습니다. 수학시험을 치르지 않는 학과도 있지만 지명도 있는 학교의 인기 학과 시험에는 수학이 시험의 필수 과목입니다. 결국 큰아이는 수학 때문에 북경대 시험에서 고배를 마시는 아쉬움을 남겼습니다.

本試券分第 I 卷(選擇題)和第 II 卷(非選擇題)兩部分. 共100分. 考試時間120分鐘.

2007年度北京大學留學生考試數學試卷

參考公式;

如果事件A,B互斥, 那么P(A+B)=P(A)+P(B)

如果事件A,B相互獨立, 那么$P(A \cdot B)=P(A) \cdot P(B)$

如果事件A在一次試驗中發生的概率是p, 那么n次獨立重複試驗中恰好發生k次的概率.

$$P_n(k)=C_n^k \, p^k \, (1-p)^{n-k}$$

第 I 卷(選擇題 共36分)

一. 選擇題(本大題共12小題, 每小題3分, 共36分. 在每小題給出的四個選項中, 只有一項是符合 題目要求的)

1. 已知集合$S=\left\{(x,y)|x-y=1 \right\}$, $T=\left\{(x,y)|x+y=3 \right\}$, 那么$S \cap T$爲

   A. $x=2, \ y=1$

   B. $\left\{(2,1)\right\}$

   C. $\left\{2,1 \right\}$

   D. $(2,1)$

2. "$m=\dfrac{1}{2}$"是"直線$(m+2)x+3my+1=0$與直線

(m-2)x+(m+2)y-3=0相互垂直"的

A. 充分必要條件

B. 充分而不必要條件

C. 必要而不充分條件

D. 既不充分也不必要條件

3. y= sqrt { 2x-x^2}(1 LEQ x LEQ2)的反函數是

A. y=1- sqrt { 1-x^2}(-1 LEQ x LEQ1)

B. y=1- sqrt { 1-x^2}(0 LEQ x LEQ1)

C. y=1+ sqrt { 1-x^2}(-1 LEQ x LEQ1)

D. y=1+sqrt { 1-x^2}(0 LEQ x LEQ1)

4. (理)已知m over{1+i}=1-n i, 其中m,n是實數, 是m+n i等于

A. 1+2i   B. 1-2i   C. 2+i   D. 2-i

(文)函數y=sinx+sqrt3 cosx的週期爲

A. pi over2   B. pi   C. 2pi   D. 4pi

5. 在檢查産品尺寸過程中, 將其尺寸分成若干組, [a,b]是其中一組, 抽查出的個體在該組上頻率爲

m, 該組上的直方圖的高爲h, 則 | a-b | 等于

A. hm   B. m over h   C. h over m   D. h+m

6. 在正四面體S-ABC中, E,F分別是bar SC, ``bar AB的中點, 則 直線dyad EF與dyad SA所成的角爲

A. 90DEG   B. 60DEG

C. 45DEG   D. 30DEG

13. 在等比數列$\left\{a_n\right\}$中,已知$a_1 + a_2 + a_3 = 1$, $a_4 + a_5 + a_6 = -2$,則該數列前15項的和$S_{15} =$

14. 在$(1-x)^6(1+x+x^2)$的展開式中, x^3的係數是.(用數字作答)

15. $f(x)= \begin{cases} 2x+a~~&(x \leq 2) \\ \log_2 x&(x > 2) \end{cases}$, 若$\lim_{x \to 2}\{f(x)\}$存在, 則常數$a=$

16. 下列四個命題:
    ① 在空間, 存在無數個點到三角形各邊的距離相等;
    ② 在空間, 存在無數個點到長方形各邊的距離相等;
    ③ 在空間, 既存在到長方體各頂點距離相等的點, 又存在到牠的各個面距離相等的點;
    ④ 在空間, 既存在到四面體各頂點距離相等的點, 又存在到牠的各個面距離相等的點.
    其中眞命題的序號是.(寫出所有眞命題的序號)

▶ 역사

역사는 중국 현지 고등학생들이 보는 역사책을 가지고 공부하면 되는데 학교에서 지정해 줍니다. 중국사는 고대, 근대, 현대로 나누고, 세계사는 근대, 현대로 나누어 출제됩니다. 객관식은 한 문제당 1점씩 총 60점이고, 주관식은 40점입니다. 굉장히 자세하게 나오기 때문에 연도까지 달달 외워야 합니다. 주관식의 경우 예를 들어 '반초의 서역기행에 대해 쓰라'와 같이 나오면 원인, 경과, 결과, 영향 등 짜임새 있게 글을 쓰면 아주 좋습니다.

중국에는 각기 6개 부문의 역사책이 구별되어 출판되고 있으며, 명사, 외국의 지명, 인물, 역사적 사건들을 모두 중국화시켜 사용하고 있습니다. 중국사 중에서 경제, 문화 중심으로 문제가 출제되며, 될 수 있으면 연도나 사람 이름 등을 정확히 외워두는 것이 유리합니다. 주관식 문제도 정확히 외워 두는 것이 좋습니다. 이야기 중국사 같은 책을 미리 봐두는 것도 도움이 됩니다.

시험 유형은 주관식 40%, 객관식 60%이며, 문제 출제 형식은 선택형 60%, 명사 선택 또는 단답형 20%, 문답형(서술형) 20%로 구성되어 있습니다.

중국 고대사 : 30%　　중국 근현대사 : 30%　　세계 고대사 : 10%
세계 근대사 : 15%　　세계 현대사 : 15%

历 史 试 题

(说明：本试卷满分100分,时间120分钟,所有答案都要写在答题纸上,否则不予记分。)

一. 单项选择(每题1分,共40分)

1. 孔子对中国古代教育最主要的贡献是
    A. 因材施教的教育方法
    B. 有教无类的教育思想
    C. 编订整理儒家 "五经"
    D. 温故知新的学习方法

2. 秦汉时期,通过陆上丝绸之路和海上之路,中华文明都可以传
    播的地区是
    A. 巴尔干半岛　　　　　　　B. 印度半岛
    C. 地中海东岸　　　　　　　D. 非洲沿岸

3. 王安石变法中限制大商人对市场的控制,有利于稳定物价和商
    品交流的是
    A. 青苗法　　　　　　　　　B. 募役法
    C. 方田均税法　　　　　　　D. 市易法

4. 下列关于古代中非关系的叙述不正确的是
    A. 隋唐时向西经路上丝绸之路可以通往欧非许多国家
    B. 郑和下西洋最远到达红海沿岸和非洲东海岸
    C. 甘英是中国最早访问过非洲的使者
    D. 造纸术经阿拉伯逐步传到非洲

5. 中国现存最早、最完整的农书《齐民要术》的作家是
　　A. 徐光启　　　　　　　　　B. 贾思勰
　　C. 郭守敬　　　　　　　　　D. 宋应星

6. 中国历史上规模最大,历时最久的外交活动是
　　A. 张骞出使西域　　　　　　B. 甘英出使大秦
　　C. 玄奘西游　　　　　　　　D. 郑和下西洋

〈개황 2007년 기출문제〉

中　国　概　况　试　题(2007)
(文科,满分　100分)

一. 填空(每空　0.5分, 共10分)

　　1. 中国的四大淡水湖：( )、( )、( )、( )。
　　2. 人民政协的主要作用：( )、( )、( )。
　　3. 中国主要传统节日：( )、( )、( )、( )、( )。
　　4. 中国古代三大医书：( )、( )、( )。
　　5. 中国茶分为五大类：( )、( )、( )、( )、( )。

二. 从括号中选择正确的答案(20分)

1. 以下观点是谁提出来的？(孔子、荀子、孟子、老子、孙子、
　　韩非子、董仲舒)(5分)
　　人定胜天：
　　为而治：
　　温故知新：

仁政说：

己所不欲,勿施于人：

2. 以下分别是哪个少数民族的节日？(彝族、蒙古族、傣族、回
   族、维吾尔族、藏族、哈萨克族)5分
   泼水节：
   那达慕大会：
   火把节：
   藏历年：
   古尔邦节：

3. 以下各省的省会分别是哪个城市？(长沙、南昌、南宁、昆
   明、西宁、武汉、济南)(5分)
   青海省：
   山东省：
   云南省：
   江西省：
   湖南省：

4. 以下名胜古迹分别属于哪个省？(安慰、江苏、浙江、河南、
   山西、河北)(5分)
   少林寺：
   六合塔：
   云岗石窟：
   拙政园：
   黄山：

1. 中国各级人民代表大会产生的形式：
   A. 间接选举
   B. 直接选举
   C. 直接选举与间接选举

2. 中国的政党制度是：
   A. 一党制
   B. 多党制
   C. 一党领导下的多党合作制

3. 中国人口最多和最少的少数民族分别是：
   A. 壮族与赫哲族
   B. 满族与珞巴族
   C. 壮族与珞巴族

4. 通常被喻为 "中华民族摇篮" 的河流是：
   A. 长江
   B. 黄河
   C. 海河

5. 中国最大的平原是：
   A. 长江中下游平原
   B. 华北平原
   C. 东北平原

청화대 입학시험 과목

▶ 수학

① 방정식, 부등식
② 함수, 역함수, 지수함수, 대수함수, 삼각함수, 반 삼각 함수
③ 이항식 정리, 조합배열, 수열, 극한
④ 기하 평면 해석 : 직선, 원, 타원, 쌍곡선, 포물선, 극좌표, 매개변수, 방정식

▶ 물리

① 역학 : 등속직선운동, 자유낙하운동과 등속원주율운동, 힘의 합성과 분해, 뉴턴의 운동 법칙, 운동량과 운동량보존, 운동량과 기계량 보존
② 기계전동과 기계파 : 단현 운동, 단진파
③ 열학 : 기체의 상태 매개변수, 이상기체의 상태방정식
④ 전자학 : 정전장, 직류전로, 자기장, 전자반응
⑤ 광(光)학과 원자물리학 : 빛의 반사와 굴절, 전반사, 렌즈 (lens) 및 상성, 보어의 원자모형, 방사성동위원소

▶ 화학

① 화학 기본 개념과 원리 : 원자구조, 원소주기율, 물질량, 전
　해질 용액, 산화와 환원
② 원소 화합물의 이해 : 염기성 원소계열(할로겐), 산성 원소계
　열, 질소 원소계열, 알칼리 금속, 철(Fe), 구리(Cu), 알루미
　늄(Al), 유기 화합물

논술 점수 올리기 비법

　외국인 학생들이 중국 대학 특별전형을 준비하려면 시험 출
제 방식에 대한 이해는 기본이겠지요. 간략히 얘기해서 중국
대학의 시험 출제방식은 약 30% 정도가 4지 선다형의 객관식
문제이며 20%는 단답형, 50%는 논술형 문제로 이루어집니다.
　4지 선다형이나 단답형은 정답이 분명하지만, 논술형은 주어
진 주제에 대해 자신이 가진 지식과 논리적 사고력을 총동원해
야 하는 문제입니다. 당연히 채점 시 출제자의 주관적 판단이
나 정서가 크게 개입될 수 있는 것이지요. 그래서 논술 문제
준비에 많은 시간을 투자해야 합니다. 중국어 작문 능력을 높
이기 위한 노력도 끊임없이 계속되어야 합니다. 다행스러웠던
것은 중국 내 각 입시학원들은 그간의 논술시험 문제를 유형별
로 정리해 두고 있었고, 아이들은 출제되었던 논술 문제들을

기초로 답안을 쓰는 연습을 할 수 있었다는 것입니다.

논술 시험이 어떤 식으로 출제되고, 유형별로 어떤 답안이 가장 높은 점수를 받는지 등에 대한 사전 지식 없이 논술 공부를 하였다면 힘들었을 것으로 생각됩니다. 그런 의미에서 먼저 시험을 치른 선배들의 경험이 중요했습니다. 하지만 그러한 선배들의 경험을 직접 전수받을 수 없는 상황이었기에 학원에서의 공부가 큰 도움이 되었던 것 같습니다.

논술 시험을 위해서는 빨리 출제자의 의도를 파악하고, 짧은 시간 내 정제된 용어로 자신의 생각을 표현해 내는 능력과 기술이 필요합니다. 일요일엔 중국 선생님을 집으로 모셔 아이들이 작문을 집중 연습할 수 있도록 했습니다. 아이들이 하나의 주제에 작문을 해 두면 선생님이 잘못된 중국어 표현을 수정해 주고, 지나친 논리적 비약이 있는 문장에 대해서는 적절한 표현 방법도 지도해주었습니다. 이를 통해 자신의 뜻을 중국어 문장으로 표현해 내는 능력을 키웠습니다.

논술형 문제가 채점자의 주관적 판단이 개입될 수 있기 때문에 한자를 잘 쓰는 것도 매우 중요합니다. 글씨를 쓰는 것은 개인적 재능에 따라 차이가 많을 수 있습니다. 글씨를 잘 쓰는 것이 매우 중요하지만, 글씨 자체에는 재능이 부족하더라도 정성스럽게 쓴다면 보다 높은 점수를 획득할 수 있겠지요. 사실 둘째 아이는 글씨를 잘 쓰는 편에 속하지 못하고, 글씨를 쓰는 속도도 느려 논술 시험에 많은 핸디캡을 가지고 있었습니다. 꾸준한 연습과 정성을 통해 글씨 못 쓰는 핸디캡을 다소 극복할 수 있지 않았나 생각합니다.

중국의 대학 입시에서 논술의 중요성이 크게 강조되므로, 중국 학생들은 초등학교 시절부터 논리적인 글을 잘 쓸 수 있도록 시험을 치르며 훈련을 합니다. 사실 중국에서는 논술을 잘하지 못하면 고교 졸업을 하기도 힘들다고 합니다.

한국 학생들은 대부분 작문에 취약합니다. 시험에 자주 나오는 주요 내용을 그대로 믿지 말고 독서에 힘쓰라고 말해주고 싶습니다.

HSK 준비-중국어 실력 배양이 우선, 요령은 다음

외국어를 공부할 경우에는 외국어 실력에 대해 객관적인 평가를 해주는 제도권 안의 시험이 중요합니다. 대학 입시를 준비하든 일반 회사에 채용 원서를 제출하든 외국어 실력은 공식적인 시험 결과에 따라 평가를 받게 됩니다. 아시다시피 중국에는 중국 정부가 인정하는 HSK(漢語水平考試)라는 시험제도가 있습니다. 중국에서 대학 입시를 위해서는 HSK 성적을 필수적으로 요구합니다. 대학 입시를 준비하는 학생들은 각 대학에서 주문하는 성적 이상의 HSK 성적표를 필히 가지고 있다고 볼 수 있습니다. 그 정도의 중국어 실력도 갖추지 못해서는 대학에 들어갈 수도 없고, 요행히 들어간다고 해도 학교 수업을 따라갈 수가 없지요.

말을 잘하는 것과 시험을 잘 치르는 것은 조금 다른 듯합니다. 시험을 잘 치르기 위해서는 그 시험에 적합한 테크닉을 공부해야 합니다. 그렇지만 중국어를 제대로 이해도 하기 전부터 HSK 위주로 공부하는 것은 절대 금물이라고 생각합니다. 시험 점수가 중요하지만 그래도 외국어란 소통이 먼저지요. HSK 시험 요령만 열심히 익히면 중국어를 읽지 못하고 말하지는 못해도 초중급 HSK의 독해나 문법 문제 등에서는 좋은 점수를 받을 수도 있습니다. 하지만 그렇게 해서는 제대로 중국어를 할 수 없다고 믿습니다. 어떤 학원 원장선생님은 저희 아이들이 본격적으로 중국어를 시작한 지 한 달밖에 안 됐는데, HSK를 준비하라고 권유한 적이 있었습니다. 저는 그분의 말씀을 과감히 무시하고 그 학원을 떠났습니다.

HSK를 쉽게 이해하자면 주부가 음식을 만드는 데 냉장고에 많은 재료가 있으면 자신이 원하는 대로 음식을 만들 수 있는 것과 같습니다. 재료가 많으면 어떤 음식이든 만들어 낼 수 있는 것 아닐까요. 저는 HSK를 잘 보기 위한 냉장고 안 재료는 어휘력이라고 생각합니다. 그리고 어휘력은 각 단어 하나하나를 익혀서 되는 것이 아니고 문장 속에서 기억되고 적합한 표현이 가능할 때 유창한 중국어의 재료가 될 수 있다고 생각합니다.

그래서 아이들에게 무엇보다도 먼저 어휘와 작문능력을 갖추도록 이 부분에 역점을 두었습니다. 적어도 3,000개 이상의 어휘력과 기본적인 작문 실력을 갖춘 후 유형을 연습하면 초중급

HSK 성적표는 무난할 것이라는 자신감을 갖고 있었습니다.

HSK는 어법, 듣기, 독해, 종합(말하기 포함) 등 네 가지 분야의 중국어 능력을 측정하는데, 어느 한 방면의 점수가 낮으면 다른 점수가 아무리 높아도 높은 등급의 성적표를 받을 수가 없습니다. 모든 분야를 고르게 잘해야 원하는 성적을 얻을 수 있습니다. 아이들이 중국에 와서 중국어를 공부한 지 1년여 시간이 지난 다음, 대학시험을 준비하기 전에 HSK 시험을 치러야 했기에 어법과 듣기, 독해, 종합 선생님을 각각 초빙하였습니다. 중급은 한 달 동안 일주일에 2번 이상 시험 유형에 대한 연습을 하였습니다. 고급은 두 달 동안 일주일에 4번 정도 유형 연습을 하였습니다. 그 결과 2007년 4월에는 6급, 2007년 10월에는 9급을 받아 첫 번째 시험에서 대학 입시에 필요한 성적표를 훨씬 뛰어넘는 우수한 성적표를 받을 수 있었습니다.

비록 초중급 HSK 시험에는 작문이 없지만 HSK 고급시험에는 작문이 포함됩니다. 아이들은 초중급 HSK 유형을 공부하면서도 꾸준히 작문에 정성을 쏟아 연습을 했습니다. HSK를 가르치는 선생님이 작문을 잘 가르치지 못해 작문 선생님을 별도로 초빙했습니다. 작문 선생님은 아이들에게 매주 2개씩 주제를 주고 800자 원고지에 작문을 하도록 숙제를 냈습니다. 그렇게 아이들이 제출한 작문을 보면서 수정해주고 올바른 표현법을 제시해 주는 방법이 유효했던 것 같습니다. 작문은 대학에 들어가기 위해서든, 대학에 들어가서든 반드시 필요한 능력인만큼 꾸준한 노력이 필요하다고 봅니다.

여기서 중요한 것은 꼭 작문을 위해 별도의 과외를 해야 하는가의 문제입니다. 작문을 전문적으로 배우지 않을 경우 표현 면에서 한국식 표현을 하는 경우가 수시로 발생할 수 있습니다. 한국식 표현으로 중국어를 작문했을 때 시험 점수가 잘 나오지 않는 것은 당연한 일입니다. 문장 능력이 곧 말하기 능력과 직결된다는 점에서 진정한 중국식의 중국어를 구사하기 위해서라도 작문에 대한 전문적 교육은 꼭 필요하다고 생각합니다. 하나의 팁을 더 말씀드리면 올바른 작문을 연습하는 것은 아이들에게 중국식 사고를 할 수 있도록 도와주고, 그 생각을 중국식으로 표현할 수 있도록 하는 연습이라고 할 수 있습니다. 그래서 작문 선생님은 수강료가 조금 비싸더라도 잘 가르친다는 명성이 있는 선생님을 찾아야 합니다.

이렇게 한 작문 연습은 아이들이 초중급 HSK를 치르고 곧바로 치른 고급 HSK에서도 좋은 성적을 얻을 수 있게 한 비결이었던 것 같습니다. 고급 HSK 시험의 작문이 바로 그동안 아이들이 꾸준히 연습해 왔던, 주제를 주고 자신의 의견을 논리적으로 표현하는 방식이었으니까요.

멀고 먼 입시생활의 여정

▶입시학원 1개월째 – 희망을 위한 비상사태 기간 선포

비상사태 기간에는 잠도 친구도 오락도 없이 오직 전투준비 자세를 취하는 것이 목적이다, 라는 생각으로 수업을 듣기 시작했습니다. 벙어리로 중국에서 생활한 지 거의 5년 만에 한국 학생들과 수업을 하는 곳이었습니다. 재수, 삼수하는 학생들도 많았고, 대부분 중국에서 생활한 지 평균 4~5년 정도 된 학생들이었습니다. 매일매일 어문, 영어, 수학, 역사, 개황을 공부했고, 오후 6시부터 11시까지 자습시간을 가졌습니다. 매월 시험을 쳐서 분반수업을 실시했는데 시험을 잘 치면 고급반으로, 못 치면 아래 반으로 떨어졌습니다. 아이들은 아직 시험에도 익숙지 않았지만 학원시험에서 성적이 떨어지면 자존심이 상해 열심히 하지 않을 수 없었지요. 북경대 준비반 중 가장 하위권 반에서 수업을 했습니다.

하지만 곧 첫 달 성적에서 똑같이 좋은 성적이 나왔습니다. 칭다오에서 틈틈이 공부했던 개황과 역사에서 성적이 좋게 나왔습니다. 한 달 만에 그 한 단계 윗반으로 올라가는 기염을 토했습니다. 집에 성적 그래프를 그리고 북경대학 합격 통지서를 만들어 놓고 아침저녁으로 희망을 불어넣기 시작했습니다.

아침 8시에 학원에 가면 저녁 11시 30분에 집으로 귀가를 했습니다. 성적이 나오면 원장선생님은 물론이고 각 담임선생님께 무엇이 문제인지, 보충교재로 어떤 부분을 공부하면 다음 달 성적이 5점 이상 올라갈 수 있는지를 상담 받았습니다.

계속해서 한 달에 한 번씩 유학원을 찾아다니며 유학생에게 필요한 다른 정보 검색도 게을리 하지 않았습니다. 유학생활을 앞으로도 몇 년 더 해야 할 우리 입장에서 유학원은 멀리해서도 안 되고 너무 가까이 해서도 안 되는 곳이었지요.

입시학원 3개월째

매월 분반시험에서 차근히 한 반씩 따라 올라갔습니다. 성적 향상이 주는 자신감은 무엇보다 바꿀 수 없는 기쁨이고, 하나의 활력소가 되어 하루라도 게을리 할 수 없게 만드는 청량제 역할을 했습니다.

가장 어려운 것이 어문과 수학이었습니다. 어문 성적은 150점 만점에 100점대였는데 더 이상 올리는 것이 한계에 왔습니다. 처음 예상했던 대로 듣기 시험에서는 거의 만점을 받고, 작문은 80% 정도, 어문 기초에서 50% 정도의 성과를 올렸습니다.

수학에서는 거의 바닥을 기는 수준이었습니다. 과외로 초등4, 5, 6학년 중에서 1, 2, 3교과서를 배우고 고등학교 교과서도 배웠지만 역시 어문 실력이 부족한 탓에 힘들어했습니다. 특히 딸은 수학 과목을 좋아하지도 않았으므로 더욱 힘들어했습니다. 하지만 고지가 저기인데 여기서 그만둘 수는 없었습니다.

고비-시험 막바지 1달 전

우리나라와 달리 꽃피는 봄에 입시시험을 준비해야 해서 봄을 느낄 경황도 없었습니다. 3월 초에 원서를 내고 초조하게 하루하루를 보냈습니다. 모든 학생들이 예민해 있었습니다. 시험 준비에 스트레스도 쌓여갔습니다. 포기하는 학생들이 하나둘 보이기 시작했습니다. 모의고사를 치르지 않고 북경대 입학하는 것을 보여주겠다는 학생, 지각이나 결석을 하는 학생이 늘어났고, 과목에 따라 시험을 거부하는 학생도 있었지요. 마지막으로 학생 스스로 자신을 다독거리며 공부하는 마음가짐과 부모의 관심이 필요한 때였다는 생각이 들었습니다.

기타 HSK 관련 정보

HSK란 무엇인가요?

▶ HSK(汉语水平考试, 중국어 능력검정시험)는 한어 수준 시험으로, 2년에 한 번씩 시험을 쳐야 중국어 능력을 검증받습니다. 요즘은 학교를 진학하는 데는 HSK를 치르지만 취직을 하는 데는 bct(business chines test)도 치르는 회사가 있습니다. 영어를 예로 들자면 토플과 토익의 차이라고 할 수 있습니다.

HSK는 정해진 시험유형이 있다고 하는데요, 시험 요령이 있다면 알려주세요.

▶ 많은 사람들이 중국어를 배우기 시작하면서 HSK를 준비하는데 이것은 잘못된 것입니다. HSK를 치려면 적어도 중국어 단어를 3,000개 정도는 알고 있어야 시험을 치를 수 있는데 어휘력이 뒷받침 되지 않은 상태로 HSK 시험유형을 배운다는 것은 어불성설이라고 할 수 있습니다. 이제 HSK는 2010년에 새로 개정되어 어법보다는 듣기, 말하기, 작문에 중점을 두어 문제가 출제됩니다. 따라서 기본적인 중국어 기초가 잡혀 있지 않으면 매번 바뀌는 시험유형에 적응하기 어렵습니다.

HSK 공부는 어떻게 시작하는 게 좋을까요?

▶ 중국어 회화 책이나 초·중급 책을 볼 수 있게 되면 HSK 문제유형을 연습합니다. 우리 아이들 같은 경우에는 고등학교 수업을 하면서 집에서 한 달 정도 하루에 2시간씩 연습을 하니 무난히 중급은 받을 수 있게 되었습니다. 이 모든 기초가 받아쓰기였다라고 해도 과언이 아닐 만큼 들으면서 받아쓰기 하는 것은 중요합니다. 고급은 여기에 말하기와 작문이 더 들어갑니다.

HSK의 과외 선생님은 어떻게 선택하나요?

▶ HSK의 과외 선생님을 선택하는 데도 전문가가 필요했습니다. 어떤 선생님은 어법과 독해 위주였고, 어떤 선생님은 듣기와 종합 위주였습니

다. 일단은 선생님께 무엇을 제일 잘 가르칠 수 있냐고 문의를 하고
난 뒤 아이들과 수업을 시작하였습니다. 수업 시작 이후 아이들이 선
생님을 더 잘 알며 선생님의 특징도 더 잘 꼬집어 내었습니다.

HSK 수업료는 어느 정도인가요?

▶ HSK 수업료는 일반 수업료보다 조금 높았습니다. 일반 학원에서 주5
일 두 시간씩 수업 받는 데 500위안이라면 HSK는 800위안이었습니다.
그러니 일반 과외에서도 시간당 20~40위안 정도가 더 높았습니다. 현
재도 일반 학원비부터 시작하여 자격증을 획득하는 것으로 HSK의 수
업료는 비싸므로 기초를 충분히 다진 다음 시험을 준비하는 것이 좋을
것으로 생각됩니다.

　일반 중·고등학교 수업을 따라갈 수 있다면 굳이 HSK학원은 다니
지 않아도 좋을 것 같습니다.

07

멘토를 찾아라

현실적 인물을 통한 배움의 시간을 갖자

아이들에게 공부에만 전력질주하게 하면 지칠 수 있습니다. 아이들의 상황에 맞추어 꿈을 현실화시키기 위해 칭다오에 머무는 동안 이곳저곳을 수소문하여 북경대, 청화대에 입학한 한국 학생들을 찾아내었습니다. 그리고 아이들과 함께 만나 식사를 하면서 입시공부의 경험담과 대학생활의 낭만도 듣도록 해주었습니다. 아이들은 선배들을 부러워하였고 그 선배와 같은 자리에 서기 위해 어떻게 해야 하는지 스스로 느끼게 되었습니다. 북경대, 청화대 등 중국 최고의 대학을 졸업하고 우리나라에서 그리고 중국에서 자리매김을 톡톡히 하고 있는 선배들을 만났을 때 아이들의 눈은 빛났고 또 그렇게 되기 위해 노력하는 것 같았습니다.

좋은 스승을 만나서 길을 걸을 때 가고자 하는 길을 좀 더 정확하고 빨리 갈 수 있다고 하지요. 좋은 스승을 만나기란 너무 힘이 들고, 또 찾기도 힘들고, 만난다고 하더라도 인연을 맺는 것도 힘듭니다. 하지만 어렵더라도 그 좋은 스승을 찾아나선 이유는 꿈의 시각화, 즉 아이들이 원하는 인물을 만나 더 꿈을 이루는 데 더 간절해지도록 하기 위함이었습니다. 그러한 사람을 만나기 위해 아침마다 기도하며 인터넷 서핑을 통해 멘토 찾기에 온 힘을 쏟았습니다. 존경하는 인물은 영원히 마음속으로 따를 수 있는 훌륭한 인물이라서 변함이 없지만, 멘토는 내가 원하는 어떤 일을 이루는 데 있어 길을 인도할 수 있는 사람이므로 내가 어떤 일을 원하느냐에 따라 많아질 수도 있다고 생각합니다.

결국 북경대를 졸업하고 현재 성공적인 사회생활을 하고 있는 실존 인물을 찾아 만나게 해주는 것이 가장 좋은 답안이 될 것이라고 생각하고 멘토를 찾았습니다.

87년생 강 모라는 북경대 중문과 졸업생을 찾았습니다. 이 학생은 중학교를 졸업하고 바로 북경대학에 입학하여 우수한 성적으로 졸업했습니다. 현재는 국내에서 어학병으로 근무하다가 3월에 제대를 하고 미국대학원 준비 중입니다. 영어 어학병은 오래 전부터 있었으나 중국어 어학병을 선발한 것은 얼마 되지 않았는데, 별도의 시험을 보아 선발한다고 합니다.

군 복무 중 학생을 만났는데 그 학생은 이렇게 말하더군요. "연꽃이 깨끗한 곳에서 피나요? 의지가 있다면 어디서나 꽃을 피울 수 있습니다. 하지만 그 꽃을 피우기는 쉽지 않습니다."

너무 어린 나이에 대학에 입학하려 하자 처음부터 어려움이 많았던 모양입니다. 북경대에서 몇몇 교수님들이 입학을 반대했는데 성적이 일정 수준에 이르지 못하면 퇴학 조치한다는 전제하에 입학을 시키기로 하였답니다. 대학 입학 후 중국어를 남보다 잘하기 위해 고문(古文)을 두루 섭렵하고, 많은 시간 동안 중국어 공부에 매달렸다고 합니다. 그 결과 어려운 어학병 시험도 가뿐하게 통과할 수 있었다고 합니다.

또한 어린 나이에 다른 친구들보다 빨리 대학을 진학하다 보니 동갑내기 문화를 갖지 못한 데 대한 아쉬움도 큰 듯했습니다. 새로운 길을 가기 위해서는 역경이 따르기 마련이지요. 누구나 똑같은 경험으로 살아갈 수는 없으며 동갑내기 친구가 부족하다고 앞을 향해 나아가는 데는 아무런 문제가 없을 것이라고 생각합니다. 아무튼 앞으로 군복무를 마친 후 미국으로 건너가 부족했던 영어공부를 하면서 석사과정을 마친 후 한국에 돌아와 외무고시시험에 합격하여 멋진 대한민국 외교관이 되겠다고 포부를 말하는 그 학생의 눈빛이 얼마나 선명하고 멋있었는지 모릅니다.

그 학생을 만나고 와서 아들의 눈은 더 빛나기 시작했고, 먼저 경험한 사람을 직접 만남으로써 자신도 할 수 있을 것이라는 자신감을 갖게 되는 것 같았습니다. 강 모 학생에게 감사의 마음을 갖고 있습니다. 서울에 가면 꼭 만나고 싶은 사람 중한 사람이고, 계속해서 연락을 주고받으며 서로에게 힘이 되는 사람으로 기억하고 싶습니다.

아이들이 북경대 시험을 준비하던 그 해에 아이들에게 북경대, 청화대에 합격한 학생들을 가능한 한 많이 만나게 해 주려고 이곳저곳을 수소문하여 찾아다녔습니다. 그 학생들과 함께 식사하며 어떤 식으로 공부를 했는지, 힘이 들 때에는 어떻게 보냈는지를 하나하나씩 문의했던 것이 우리 아이들에게 많은 도움을 주었을 것으로 믿습니다.

딸아이의 멘토로는 청화대 영어과를 다니고 있는 학생이었는데, 그 학생과의 만남과 대화는 딸아이의 진로에 많은 영향을 주었다고 생각이 듭니다. 지금 우리 아이들이 북경대, 청화대에 입학하였으니 멘토의 영향이 얼마나 큰지 새삼 느끼게 됩니다.

오기와 인내심을 가지고 매년 성공담을 찾아서 꿈을 키워라

서울에 있지 않고 청도나 북경에 있어서 멘토를 찾을 때에는 주로 인터넷이나 서점을 이용하였습니다. 대개는 성공학 서적과 긍정적 사고방식이 담긴 책을 가까이 하면서 아이들에게 맞는 성공자를 만날 수가 있습니다. 저는 아침저녁으로 성공자들이 강의하는 오디오북을 듣습니다. 오디오북에서도 많은 멘토를 만날 수 있었습니다.

모든 성공자의 위치가 특수한 케이스였고 그 케이스를 하나가 아닌 한 달에 몇 명씩을 찾아서 아이들에게 비전을 제시하는 것으로 준비하였습니다. 아이들의 꿈이 무엇인지를 알고 그 꿈에 맞게 현실화 되어 있는 인물을 찾기란 쉽지 않은 작업이 었지만 포기하지 않고 매일매일 인터넷 서핑하는 시간을 늘려 서라도 찾으려고 애를 썼습니다.

혹시라도 대학 선배나 인생 선배들을 만나 얘기를 나눌 때 아이들에게 전해줄 만한 사람들의 이야기가 나오면 체크하고 만나게 해달라고 서슴없이 부탁하여 그 선배들과의 만남의 정 도 돈독히 하였지요.

가끔씩은 한국 신문을 한꺼번에 보며 시사와 인물란에 중점 을 두고 스크랩하기도 하였습니다. 위의 강 모 군이나 토익, 토플 시험을 치르지 않고 유엔에 입성한 여학생 등이 소개된 신문기사도 아주 좋은 자료들이었습니다.

세상을 살면서 역경을 이겨내는 인내심이 없으면 그 어떤 것 도 이루어 낼 수 없다고 생각합니다. 설사 이루어 내는 것이 있다 한들 그 열매는 역경 속에서 거둔 것보다 달콤하지 않겠 지요.

인내란 끝까지 포기하지 않는 것이라고 생각합니다. 홍콩 생 활을 마치면서 남편은 한국으로, 저와 아이들은 중국으로 가서 공부를 하려 한다고 하니 남편 동료나 동료 부인들 그 누구도 찬성하지 않았고 힘들 것이라고 얘기했습니다. 심지어 어떤 분 은 애들이 고등학생인데 지금 중국에 가서 좋은 대학에 갈 수 있을까라고 의문을 제기했습니다. 모든 분들이 가보지 않은 길에 대한 불안감으로 가득 차 있었지요. 우리 아이들의 앞날을 걱정해 주신 것임을 모르는 것은 아니지만 제 마음 한구석에는 오기심이 발동했습니다. 나니까 할 수 있고 우리 아들과 딸이니 이루어낼 것이라고…….

막상 시작은 했지만 중도에서 포기하지 않을까 노심초사한 적도 있었습니다. 그래도 그 오기를 가지고 잘할 수 있다는 자신감과 이루어낼 수 있을 것이라는 희망을 가지고 중국유학 생활에 임했습니다. 중국에 온 이후 하루 한시라도 그 생각을 잊은 적이 없었습니다.

반면 홍콩에 계신 남편 동료의 부인들 가운데 좋은 말씀을 해주신 분도 참 많은데, 그중 한 분께서 이렇게 말씀해주셨습니다. "애들 교육비는 아끼지 말고 투자해라. 교육비는 적극적으로 많이 쓸수록 효과가 큰 법"이라고요. 저는 그 말씀을 믿고 실천했습니다. 특히 아이들의 중국어 선생님을 선정하면서 최대한 좋은 선생님을 찾기 위해 노력했습니다. 훌륭한 선생님은 결코 한 가지만 가르치지 않습니다. 훌륭한 선생님들의 경험과 열정은 아이들에게 삶의 지혜가 되고 아이들은 그 지혜를 통해 더 나은 공부 방법을 찾고, 더 알찬 인생을 설계할 줄도 알게 된다고 생각합니다.

그리고 아이들에게 말로써 자극을 주는 것도 중요하지만 항상 정신이 깨어 있을 수 있도록 집 벽면 곳곳에 옛 선인들의 명언들을 붙여두고 보고 또 보게 했습니다. 아래는 아들이 직접 써서 천장과 벽에 붙여둔 명언 가운데 일부입니다.

해야 할 임무를 다하기 위해 일어나야만 한다. 〈아우렐리우스〉
피할 수 없다면 즐겨라.
오늘 걸으면 내일은 뛰어야 한다.
잠을 자면 꿈을 꿀 수 있지만 공부하고 노력하면 꿈을 이룰 수 있다.

08

엄마가 최고의 매니저다

자식을 믿어주는 엄마가 되자

아이들이 칭다오 A중을 다닐 때와 베이징에서 입시학원에 다닐 때 저는 하루에 두 번 이상 아이들에게 칭찬을 해주려고 했습니다. 항상 너를 믿는다, 그리고 네가 내 자식인 것이 자랑스럽다는 엄마의 마음을 전달하려고 노력했습니다. 아이들은 자신을 가장 잘 알고 가까이에서 지켜보는 부모로부터 신뢰를 받을 때 가장 행복해하지 않을까 생각합니다.

칭찬이라는 것도 하다 보면 점점 칭찬할 것이 많아지고, 시기적절하게 칭찬하는 기술도 늘게 마련입니다. 『칭찬은 고래도 춤추게 한다』는 책도 있듯이 칭찬을 먹고 자란 아이가 성공할 확률이 훨씬 높습니다. 하지만 그런 것을 잘 알면서도 자신의 자식에게는 칭찬에 인색한 것이 부모인 것 같습니다. 욕심이 있기 때문이지요. 자기의 자식이 더 잘되기를 바라는 욕심 말입니다. 나무라는 것이 순간적 효과는 있을지 모르지만 칭찬은 아이들 마음속에서 성공의 밑거름이 됩니다.

아이들이 학교생활을 항상 잘해주어 언제나 칭찬하려 노력했지만, 학교를 다닐 때나 학원을 다닐 때 한시도 마음 편한 날이 없었습니다. 노심초사하는 마음으로 학교 선생님을 만나 학습태도 묻는 것을 게을리 하지 않았습니다. 학원 선생님도 마찬가지로 자주 만나 어떻게 하면 학습을 빨리 따라갈 수 있느냐고 수시로 문의를 하며 아이들에게 조금이라도 보탬이 될 수 있는 방법이 있는지 찾아다녔습니다.

수업은 선생님과 학생이 하지만 엄마는 항상 뒤에서 체크하고 숙제관리를 잘할 때 더 큰 효과가 나타난다는 것을 알고 있기에 때로는 귀찮은 생각도 있었지만 끝까지 그 방식을 고수했습니다.

아이가 뭔가를 하고 싶다고 말할 때 처음부터 거절하지 않으려고 노력하며 가능한 끝까지 아이의 말을 듣고자 노력했습니다. 아이의 요구가 잘못된 것이면 거절할 수밖에 없지만 아이에게 상처가 덜 하도록 한 번 더 생각을 했습니다. 어떤 때에는 정말 아닐 때도 있었지만 네가 선택했으니 엄마는 믿고 따라준다고 얘기하고, 다음번엔 한 번 더 생각해보고 하도록 유도를 했지요.

말을 잘하려면 우선 말을 잘 들어줘야 하고, 아이가 원하는 것에 최대한 가깝도록 이해를 해줘야 되겠지요. 많은 책 속에서 아이들과의 대화법을 배웠지만 결코 쉬운 일은 아니었습니

다. 그러나 가장 중요한 것은 아이들이 엄마의 신뢰를 믿을 때
어긋난 길로 나가지 않고 더 열심히 노력하게 된다는 것입니
다.

해이해지면 자기암시를 걸어라

수험생들이 겪는 스트레스와 좌절, 이에 따라 모든 것을 내
팽개쳐 버리고 싶은 자포자기의 유혹은 한국이든 중국이든 마
찬가지인 것 같습니다. 아이들은 매일매일 다람쥐 쳇바퀴 돌
듯 아침 일찍 일어나 학원에 갑니다. 매일 같은 과목에 배웠던
내용을 반복해서 배우고, 저녁 때 집에 돌아오면 녹초가 되지
요. 이렇게 반복되는 생활 속에서 아이들이 겪는 갈등과 스트
레스는 매우 심한 것 같습니다. 유학생들은 한국에서 공부하는
학생들과 달리 또 한 가지 커다란 스트레스를 더 겪어야 하는
데, 바로 자신의 뜻을 자신의 언어로 자유롭게 표현할 수 없는
데 따른 스트레스지요.
저희 아이들도 예외는 아니었습니다. 밤늦게 집으로 돌아와
서도 책을 보다 잠이 들면 아침에 일찍 일어나기란 정말 힘들
지요. 그냥 계속 잠자고 싶은 유혹을 떨치고 일어나는 데는 의
지가 필요합니다. 잠에 대한 유혹뿐만이 아니지요. 남들처럼
마음껏 하고 싶은 것에 빠지고 싶은 유혹, 컴퓨터 게임에 대한
욕구, 친구들과 한없이 대화하며 웃고 싶은 유혹 등. 특히 모

의시험을 치르기 전이나 시험성적이 예상보다 오르지 못했을 때 그러한 유혹은 더 큰 것 같았습니다. 아이들을 깨우면서 때로는 마음 아프고 때로는 화가 나기도 하지만 아침부터 아이들 마음을 상하게 할 수는 없는 것이니 엄마로서는 인내가 필요했습니다. 물론 엄마가 없었다면 아이들 스스로 일어났을 것으로 생각합니다. 그러나 엄마에게 투정 부릴 수 있도록 엄마가 옆에서 살펴주는 것이 아이들에게 조금이나마 스트레스를 줄여줄 수 있었던 것이 아닐까 생각합니다.

〈중국대학 본과 자료〉

청화대학 본과(2009)

신청조건	고졸 이상, HSK 6급 이상, 만 25세 이하
구비서류	입학신청서, 고등학교 졸업증명서/성적증명서, 여권사본, 사진 3장, HSK증서, 추천서 1부
신청기간	인터넷상접수 : 2009년 3월 18일~4월 8일 서류접수 : 2009년 4월 1일~15일(토, 일, 명절휴일 제외)
시험시기	2009년 5월 9일~10일 (구체적인 시간은 수험표 참조)
시험과목	문, 법학과 : 기초한어, 중문작문, 통식, 영어 이과 및 관리학과 : 수학, 물리, 화학, 영어 미술학과 : 소묘, 색채, 크로키 **추가시험 : 건축학－소묘 영어－영어면접 일어－중국어면접 사회과학실험반－수학
개설학과	건축학과, 건축환경 및 설비공정, 토목공정, 공정관리, 수리수전공정, 환경공정(환경공정, 급수배수공정), 기계공정 및 자동화, 제조자동화 및 측공기술(기계공정 및 자동화, 측공기술 및 의기, 미기전시스템공정), 에너지동력계통 및 자동화, 차량공정, 공업공정, 전자정보과학(전자정보공정, 전자과학 및 기술, 미전자학), 컴퓨터과학과 기술, 자동화, 컴퓨터소프트웨어, 전기공정 및 자동화, 고분자재료 및 공정, 재료과학 및 공정, 수리기초과학(수학 및 응용수학, 정보 및 계산과학, 물리학), 화학, 생물과학, 경제 및 금융, 공상관리계열(회계학, 정보관리 및 정보계통), 인문과학실험반(한어언문학, 역사학, 철학), 사회과학실험반(사회학·경제학, 국제정치), 한어언문학, 영어, 일어 법학 , 신문학(신문 및 전파방향), 예술디자인학(염직예술디자인, 의상예술디자인, 도자기예술, 도자기디자인, 평면디자인, 책디자인, 광고디자인, 실내디자인, 경관디자인, 산업디자인, 전시디자인, 교통공구조형디자인, 정보디자인, 동화 및 게임디자인), 조형예술(중국화, 유화, 반화, 벽화, 조각, 금속예술, 漆藝, 유리예술, 섬유예술), 예술사론(예술디자인학, 예술디자인사론, 미술사론)

기숙사	2인실 - ¥40~¥45/일 (화장실공용, 에어컨, TV, 전화) 1인실 - ¥65~¥85/일 (개인화장실, 에어컨, TV, 전화)
학비	등록비 : ¥600 주책비 : ¥180 보험비 : ¥600/년 학 비 : 이공계열 - ¥30, 000/년 경제관리/공공관리/법률/신방 - ¥26, 000/년 기타문과 - ¥24, 000/년 예술학과 - ¥40, 000/년
기타	*2005년부터 검정고시생은 서류접수 불가능. *2005년 500명 지원자중 170명 합격. *2006년부터 모든 전공에 영어시험 추가. *2006년 700명 지원중 200명 합격. ***본과학사학 á학제4년 (건축학전공 5년)***

대외경무대 본과(2009)

신청조건	고졸 이상, 만 18세 이상
구비서류	입학신청서, 졸업증명서, 성적증명서, HSK 3급 이상 증서, 여권 사본, 재정담보서 및 담보인 신분증사본, 사진 3장
신청기간	2009년 4월1일 ~ 5월 31일
시험시기	2009년 6월 13일 : 오전(중국어시험, 30분 듣기 시험 포함), 오후(영어, 수학, 중국역사및 문화지식) 2009년 6월 14일 : 면접
시험과목	필기시험 : 중국어, 영어, 수학, 중국역사및 문화지식 *2006년도부터 '05년도에 폐지되었던 종합(수학, 영어, 중국역사및 문화지식) 시험이 추가되었다.
개설학과	국제경제무역, 경제학(국제운송 및 물류방향), 공상관리, 회계학, 시장마케팅, 법학, 금융학, 국제리스크관리, 전자상무, 국제경무관리, 한어언문학(경무한어방향), 대외한어교학, 상무영어, 국제정치, 행정관리, **금융학원의 금융학은 중문수업과정이고 국제경제무역학원의 금융학은 영문수업과정이다 **

비용	등록비 : ￥660 학비 : 기타전공　　　　　￥24, 800/년 중국어문학 전공　　　　￥23, 200/년
기숙사	0동(匯德公寓)　￥65, ￥70　개인화장실 5동(匯才公寓)　￥35(공용화장실), ￥65/￥70(개인화장실) 6동(匯賓公寓)　￥50(공용주방, 공용화장실) 실내시설 : 전화, TV, 책상, 에어컨, LAN
기타	* 본과 합격자는 입학보증금으로 ￥4000을 납부해야 입학자격이 주어진다. * 예과반 신청시 학비선수금 ￥2000 와 신청비 ￥660 필요하다. * 예과반에서 본과로 입학하기 위해서는 수료후 3차례의 시험을 참가하여 60점 이상이거나 HSK 6급 증서를 제출해야 무시험으로 본과 입학이 가능하다. * 2006년 400여 명의 지원자중 320명 합격. * 2007년 450여 명의 지원자중 300명 합격. * 2008년 400여 명의 지원자중 269명 합격.

북경과기대학 본과(2009)

신청조건	고졸 이상, 만 25세이하, HSK 3급 이상 증서
구비서류	입학신청서, 고등학교 졸업증명서/성적증명서, 여권사본, 사진 3장, HSK증서, 재중담보서
신청기간	~ 6월 30일
시험시기	없음
개설학과	토목 및 환경공정학원－광물자원공정, 토목공정, 환경공정, 건축환경 및 설비공정, 차량공정. 야금(冶金)및 생태공정학원－야금공정, 생태학 재료과학 및 공정학원－재료과학 및 공정, 무기비금속재료관리, 재료화학, 재료성형 및 공제공정, 재료물리 기계공정학원－기계공정 및 자동화, 에너지 및 동력공정, 공업디자인, 공업공정, 예술설계 정보공정학원－기전테스트기술, 통신 및 정보계통, 공제이론 및

	공제공정, 검측기술 및 자동화설치, 계통공정, 샘플식별 및 재능계통, 컴퓨터계통구조, 컴퓨터소프트웨어 및 이론, 컴퓨터응용기술, 신호 및 정보처리, 측정계량기술 및 의기 경제관리학원-국제무역학, 관리과학 및 공정, 금융관리공정, 회계학, 기업관리, 기술경제 및 관리, 공상관리, 여유관리, 산업경제학 응용과학학원-계산수학, 응용수학, 운수학 및 공제론, 녕고체물리, 분석화학, 고체역학, 물리전자학, 응용화학, 화학공정, 무기화학, 유기화학, 물리화학, 고분자화학 및 물리, 화학공예, 기초수학, 계율론 및 수학통계, 이론물리, 생물화학 및 분자생물학, 전로 및 계통, 미전자학 및 고체전자학 문법학원-민상법학, 마르크스주의 기초이론, 고등교육학, 문예학, 과기 및 교육관리, 행정관리, 교육경제 및 관리, 경제법학, 사상정치교육, 사회의학 및 위생사업관리, 사회보장, 토지자원관리, 과학기술철학, 사회학 외국어학원-영어어언문학, 외국언어학 및 응용어언학, 러시아어어언문학, 프랑스어어언문학, 독일어어언언문학, 일본어어언문학, 인도어언문학, 스페인어어언문학, 아라비아어어언문학
비용	신청비 : ￥415 학비 : ￥23, 300/년 보 험 : ￥600
기숙사	2인실 : ￥50/인/일 실내시설 : 화장실, TV, 전화
기타	〈2008년 유학생현황〉 총유학생 : 500명 중 한국유학생 100여 명

북경교통대학 본과(2009)

신청조건	고졸 상당의 학력, HSK 4급 이상, 시독 1년 합격자(시독1년 합격자는 2학년으로 진급)
구비서류	입학신청서, 고등학교 졸업증명서, 성적증명서, 여권사본, 사진 5장, 경제담보서, HSK 4급 증서, 건강증명서.
신청기간	~2009년 5월 31일까지
시험시기	없음.
시험과목	없음.
개설학과	회계학, 회계 및 재무, 건축학, 미술디자인, 기계자동화, 생명공학, 영업관리, 비즈니스 마케팅, 토목 공학, 통신 공학, 컴퓨터 과학, 듀얼 외국어, 경제학, 전기 공학 및 자동화, 전기 정보 공학부, 전자상거래, 전자과학 및 기술, 엔지니어링 관리, 영어, 환경공학, 금융, 재무 관리, 산업공학, 정보 통신 공학, 정보와 컴퓨터 과학, 국제 경제와 무역, 법률과학, 물류관리, 경영관광 학부, 경영공학, 마케팅, 측정 및 제어기술과 악기, 기계공학 및 자동화, 광학정보 과학기술, 소프트웨어 공학, 열에너지 및 전력 공학, 교통 및 교통, 교통공학.
비용	신청비 : ¥500 본과 학비 : ¥22000/년 예과 학비 : ¥20000/년
기숙사	40원~80원/인/일
기타	HSK 4급 없을 경우 예과반에서 1년 수업해야 됨. 3200여 명 유학생 배양 2008년도 총 유학생수 450명 좌우/ 69개 국가

북경대학 본과(2009)

신청자격	만 18~30세, 고등학교 졸업 이상 학력소지자
구비서류	입학신청서, 고등학교 졸업증명서/성적증명서(应届毕业生可先提供预计毕业证明), 여권사본, 여권사진 5장
신청기간	인터넷 신청기간 : 2월26일~3월13일 현장 원서접수기간 : 3월 2일~3월13일 (본인 혹은 대리인을 통해 북경대학에 직접 수속해야 함, 우편 접수는 받지 않음)
시험시기	필기시험 : 2009년 4월 11일~12일 면접 : 추후통보(구체적인 장소와 시간은 수험표 참조)
시험과목	문과/이과 : 영어(만점100점), 수학(만점150점), 어문(만점150점) 면 접 : 생물, 물리, 화학, 중국개황, 역사 등 과목에 대해서는 면접중 실시함.)
개설학과	문과−중국언어문학계 : 중국문학, 한언어학, 고전문헌학, 응용언어학(중문정보처리) 역사학계 : 역사학 철학계 : 철학, 종교학, 철학(과기철학 및 논리계열) 고고문박학원 : 고고학, 박물관학, 문물보호 예술학원 : 예술학, TV/영화 편집감독 광화관리학원 : 금융학, 회계학, 시장마케팅, 인력자원관리 경제학원 : 경제학, 금융학, 국제경제무역, 리스크관리및보험학, 재정학, 환경자원 및 발전경제학 신문전파학원 : 신문학, 광고학, 편집출판학, 광파전시신문학 법학원 : 법학 국제관계학원 : 국제정치, 외교학, 국제정치경제학 정부관리학원 : 정치학 및 행정학, 공공정책학, 도시관리학 사회학계 : 사회학, 사회공작 정보관리계 : 정보관리 및 정보시스템, 도서관학 외국어학원(단독면접) : 영어, 독일어, 불어, 스페인어, 러시아어, 일본어, 한국어, 아랍어, 힌두어, 우르두어, 히브라이어 이과−수학과학학원 : 기초수학 및 응용수학, 통계학, 과학 및 공정계산, 정보과학, 금융수학

	물리학원 : 물리학, 대기과학, 천문학 생명과학학원 : 생물과학, 생물기술 화학 및 분자공정학원 : 화학, 재료화학, 응용화학 지구 및 공간과학학원 : 지질학, 지구화학, 지구물리, 공간과학 및 기술, 지리정보시스템 도시 및 환경학원 : 지리과학, 자원 및 환경지리, 도시 및 구역기획 생태학 환경과학 및 공정학원 : 환경과학, 환경공정 심리학계 : 심리학, 응용심리학 공학원 : 이론 및 응용역학, 공정구조분석, 에너지자원공정 정보과학기술학원 : 계산기과학기술, 전자정보과학기술, 미전자학, 지능과학기술
비용	등록비 : ¥800　학비 : 이과 ¥30,000/년, 문과 ¥26,000/년
기숙사	기숙사 : 약¥20,000/년　식비 : 약¥10,000/년 교통비, 잡비 : 약¥5,000/년
기타	2007년 본과 합격생137명(응시자 800여 명 중) 예과반 수료자 중 79명 합격. 2008년 본과 합격생 132명(생 138명) 예과반 수료자 중 79명 합격.

북경복장학원 본과(2009)

신청조건	고졸 이상, 만 30세 이하, HSK 급수 제한 없음.
구비서류	입학신청서, 최종학력 졸업&학습증명서/성적증명서, 여권사본, 사진5장, HSK증서, 재중담보서
신청기간	~6월 말까지
시험시기	면접
개설학과	복장예술디자인 : 주요 과정－복장효과도, 복장색채, 복식도안, 복장재료학, 외국복장사, 복장조형학, 복장디자인, 복장공예, 민족민간복식, 전통복식수공예 등. 장식예술디자인 : 주요 과정－회화기초, 전공기초, 디자인 등 염직예술디자인 : 주요 과정－소묘, 물분, 중국화, 기초도자, 평면구성, 입체구성, 색채학, 실내디자인기초, 방직품조형디자인 등. 인테리어(裝潢)예술디자인 : 주요 과정－소묘, 색채, 중국화, 기초도안, 평면구성, 입체구성, 포장디자인, 厂音設計, 용기조형디자인, 진열창전시디자인 국제무역 : 주요 과정－경제학, 국제무역, 시장마케팅학, 경제법, 국제금융학, 국제상법, 국제무역실무 등.
비용	신청비 : ￥400 학비 : ￥12, 360/학기
기숙사	2인실 : ￥44/인/일(실내화장실, 전화, TV, 주방, 공용세탁기등)
기타	***편입 안내*** 최고 2학년 1학기까지 편입이 가능하다. 3월 학기는 편입이 안 되고 9월 학기에 편입 신청 가능하다.

북경사범대학 본과(2009)

신청조건	고졸 이상, 만 18~40세 *문과는 HSK 6급 이상, *이과는 HSK 3급 이상
구비서류	입학신청서, 고등학교 졸업증명서/성적증명서, HSK증서, 여권사진4장, 여권사본, 추천서 2부 ***중국에서 전학일 경우 전학증명서 반드시 첨부해야 한다.***
신청기간	~2009년 6월 19일까지
시험시기	대외한어과 편입시험 : 2009년 6월 20일(시험비 250원) 기타 전공시험 혹은 면접은 2009년 6월 21일(정확한 시간은 수험표 위준)
개설학과	대외한어, 중문과, 전파학, 역사학, 철학, 사상정치교육, 사회공작, 법학, 경제학, 공상관리, 국제경제무역, 금융학, 회계학, 교육학, 공공사업관리, 학전교육, 특수교육, 영어, 일어, 영시학(影視學), 음악학, 무도학, 미술학, 예술디자인, 수학 및 응용수학, 통계학, 물리학, 화학, 천문학, 전자정보과학기술, 교육기술학, 생물과학, 생물기술, 심리학, 지리과학, 자원환경 및 도시농촌계획관리, 지리정보시스템, 환경공정, 환경과학, 자원과학공정, 관리과학, 정보관리 및 정보시스템, 인력자원관리, 공공사업관리, 체육교육
학비	신청비 : ¥500 학비 : 문과 ¥24,000/년 이과¥27,700/년
기숙사	기숙사현황(아래 금액은 장기 입주 시 해당) 1. 제1) 2인실 ¥45 〈침대, TV, 책상, 에어컨, 전화, 공동화장실〉 1인실-¥60, ¥70 〈침대, 책상, TV, 에어컨, 전화, 공동화장실, 금고〉 2. 제2) 2인실-¥70, 〈침대, 책상, TV, 에어컨, 전화, 개인화장실, 금고〉 1인실-¥80 3. 제3) 1인실-¥95 〈침대, 책상, TV, 에어컨, 전화, 개인화장실, 금고〉 2인실 ¥85, 95 〈침대, 책상, 에어컨, 전화, 개인화장실〉

기타	고등학교 내신 성적 비중이 높다. 대학생이었던 학생은 대학 학력증서를 함께 첨부하면 유리. 대외한어과와 중문과에 가장 많은 유학생이 있다. 〈2008년 유학생 현황〉 총 지원자 500명 중 402명 합격, 총 유학생 약1900명, 한국 유학생 약1,200명. 〈대외한어과〉 HSK 3급 이상 무시험 입학, HSK 없을 시 입학시험 참가해서 입학 가능, 북사대 어학연수101반과정 수료 후 매 과목이 80점 이상 시 무시험 입학 가능, HSK 없고 정규대학에서 어학연수 300시간 이상 수료한 경우 시독생으로 무시험 입학 가능. 편입 : 최고 2학년 1학기로 편입 가능, HSK 급수 상관없이 대외한어과 혹은 중문과 1년 이상 수료한 경우 학교 자체편입시험(중국어시험)에 참가해서 편입 가능.

2009년 가을학기 본과 모집계획

북경사범대학

　请先登陆http://www.bnulxsh.com/apply进行网上报名，并在报名截止日期前将申请材料寄到外国学者及留学生办公室。留学生办公室在收到材料后尽快为您办理相关手续，请登陆网站查询您的录取状态。

一. 신청자조건

年龄在十八周岁以上、四十岁以下, 高中以上学历, 成绩良
好。

备注 : 年龄在十八周岁以下的申请者, 需提交由北京地区公证
处出具的监护人公证书(原件、三份)。

二. 본과생항목소개

북경사범대학 본과생 전공목록(2009년 가을학기)

학원(계열)	전공	학습기간	수여학위 학위분류	학비 (RMB)/년	HSK요구	입학형식
한어문화학원	대외한어	4년 (편입3년)	문학	24,000	3급	请参考汉语文化学院招生说明
문학원	한어언문학 (중문과)	4년	문학	24,000	6급혹시험	서류전형
	전파학					
역사학원	역사학	4년	역사학	24,000	6급혹시험	서류전형
철학 및 사회 과학학원	철학		철학	24,000	6급	서류전형
	사상정치교육	4년	교육학			
	사회공작		법학			
법학원	법학	4년	법학	24,000	6급혹시험	서류전형
경제 및 공상 관리학원	경제학		경제학	24,000	6급혹시험	서류전형
	공상관리	4년	관리학			
	국제경제무역		경제학			
	금융학		경제학			
교육학원	교육학	4년	교육학	24,000	6급혹시험	서류전형
	공공사업관리					
	학전교육					
	특수교육					
외국언어문학 학원	영어	4년	문학	24,000	6급	전공필기+면접
	일어(零起点)					
예술 및 전매 학원	영시학(含影视与传媒、数字媒体方向)	4년	문학	24,000	6급혹시험	전공필기+면접

학원	전공	학제	계열	학비	어학급수	시험
	음악학(含音乐教育、录音艺术方向)			27,700		
	무도학(含舞蹈教育、舞蹈编导方向)					
	미술학(含书法学、美术学方向)					
	예술디자인					
수학과학학원	수학 및 응용수학	4년	이과	27,700	3급	전공필기
	통계학					
물리학계열	물리학	4년	이과	27,700	3급	전공필기
화학학원	화학	4년	이과	27,700	3급	서류전형
천문학계열	천문학	4년	이과	27,700	3급혹시험	전공면접
정보과학학원	컴퓨터과학기술	4년	이과	27,700	6급	전공면접+전공필기
	전자정보과학기술					
교육기술학원	교육기술학	4년	이과	27,700	6급혹시험	서류전형
생명과학학원	생물과학	4년	이과	27,700	6급혹시험	서류전형
	생물기술					
심리학원	심리학	4년	이과	27,700	6급혹시험	전공면접
지리및 원격탐지과학학원	지리과학	4년	이과	27,700	3급	서류전형
	자원환경 및 도시농촌계획관리					
	지리정보시스템					
환경학원	환경공정	4년	이과	27,700	3급	전공면접
	환경과학					
자원학원	자원과학공정	4년	공학/이과	27,700	3급혹시험	전공면접
관리학원	관리과학	4년	관리학	27,700	3급혹시험	전공면접
	정보관리 및 정보시스템					
	인력자원관리			24,000	6급혹시험	
	공공사업관리					
체육 및 운동학원	체육교육	4년	교육학	24,000	6급혹시험	전공면접+전공필기

以上信息可能会有调整，请以北京师范大学留学生办公室网站
的最新招生专业目录为准。

备注：

汉语水平考试于2009年6月20日(星期六)举行，考试费人民币
250元;

各学院的专业笔试或面试于2009年6月21日(星期日)举行，准确
时间请以准考证为准。

以上信息可能会有调整，请以北京师范大学留学生办公室网站
的最新招生专业目录为准。

本科留学生学制为四年，因故不能及时毕业者可以申请延长，
延长期限最多为二年。提前完成学业的学生可以申请提前毕业，
但在校本科课程的学习时间不得少于三年，且需交齐四年的学
费。

三. 申请时需要交的材料

1.《留学生入学申请表》
2. 高中毕业证明原件(中文或英文);
3. 高中成绩单原件(中文或英文);
4. HSK证书及成绩单复印件;
5. 两封推荐信原件(分别由两位任课教师推荐并签名);
6. 现在在中国其他高校学习的同学还需提交由该校出具的
   "转学同意函"原件(或结业证明原件);
7. 报名费500元人民币(参加入学考试或插班考试的同学需另交
   考试报名费250元人民币);
8. 两张护照尺寸照片;
9. 护照复印件。

*报名费和申请材料不退。

五、时间安排

수도경제무역대학 본과(2009)

신청조건	고등학력 이상, HSK 6급 이상(없는 학생은 1학년 2학기 전에 따서 제출해도 가능), 18~55세
구비서류	입학신청서, 최종학력 성적증명서, 졸업증명서, HSK증서, 사진 6장, 여권사본, 담보서, 담보인 신분증사본
신청기간	~5월 20일까지
시험시기	6월 (구체적 시간은 추후 통보)
시험과목	수학시험
개설학과	공상관리학원 : 공상관리, 물류관리, 시장마케팅, 무역경제, 여유관리 회계학원 : 회계학, 재무관리 재정금융학원 : 재정학, 금융학, 보험 정보관리학원 : 정보관리 및 정보시스템 노동경제학원 : 인력자원관리, 노동 및 사회보장, 사회공작 공공관리계열 : 광고학, 행정관리 안전공정계열 : 안전공정, 공업공정, 환경공정 도시경제계열 : 공공사업관리, 공정관리, 토지자원관리 경제학원 : 경제학, 국제경제 및 무역 법학계열 : 법학 통계학계열 : 통계학 인문학원 : 전파학 영어계열 : 영어
비용	신청비 : ¥420 학비 : ¥21500/년 보험비 : 16세−45세¥600/년, 46세−64세¥1000/년
기숙사	유학생 기숙사 12동 1−3층 : ¥165/인/일 12동 4−6층 : ¥99/인/일 7동 : ¥58/인/일 5동 : ¥83/인/일 기숙사 시설 : 전화, TV, 공용주방, 화장실, 인터넷 등 구비. 기숙사는 전부 2인실로 되었음.
기타	〈유학생현황〉* 2008년 본과 30명이 합격했다 총 유학생 : 500여 명 한국 유학생 : 50여 명

수도사범대학 본과(2009)

입학조건	고등학교 졸업 이상, 40세 이하, HSK 3급 이상 (대외한어 전공), 기타전공 HSK 7급 이상
구비서류	입학신청서, 졸업증명서, 성적증명서, 사진 4장, 경제담보인, 담보인 신분증사본 대외한어전공 편입 희망 시 반드시 관련 학년 학습증명서/성적표 있어야 한다.
신청기간	~2009년 7월 31일까지
시험시기	추후통보
개설학과	문학원 : 한어어문학, 비교문학, 서예교육, 희극영시문학, 역사과 : 역사학, 도시전통과 문화관리 정법학원 : 사상정치교육, 법학, 노동과 사회보장 교육과학학원 : 교육학, 심리학, 유아교육과 수학과 : 수학과 응용수학, 정보과 컴퓨터학과 외국어학원 : 영어, 러시아어, 일어, 독일어, 프랑스어, 스페인어 화학과 : 화학, 응용화학 음악학과 : 음악학, 무도학 미술학원 : 미술학, 예술설계학, 회화 물리과 : 생리학, 현대교육기술 자원환경과 여행학원 : 자원환경과 고향계획관리, 지리정보계통 정보공정학원 : 계산기과학과기술, 정보관리와정보계통, 전자정보공정 교육기술과 : 교육기술학 초등교육학원 : 초등학교교육
학비	신청비 : ￥450 학비 : 문과 : ￥10800/학기, − 이과 : ￥13300/학기, − 예술과 : ￥14500/학기 보험비 : ￥600/년, ￥300/학기
기숙사	1인실 : ￥12600/학기 2인실 : ￥7560/학기 전화, TV, 화장실, 냉장고(임대 100원), 공용주방, 세탁기 (3원/일회)
기타	〈편입〉 모든 편입은 대외한어과(유학생반)에 한함. HSK급수와 전에 본과 전공 상관없이 편입시험(중국어) 성적으로 결정한다.

편입시험은 등록 후 치른다.

* 2008년 〈유학생 현황〉

총 지원자 약 100명 중 91명 최종 합격.

총 유학생 : 860명   한국 유학생 : 340명

***대외한어 본과 전공 입학자는 첫 학기 학비 면제혜택이 있다. (하지만 반드시 출석률이 좋아야 되고 두 번째 학기에 전학, 퇴학하는 학생은 다시 첫 학기 학비를 지불해야 한다)

북경어언대학 본과 (2009)

신청조건	고졸 이상, 만 18~50세
구비서류	최종학력 졸업증명서/성적증명서, 추천서2부, 여권사본, HSK증서, 사진 5장, HSK 3급(대외한어전공), 중국학생 합반 수업 HSK 6급 이상.
신청기간	3월 학기 : 2009년 12월 26일까지 9월 학기 : 2009년 07월 10일까지
시험시기	(구체일정 추후통보)
시험과목	미정
개설학과	한어언(한어/한영/한일/경무/비서 4분류) 중국어언문화, 영어, 일어, 프랑스어, 스페인어, 아라비아어, 조선어(한국어계통), 독일어, 컴퓨터 과학과 기술, 정보관리, 금융학, 회계학, 대외한어, 한어언문학, 중국회화
비용	1)본과 신청비 : ￥800 학비 : ￥23,200/年(한어언전공), ￥24,900/年(한영/일본과), ￥24,900/년 (중국绘画) 보험 : ￥600/년(￥300/학기) 2)어학연수 신청비 : ￥600 학비 : ￥11,600/학기
기숙사	1인실(8동) : ￥92~120/일(TV, 전화, 냉장고, 인터넷선, 에어컨, 샤워실, 화장실 등) 2인실(4동) : ￥56~65/일(TV, 전화, 냉장고, 에어컨, 샤워실, 화장실 등) 신기숙사(17동) : 1인실 : ￥120/일(TV, 전화, 냉장고, 에어컨, 샤워실, 화장실, LAN선 등) 2인실 : ￥60/일(TV, 전화, 냉장고, 에어컨, 샤워실, 화장실, LAN 선 등)

기타	(유학생 현황) 총 유학생 : 8,000여 명 한국유학생이 많은 것이 흠이지만 커리큘럼이 비교적 잘 되어 있으며 특히 고급과정이 인기가 많다. 汉语专业 신청하는 학생은 HSK 3급 이상이야 입학가능, 3급증서 없는 학생은 报到时 어언대 HSK시험에 참가해서 3급 이상을 따야 입학이 가능하다. 汉语专业 편입 : HSK 5급 1학년 2학기 HSK 6급 2학년 1학기(등록 후 면접에 의해 결정)

북경여유학원 본과 (2009)

신청조건	고등학교 학력이상자, HSK 3급 이상, 여행관리 유학생반은 HSK 무급 가능.
구비서류	신청서, 고등학교 졸업증명서/성적증명서, HSK증서, 여권사본/비자사본, 여권사진 5장
신청기간	제1학기 : 6월 ~ 8월 25일 제2학기 : 12월 ~ 2월 25일(1학년 2학기로 편입)
시험시기	무시험
모집전공	여행관리(4년) 旅游管理(四年)중국학생반 여행관리(4년) 旅游管理(四年)유학생반(첫1년반은 중국어공부만 수업) 국제호텔경영 및 관리(4년) 国际酒店经营与管理(四年) 膳食营养配餐(四年) 요리 및 요식관리(3년) 烹饪与餐饮管理(3年) 여행영어(4년) 旅游英语(四年) 여행일어(4년) 旅游日语(四年) ***주요 수업과목은 학교 입학요강 참고***
비용	신청비 : ￥400 학비 : ￥24,000/년 보험비 : ￥600/년
기숙사	2인실 : ￥45/인/일(내부시설−전화, TV, 에어컨/공용시설 : 욕실, 화장실, 세탁기)

	2인실 : ¥55/인/일(내부시설 – 전화, TV, 에어컨, 욕실, 화장실/공용시설 : 세탁기) (기숙사 비용은 최소 한번에 4개월씩 지불한다)
기타	유학생 현황 : 총 유학생 : 200여 명

북경연합대학 본과 (2009)

신청조건	만 18세 이상, 고등학력 이상, HSK 3급 이상
구비서류	입학신청서, 여권사본, 사진5장, 최종학력 졸업증명서, 성적증명서, HSK증서
신청기간	2009년 7월 말까지
시험시기	없음
시험과목	없음
개설학과	한어언어문학, 경무한어, 국제무역 모든 전공 편입 가능반드시 대학 다닌 경력 있어야 되고 HSK는 없어도 된다.
비용	신청비 : ¥400 학비 : 한어언문화 : ¥9500원/학기 한어언(경무방향) : ¥9500원/학기 국제무역 : ¥10000원/학기
기숙사	2인실 : ¥48, ¥40, ¥36/인/일 1인실 : ¥65/인 시설 : 화장실, TV, 전화, 인터넷, 에어컨 등 구비되어 있음.
기타	〈유학생 현황〉 2008년 본과 입학자 : 40명 총 유학생 : 230여 명 한국 유학생 : 30~40명

북경영화학원 본과(2009)

신청조건	고등이상학력, HSK 6급 이상, 청력정상, 색맹과 색약 없는 자, 촬영&미술&연기전공 신청자는 시력 5.0 이상, 키 남 : 170cm 이상, 여자 : 160cm 이상자
구비서류	입학신청서, 공증된 성적증명서 및 졸업(재학)증명서, HSK증서, 사진 5장, 여권사본, 잔고증명(30만 원), 본인의 작품(비디오로 제출), 사진촬영전공 신청자는 사진작품 5장
신청기간	2009년 2월 1일~3일까지
시험시기	2009년 2월 4일~7일까지
시험과목	전공시험
개설학과	문학계열 : 각본TV영화문학(TV영화문화 및 미디어/영화극본) 관리계열 : TV영화관리 촬영학원 : 사진촬영 촬영계열 : 영화촬영 만화영화학원 : 만화영화예술 녹음계열 : 녹음예술, 음악녹음 연기학원 : 연기 미술계열 : TV영화광고감독, 영화인물이미지디자인, 뉴미디어예술, 영화미술디자인, 영화특기
비용	신청비 : ¥800(2차와 3차시험비 불포함) 학비 : 문학계열, 관리계열 38,000元/년 기타전공 46,000元/년 보　험 : ¥600/년
기숙사	2인실－¥80/인/일 TV, 전화, 에어컨, 개인욕실 1인실－¥120/인/일－TV, 전화, 에어컨, 개인욕실
기타	〈유학생현황〉* 총 유학생 : 100여 명, 한국유학생 : 15여 명 **시험시간이 중복되지 않았을 경우에는 두개 전공을 신청할 수 있다.**

중국외교학원 본과(2009)

신청조건	고졸 이상, HSK 6급 이상 검정고시 합격생 신청 가능.
구비서류	입학신청서, 고등학교 졸업증명서/성적증명서, 여권사본, 사진 5장, HSK증서
신청기간	~ 4월 30일
시험시기	5월 20일 (외교학전공), 기타 전공 면접시간은 아직 미정.
시험과목	면접
개설학과	외교학, 영어, 일본어, 프랑스어, 국제경제무역, 국제법
비용	신청비 : ¥400 학비 : ¥22,000원/년(학비는 1년씩 일시불 해야 한다)
기숙사	2인실 : ¥80/인/일 3인실 : ¥50/인/일
기타	유학생 현황 : 총 유학생 148명, 한국유학생 22명 ***장학금 실시 : 두 번째 학기부터 성적에 따라 장학금으로 1년 학비 혹은 한 학기 학비 면제해준다.

북경외국어대학(2010)

신청조건	고졸 이상, 18세 이상 대외한어 신청자 HSK 3급 이상, 기타전공 신청자 HSK 6급 이상
구비서류	입학신청서, 고등학교 졸업/성적증명서(영문 혹 중문 원본) HSK 증서 및 성적표 원본, 사진2장, 여권사본, 비자사본, IELTS5.5성적표(영어전공만 필요), IELTS5.0/TOEFL 70점 이상 성적표(국제상학원전공만 필요)
신청기간	중국어, 중영쌍어전공 : 봄학기 : ~1.10일까지, 가을학기 : ~6.10일까지 비한어전공 : ~1.10일까지
시험시기	국제상학원 : 5월 중순. 시험과목 : 영어, 종합(수학, 지리, 역사, 중국문화상식) 및 면접 영어학원 : 영어(필기&면접 미정) 국제관계학원 : 무시험 아시아아프리카학원 : 면접 유럽언어문화학원 : 미정 법학원 : 시험과목 : 법리, 헌법, 형법, 형소, 상법, 국제공법, 국제경제법, 국제사법, 민법, 민송 프랑스계열 : 시험과목 : 중국어, 프랑스어 혹은 이탈리어 및 면접 일어계열 : 일어면접
개설학과	중문학원 : 중국어, 중영쌍어, 국제상학원 : 국제경제무역, 금융학, 회계학, 공상관리, 전자상무, 정보관리 및 정보시스템, 국제상무(영어수업), 영어학원 : 영어, 신문학– 국제관계학원 : 외교학–법학원 : 법학일어계열 : 일어 아시아아프리카학원 : 泰国语, 马来语, 韩国语, 老挝语, 柬埔寨语, 越南语, 缅甸语, 土耳其语, 斯瓦希里语, 印度尼西亚语, 僧伽罗语, 豪萨语, 希伯来语, 波斯语, 印地语, 乌尔都语. 유럽언어문화학원 : 波兰语, 捷克语, 斯洛伐克语, 罗马尼亚语, 匈牙利语, 保加利语, 阿尔巴尼亚语, 塞尔维尼亚语, 克罗地亚语, 荷兰语, 芬兰语, 希腊语, 挪威语, 丹麦语, 冰岛语. 프랑스어계열 : 프랑스어, 이탈리어
학비	등록비 : ¥800 (비한어전공), ¥400(한어전공) 학비 : 한어전공 – ¥12,150/학기, ¥22,150/년 비한어전공 – ¥26,000/년, 중영국제과 – ¥24,150/년

기숙사	(1년) 입주 시 가격 : 1인실 : 45원/일(공용화장실) − 60원/일 1인실 : 60원/일(공용화장실) − 75원/일 2인실 : 30원/일(공용화장실) 套 間 : 180원/일, 120원/일 (거실, 화장실) * 에어컨. TV. 전화. 인터넷. 책상. 침대 및 침대용품
기타	대외한어과 편입 : * HSK 5급. 학교시험 통과하면 2학년으로 편입가능. * HSK 7급. 학교시험 통과하면 3학년으로 편입가능. 중영국제과 : 3학년 때 외국대학으로 1년 유학, 편입 : 최고 2학년 2학기까지 편입 가능.

북경이공대학 본과(2009)

신청조건	고졸 이상, 만 35세 이하, HSK 5급 이상, 쌍어수업반 HSK 필요 없음.
구비서류	입학신청서, 고등학교 졸업증명서/성적증명서, 여권 및 비자복사본, 사진 7장, HSK증서. 전학생은 전에 대학성적표 필요. 중국대학에서 전학한 학생은 원 학교의 전학증명서 제출해야 함.
신청기간	2009년 6월 10일 전까지
시험시기	2009년 6월 13일
시험과목	이공과 : 수학, 물리, 화학 관리, 경제학과 : 수학 문과 : 고등학교 졸업성적 우수한 학생은 무시험 신청 가능함.
개설학과	이과 : 공정역학, 차량공정, 열능과 동력공정, 기계공정 및 자동화, 교통공정, 공업공정, 광정보과학와 기술, 측공기술과 의기, 전자과학과 기술(광전자방향, 미전자방향), 정보공정, 통신공정, 자동화, 전기공정와 자동화, 컴퓨터과학과 기술, 고분자재료와 공정, 재료과학과 공정, 물자대형 및 공제공정, 재료화학, 화학공정과 공예,제약공정,환경공정,생물공정,수학와 응용수학, 응용물리학,

	응용화학, 정보와 전산과학, 공상관리, 정보관리와 정보시스템, 시장마케팅, 회계학, 산업디자인, 예술디자인 문과 : 국제경제와 무역,공공사업관리,경제학,사회공작,법학 전자과학와 기술(중, 영 쌍어수업) 국제경제와 무역(중, 영 쌍어수업)
비용	신청비 : ￥410 − 보험 600원/년 학비 : 이공과 : ￥22,960/년 − 문과 : ￥21,320/년
기숙사	￥54/침대/일(표준방); ￥69/일/국제교육교류빌딩(3성급) 세 사람이 방 세 개와 객실 하나, TV, 화장실 하나를 공동 사용한다.
기타	쌍어과 전공 1.2학년은 良乡에서 수업.3.4학년은 중관촌 본교에서 수업. 기타전공 1학년 주요과목은 중관촌 본교에서 수업(수업인원수 적은 과목은 良乡에서 수업),2학년 전부과정은 良乡에서 수업,3.4학년 전부과정 본교에서 수업. 2008년 〈유학생 현황〉 본과 지원자 50여 명 중 합격률 거의 100%. 본과 총 유학생 : 200여 명 한국 유학생 : 50여 명

북경임업대학 본과(2009)

신청조건	만 18세 이상, 고졸 이상, HSK 6급 이상
구비서류	입학신청서, 고등학교 졸업증명서와 성적증명서, 여권사본, 사진 3장, HSK증서, 서면 신청서(500자 좌우)
신청기간	3월 1일 ~ 6월 15일
시험시기	6월 중순
시험과목	면접
개설학과	생물과학 및 기술학원−생물과학, 생물기술, 식품과학 및 공정 자원 및 환경학원−임학, 환경과학, 산림자원보호, 초업(草业)과학, 초평(草坪)관리, 지리정보시스템

수토유지(保持)학원－수토유지 및 황막(荒漠)화방지, 자원환경 및 도시규화관리, 토목공정
자연보호구학원－야생동물 및 자원보고구관리
원림학원－원림, 도시규화, 여유관리, 원예(원예관상방향)
정보학원－정보관리 및 정보계통, 컴퓨터과학 및 기술, 컴퓨터과학 및 기술(컴퓨터예술디자인방향)
이학원－전자정보과학 및 기술, 수학 및 응용수학
경제관리학원－회계학, 회계학(국제회계방향), 금융학, 국제경제무역, 공상관리, 공상관리(경제정보관리방향), 통계학(시장조사 및 분석방향), 통계학(증권투자 및 분석방향), 시장마케팅(전자상무방향), 농림경제관리, 인력자원관리, 공상관리(물엽관리방향)
공학원－기게설계제조 및 자동화, 자동화, 교통공정(자동차운용공정방향), 공업설계
재료과학 및 기술학원－재료과학 및 공정, 재료과학 및 공정(가구다지인 및 제조방향), 포장공정, 임산화공, 예술디자인(예술계열)
인문사회과학학원－법학, 심리학
외국어학원－영어, 일본어

비용	등록비 : 800원 학비 : 24,800원/년 보험료 : 18∼45세－600원/년 45∼69세 1,000원/년
기숙사	2인실 : 41원/인/일 구비시설 : 개인화장실, 욕실, TV, 201전화, 냉장고, 에어컨, 옷장, 책상, LAN선 ***전기세 자비***

북경중의약대학 본과(2009)

신청조건	고등학교 졸업 이상
구비서류	입학신청서, 최종학력졸업증명서/성적증명서, 사진3장, 여권사본, HSK증서
신청기간	2009년 3월∼5월 25일까지

시험시기	첫 번째 시험일 : 2009년 6월 9일(오전 필기, 오후 면접) 6월 10일, 11일 면접 두 번째 시험일 : 2009년 7월 초(예과재학생들 위주) 세 번째 시험일 : 2009년 8월 26일
시험과목	* 중국어시험과 면접시험 (HSK 6급 이상자 및 중국 내 대학 본과 학력과 중국 외 대외한어본과 학력자는 필기시험 면제이다) 5년제 : a : 한어시험(HSK 형식으로 HSK 5급 정도 수준), 듣기, 빈칸 메우기, 300자 내외의 작문, (서의 중의 비교 등 중의관련 문제) b : 면접 – 개인 신상 관련 질문
개설학과	중문수업 : 중의학(본과5년) 모집수 : 100명 침구학(본과5년) 모집수 : 70명 서학중(본과2년) 모집수 : 20명 중의학(专升本3년) 모집수 : 20명 침구학(专升本3년) 모집수 : 20명 중약학(전문대3년) 모집수 : 20명 예과반(1년, 반년) 모집수 : 25명 영문수업 : 중의학(침구포함, 본과5년) 모집수 : 15명 서학중(본과2년) 모집수 : 15명
학비	신청비 : ¥800 학비 : 중문수업 – ¥35,000/년 영문수업 – ¥45,000/년 예과반 – ¥28,000/년
기숙사	서캠퍼스 南楼(1인실) : 70元/일 – 화장실, TV, 에어컨, 전화 동캠퍼스 A동(2인실) : 50元/인/일 화장실, TV, 에어컨, 전화(혼자 사용 시 100元/일씩 지불하면 된다)
기타	* 2008년 약 300명 지원자 중 202명 합격.

북경체육대학 본과(2009)

신청조건	고졸 이상, 만 18세 이상, HSK (术科4급 이상, 学科6급 이상)
구비서류	입학신청서, 고등학교 졸업증명서/성적증명서, HSK증서, 여권사본, 사진 5장, $5000 이상의 잔고증명서.
신청기간	～ 6월 15일
시험시기	없음
개설학과	교육학원 : 1.체육교육－체육사,체육관리학,학교체육관리학,교육심리학,올림픽운동,체육경영관리,청소년 건강교육, 군중체육학, 中老年健身, 중의기초 및 양성강복(中医基础与养生康复), 헬스, 무술, 탁구, 농구, 축구, 수영, 육상, 배구, 导引养生功, 테니스, 예술제조 2.사회체육－사회체육계론, 관리학기초, 건강평가, 운동안마, 중화체육양성학, 체육경제학, 체육경영개발, 운동시합학, 의무감독, 계산기응용, 외국어, 대중오락체육운동항목이론 및 기술 3.체육표연－표연기초이론, 예술계론, 표연기초기능, 음악기초이론, 각본계론, 표연제목, 문학수양 경기체육학원 : 운동훈현학, 운동훈련관리학, 운동경쟁학, 운동영양, 운동손상 및 안마, 국제체육조직, 체육비교, 청소년선장발육 및 체육, 의무감독 무술학원 : 민족전통체육(무술, 散打, 태권도)－무술사, 伤科推拿学, 경기무술이론, 중의기초 및 양성강복, 중국전통문화, 무술이론기출, 의무감독, 전통무술이론, 中老年健身, 군중체육학 운동인체과학학원 : 1.체육보건강보, 체육생물과학－체육, 고등수학, 대학물리, 조직학, 조직하학, 정신해부학, 운동유전학, 골낙생리학, 의용전자학, 전생리학(电生理学), 면역학기초, 유기화학, 선성대수(线性代数), 분석역학, 유체역학, 약물학, 진단학, 병리학(病理学), 내과학, 골상학, 의무감독, 운동손상, 중의양생강복, 안마침구학, 강복심리학 2.보통심리학, 실험심리학, 심리통계, 학습심리학, 사회심리학, 심리측량, 공업심리학, 교육심리학, 이상심리학 및 운도임리학 등
비용	신청비 : ￥400 학비 : 체육교육,운동훈련,민족전통체육,체육관리 등 전공－

	￥25,000/년 운동인체과학, 체육미디어, 체육예술, 영어 등 전공 - ￥28,000/년
기숙사	1인실 : ￥60, ￥75/일 2인실 : ￥40/인/일(개인화장실, TV, 전화, 인터넷선, 에어컨)
기타	

북경대학 의학부 본과(2009)

신청조건	만 18 ~ 26세, 고등학교 졸업이상 학력소지자, HSK 6급 이상
구비서류	입학신청서, 고등학교 졸업증명서/성적증명서(영문or중문 원본), 여권 사본, 여권사진 4장, HSK증서 및 성적표, 신체검사표, 잔고증명서(￥40,0000 상당하는 금액)
신청기간	매년 12월 1일 ~ 31일까지
시험시간	매년 4월 중(토, 일요일 양일간) 상세한 시간과 지점은 개별 통보한다.
시험과목	물리, 화학, 수학
모집전공	**临床医学专业〈6년제〉: (주요 과정) - 수학, 물리, 무기화학, 유기화학, 생물학, 인체해부학, 조직세포학, 생리학, 생물화학, 미생물학, 면의학, 병리학, 약리학, 세포생물학, 진단학, 내과학, 외과학, 산부인과학, 소아과학, 전염병학, 신경병학, 정신병학, 안과학, 이비인후과학, 피부병학, 법의학 등 **口腔医学专业〈6년제〉: (주요과정) - 의학용화학, 인체해부학, 조직세포학, 생리학, 생물화학, 진단학, 내과학, 외과학, 소아과학, 구강해부학, 구강조직병리학, 구강 X-Ray 진단학, 구강약물학, 구강내과학, 구강외과학, 구강치료학, 口腔正畸学
비용	신청비 : ￥800 예과반 : ￥25,000(약 $3,000)/年 본과 : ￥45,000(약 $5,500)/年 교재비, 의료비, 교통비, 식비, 보험비 등 자비 부담
기숙사	1인실 ￥70/日(개인화장실) 시 설 : 욕실, 전화, 에어컨, 인터넷
기타	2008년 〈유학생 입학수〉 임상의학전공 : 34명, 구강의학전공 : 14명, 무시험입학 : 6명

북방공업대학 본과(2009)

신청조건	고등학교 졸업자 문과 : HSK 6급 이상　　이과 : HSK 3급 이상
구비서류	입학신청서, 고등학교 졸업증명서/성적증명서, 여권사본, HSK증서, 사진 3장
신청기간	~매년 7월 말까지
모집전공	중문학과, 일어, 영어, 법학, 통계학, 회계학, 국제경제무역, 공상관리, 예술설계, 공업설계, 광고학, 컴퓨터 과학과 기술, 전자정보공정, 통신공정, 미세전자학, 공업자동화, 기계설계 제조 및 자동화, 건축학, 토목공정, 정보와 컴퓨터과학, 공정관리, 도시계획, 수치매스미디어예술, 전기공정 및 자동화, 수학과 응용수학
비용	신청비 : ¥400 학비 : ¥17,600/년 보험비 : ¥600/년
기숙사	2인실 – ¥30/일(공공화장실, 에어컨, TV, 전화, LAN) 1인실 – ¥50/일(개인화장실, 에어컨, TV, 전화, LAN)
기타	학교 위치 : 北京市 石景山区 晋元庄路5号 ***북방공업대는 1982년부터 외국 유학생을 받았으며 중국교육부의 외국유학생 고등단과 대학과 대학교에 대한 인증서를 가지고 있다 이외에 오랜 기간 동안 외국의 전문가를 초빙하여 학교에서 교직을 맡고 있으며 유학생들의 한어교학과 유학생들의 교육에 대해서도 특색 있게 가르치고 있다

수도의과대 본과(2009)

신청조건	고등학력이상, 18세 이상~40세 이하, HSK 6급 이상
구비서류	입학신청서, 최종학력 졸업/성적증명서(사본 공증본), 여권사본, 사진 5장, HSK증서, 재중 담보인담보서/신분증사본, 잔고증명서 (￥30만 원 이상), 신체검사＋肝功能及乙肝表面抗原化验单
신청기간	2009년 3월 1일 ~ 6월 20일까지
시험시기	2009년 6월 29일
시험과목	수학, 물리, 화학
개설학과	임상의학－주요커리큘럼 : 인체형태학, 생물화학, 신경생물학, 생리학, 의학미생물학, 의학면역학, 병리학, 약리학, 인체형태학실험, 의학생물학실험, 의학기능학실험, 병원생물학과 면역학실험, 진단학, 내과학, 외과학, 산부인과, 소아과, 위생법학, 의학논리학, 의학심리학, 循环医学, 의덕수양과 의환소통), 영어, 고등수학, 의용물리학, 화학 등 구강의학－주요커리큘럼 : 인체형태학, 생물화학, 세포 생물학, 생리학, 인체형태학실험, 의학기능학실험, 의학생물학실험, 병원생리학과 면역실험, 진단학, 외과학, 내과학, 이비인후두경외과학, 구강해부 생물학, 구강조직병리학, 구강생물학, 구강재료학, 구강악면의학영상진단학, 치아치골수병학, 치주의학, 구강점막병학, 아동구강의학, 구강악외과학, 구강회복학, 예방구강의학, 구강기형학, 구강임상약물학, 위생법학, 의학논리학, 의학심리학, 의덕수양과 의환소통, 영어, 고등수학, 의용물리학, 화학 등 중의학－주요커리큘럼 : 중의기초이론, 의고문, 영어, 중의진단학, 중약학, 방제학, 내경선독, 상한논선독, 금궤요약선독, 온병학, 중의내과학, 중의외과학, 중의부과학, 중의아과학, 침구학, 인체형태학, 생물학, 생물화학, 병리학, 약리학, 검체진단학, 실험진단학, 서의내과학, 서의외과학 등.
비용	신청비 : ￥800 학비 : ￥42,000/년 보험비 : ￥600/년
기숙사	1인실 : ￥160/일, 2인실 : ￥80/인/일 3인실 : ￥70/인/일

기타	*모든 전공은 5년학제이다. *8월 전으로 학교에서 통일로 입학통지서&jw202표를 발급한다. *장학금 : 학습성적이 우수하고 종합평가가 좋은 학생은 첫 학기 끝난 후 학교에 〈장학금〉신청을 할 수 있다.

수도체육대학 본과(2009)

신청조건	고등학력이상, 만 26세 이하, HSK 4급 이상
구비서류	입학신청서, 고등학교 졸업증명서와 성적증명서, HSK증서, 여권사본, 사진 5장
신청기간	매년 6월 30일까지 마감
시험시기	없음
개설학과	체육훈련, 체육교육, 보건건강회복, 사회체육, 민족전통체육, 신문관리. 무술연수과정 : 장권, 남권, 태극권, 태극검, 散打, 태권도, 팔괘장 등 무술기구
비용	신청비 : ¥330 학비 : 본과생¥20,000/년 무술생¥2,874/4주(한주/15교시) ¥8,210/한 학기(한주/15교시) ¥16,420/1년(한주/15교시)
기숙사	2인실 : ¥50/인/일 (독립화장실, TV, 전화, 인터넷선, 에어컨, 공용세탁기) *혼자 사용 시 ¥100/일
기타	〈유학생 현황〉 : 총 유학생 : 200여 명

중국인민대학 본과(2009)

신청조건	고졸 이상, HSK 6급 이상, 대외한어과 HSK 5급 이상 경제. 관리전공은 수학시험 참가
구비서류	입학신청서, 졸업증명서, 성적증명서, HSK증서, 추천서1부, 사진5장, 여권 및 비자 사본
신청기간	2009년 3월 2일~ 3월 20일(~31일까지 연장)
시험시기	2009년 5월 9일 오전 : 영어 오후 : 어문 　　　　5월 10일 오전 : 종합 오후 : 수학 2009년 대외한어과 무필기시험이고 면접만 있습니다. 기타 본과전공 면접시간 : 2009년 6월 6일 대외한어과, 예과생 면접시간 : 2009년 6월 7일
시험과목	문과 : 어문(대외한어 내용 포함), 영어, 종합시험(역사, 지리, 중국문화상식) 예술학원 신청 학생은 전공시험 있음. ***2008년부터 어문시험에 HSK 형식의 내용이 추가됩니다.***
개설학과	전공 및 계획모집인수 / 주의 : *표시전공은 이과임. / 수학시험 있는 전공 : __표시 국제정치(35), 중국어언문학(45), 한어언(40), 신방과(35), 공상관리(25), 무역경제(10), 법학(20), 경제학(10), 국제경제무역(15), 역사학(5), 재정학, 세무, 금융학, 보험학(10), 사회학(5), 공공관리(5), 철학(3), 인력자원관리, 노동및사회보장(5), 정보관리및정보계통(政务信息管理方向), 档案学(5), 공공사업관리(환경경제및관리방향)(2), *계산기과학및기술, *정보관리및정보계통, *수학및응용수학(2), *통계학(2), 농업경제관리(1), 영어,일어, 러시아어,독어, 불어(1), 예술(미술), 예술디자인(2)
학비	신청비 : ¥600 본과생. 보통진수생 : ¥21,500 ($2,600) 법학.신문 및 국제관계 : ¥23,200 ($2,800) **과외비 : 과목당 200원 시험참가비 : 과목당 50원

기숙사	1号楼 : 2인실－¥31/일 〈전화, 에어컨, 공동화장실, 욕실〉 2号楼 : 2인실－¥35/일 〈전화, 에어컨, 공동화장실, 욕실〉 3号楼 : 1인실－¥90/일 〈전화, 에어컨, TV, 개인화장실, 욕실〉
기타	*최종입학명단은 2009년 6월 12일에 발표. *2006년/2007년 800여 명 지원자 중 300여 명 입학. *2008년 모집예정정수 276명/면접 인원수 238명/합격인원수 205명.

제2외국어대학 본과(2009)

신청조건	대외한어 : 고졸 이상, 18～50세, 신체건강한 자 기타전공 : 고졸 이상, 18～50세, HSK 6급 이상자
구비서류	입학신청서, 개인이력서, HSK증서, 고등학교 졸업/성적증명서, 여권사본, 사진5장
신청기간	대외한어 : ～06월 30일 기타전공 : ～05월 31일
시험시기	신청 후 시험일정에 대해 통보(없을 수도 있음).
시험과목	미정
개설학과	한어어언학, 한어언문학, 신문학, 영문, 일문, 독문, 프랑스어언문학, 스페인문학, 러시아문학, 아랍어문학, 한국어, 국제무역, 금융학, 시장마케팅, 여유관리, 국제정치, 법학, 2개국 연계유학 : [영어과, 일어과, 호텔경영과, 통번역학과] 교육학방향
학비	신청비 : ¥800 학비 : ¥22,000/년 1～3학년 ¥1,5000원/학기(보충수업 포함) 4학년 ¥11,000원/학기 보험비 : ¥600/년 교육학, 2개국 연계유학전공은 별도로 프로그램비가 있음.

기숙사	A. (2호관/C), 2인실−9,000元/年(공용화장실)	4,500원/학기
	B. (2호관/A), 2인실−12,000元/年	6,000원/학기
	C. (2호관/B), 1인실−15,000元/年	7,500원/학기
	D. (8호관), 2인실−14,000元/年	7,000원/학기
기타	2008년 본과〈유학생 현황〉 *200여 명 본과 입학. *총 유학생 : 700여 명 한국 유학생 : 400여 명	

중국농업대학 본과(2009)

신청조건	고등학교 졸업이상, 25세 이하, HSK 5급 이상
구비서류	입학신청서, 최종학교 졸업증명서/성적증명서, 추천서 1부, 여권/비자 사본, HSK증서, 사진 4장
신청기간	2009년 3월 20일~5월 30일까지
시험시기	미정(약 6월 중순)
시험과목	면접
개설학과	농업자원과 환경, 농학, 동물과학, 원예학, 시설농업과학 및 공정, 원림학, 식물보호, 초업과학, 종자과학 및 공정, 수의학(5년), 경제학, 금융학, 국제경제무역, 전기공정 및 자동화, 농업공정, 농업환경 및 에너지공정, 농업기계화 및 자동화, 농업수리공정, 자동화, 토목공정, 통신공정, 컴퓨터과학기술, 전자정보공정, 공정역학, 환경공정, 식품질량안전, 식품과학공정, 측공기술 및 측정기, 열에너지 및 동력공정, 수리수도전기공정, 공업디자인, 기계디자인제조 및 자동화, 교통운수, 교통공정, 차량공정, 포도 및 포도주공정, 법학, 사회학, 영어, 전파학, 회계학, 행정관리, 농림경제관리, 공상관리, 전자상무, 정보관리 및 정보시스템, 토지자원관리, 관리과학, 시장마케팅, 공공관리, 농촌구역발전, 응용기상학, 생물공정, 생물과학, 생물기술, 화학, 생태학, 지리정보시스템, 전자정보과학기술, 수학 및 응용수학, 자원환경과학
비용	신청비 : ￥400 학비 : ￥20,000/년 보험비 : ￥600/년

기숙사	1인실 : ¥1,400/월 2인실 : ¥40/인/일(입주할 때 룸메이트 없을 경우 두 사람 비용 지불해야 한다)
기타	총 유학생 : 84명

중국음악학원 본과(2009)

신청조건	고등학력 소유자, HSK 6급 이상(음악표현전공은 5급 이상), 일정한 음악기초 있는 자
구비서류	입학신청서, 개인이력서, 최종학력 학력, 학위증명서/성적표(공증본), 여권사본, 여권사진 5장, HSK증서, 학습목적 및 학습계획서(본인이 직접 적어야 함)
신청기간	매년 12월 31일까지
시험시기	매년 2월 중
시험과목	전공시험
개설학과	음악학, 음악교육, 예술관리, 작곡, 국악, 성가(声歌), 지휘, 관현, 피아노, 사회과학부
비용	신청비 : ¥800 학비 : ¥32,000/년 관리비 : ¥350
기숙사	아파트식 : (화장실, 주방, 전화, 에어컨, 인터넷설비) 2인실 : ¥3,000원/월/2인 1인실 : ¥2,400원/월/인 표준칸 : (화장실, TV, 전화, 에어컨) 130원/일−220원/일
기타	〈유학생 현황〉 총 유학생 : 40여 명 한국 유학생 : 10여 명

중국전매대학 본과(2009)

신청조건	고졸 이상, 만 30세 이하, HSK 6급 이상
구비서류	입학신청서, 고등학교 졸업증명서/성적증명서, HSK증서, 담보서, 담보인 신분증사본, 여권사본, 사진 5장
신청기간	~ 5월 30일
시험시기	추후 통보
시험과목	미정
개설학과	예술과- 방송및진행예술, 라디오TV각색연출(문예각색연출방향), 음악학(음악편집방향), 퍼포먼스, 감독, 촬영(영화, 드라마촬영방향), 각본TV영화미술설계, 각본TV영화미술설계(형상디자인방향), 각본TV영화문학, 라디오TV각색연출(TV편집방향), 촬영(TV촬영방향), 방송 및 진행예술(영어프로진행방향), 각본TV영화문학(TV영화극번역제작방향), 애니메이션, 녹음예술(음향감독방향), 음악학, 매스미디어창의, 예술디자인(광고디자인방향), 공공사업관리(제작관리방향), 문화산업관리(문화경영방향), 애니메이션(게임디자인방향), 애니메이션(기술방향), 녹음예술(녹음공정방향), 디지털매체예술(디지털TV영화제작방향), 디지털매체예술(네트워크멀티미디어예술방향) 비예술과- 신문학, 미디어학, TV방송신문학, 편집출판학, 광고학, 공공관계학, 영어(국제신문방향), 영어, 경제학(매스미디어경제관리방향), 시장마케팅, 회계학, 공상관리, 국제경제 및 무역, 행정관리, 법학, 대외한어, 한어언문학.
학비	신청비 : ¥400 학비 : ¥23,200/년
기숙사	1인실 : 3,000원 좌우/월/인 2인실 : 1,500원 좌우/월/인 *화장실, 욕실, TV, 전화, 에어컨, 세탁기
기타	2008년 〈유학생 현황〉 본과생 50여 명 합격. 총 유학생 : 200여 명 한국 유학생 : 100여 명

중국지질대학 본과(2009)

신청조건	고졸 이상, HSK 6급 이상
구비서류	입학신청서, 고등학교 졸업증명서/성적증명서, 여권사본, 사진 10장, HSK증서
신청기간	~ 7월 10일 전까지
시험시기	무시험
개설학과	지질학기지반, 지질학, 지구화학, 토지자원관리, 측회공정, 해양과학, 지구정보과학 및 기술, 기술 및 공정, 토목공정, 기계설계제조 및 자동화, 안전공정, 재료화학, 재료과학 및 공정, 계산기과학 및 기술, 수학 및 응용수학, 지리정보계통, 수자원공정, 환경공정, 석유공정, 자원, 공상관리, 시장마케팅, 회계학, 여행관리, 행정관리, 정보관리 및 정보계통, 관리학, 법학, 경제학, 보석 및 재료공예학, 예술설계, 영어, 지구물리학, 측공기술 및 의기, 전자정보공정
비용	신청비 : ¥500 학비 : ¥22,000~¥26,000/년
기숙사	4인실 : ¥2,400/인/년 실내시설 : TV, 전화, 화장실(기숙사 비용은 한 학기씩 지불 가능함) 2인실 : ¥30/인/월 실내시설 : TV, 전화, 에어컨, 화장실(기숙사 비용은 1개월씩 지불 가능함)
기타	***중국지질대학은 학교 건립 이래 5만여 명의 졸업생을 배출하였고, 그중 22명의 학부장과 1명의 국가 총리가 포함되어 있습니다. 현재 본교에는 베트남, 한국, 몽고국적의 유학생이 많이 분포되어 있습니다. 그들은 현재 본교에서 보석 및 재료공예학, 환경공사, 관리과학, 지질학 등의 전공을 배우고 있습니다.

중국청년정치학원 2009년 9월 본과반

계열 : 경제관리
전공 : 경제학, 국제경제 및 무역

1. 신청조건 : 18세 이상, 고등학교 졸업이상 혹은 올해 졸업예정자
2. 학습기간 : 2009년 9월 1일~2013년 7월(4년제이지만 실제 수업과정은 3년이다)
   2009년 9월 1일~15일報到
3. 비용
신청비 : 800위엔
학비 : 24000위엔, 4년 합계 : 96,000위엔
2학년 때 2년 학비를 일시불해야 한다. 4년 과정을 3년 시간에 집중해서 완성하기 때문이다.
4. 모집인수 : 유학생 10명
5. 과정계획 : (학점제도 : 1학년 1학기 때 과정과 4학년 2학기 때 과정을 집중축소한다. 약 30학점이다. 매 학기마다 1~2개 과목의 수업을 보충한다.
   (대학4년 학점이 140점이다)
   2009년 9월~2010년 7월(대학 1학년, 2학년 해당)
   2010년 9월~2011년 7월(대학 2학년, 3학년 해당)
   2011년 9월~2012년 7월(대학 3학년, 4학년 해당)
   2012년 9월~2013년 7월(학점을 전부 이수하지 못한 학생은 계속 학습한다)
6. 신청
신청일 : 2009년 5월15일~6월15일까지
신청시 서류 :
입학신청서
고등학교 졸업증서 및 성적표
여권사본
증명사진 4장
HSK 7급 이상 증서
신청자는 개학 후 3주 내 환불신청하면 98% 받을 수 있고 개학 3주 이후로는 모든 비용 환불 불가능하다.

중국희곡학원 본과(2009)

신청조건	고등학교 졸업이상, HSK 6급 이상
구비서류	입학신청서, 여권 사본, 여권 사진 4장(파란색 배경), 최종학력 졸업증명서 및 성적증명서, 신체검사서, HSK증서 원본
신청기간	～매년 1월 15일 전까지
시험시기	매년 2월
시험과목	전공시험
개설학과	京昆表演, 희곡형체교육, 춤표현, 희곡감독, 희곡TV감독, TV표현, 경극악기, 민족악기, 희곡작곡, 음악제작, 음악학, 희곡무대설계, 무대조명설계, 화장조형설계, 희곡복장설계, 희곡문학창작, 희곡이론, 국제문화교류, 공간예술설계, 인터넷예술설계, 음향예술설계, 애니매이션설계, 디지털영상설계
비용	신청비 : ¥400 학비 : ¥35,000/년
기숙사	1인실 : ¥80/일 2인실 : ¥40/인/일 시설 : 에어컨, 화장실, TV, 전화, 공용주방
기타	유학생 현황 : 총 유학생 : 10여 명

중앙미술학원 본과(2009)

신청조건	고졸 이상, HSK 6급 이상자
구비서류	입학신청서, 고등학교 졸업증명서/성적증명서, 여권사본, 사진 5장, HSK증서
신청기간	2009년 3월 1일 ~ 4월 30일
시험시기	2009년 5월 25일
시험과목	조형류전공 : 소묘, 스케치, 색채, 면접 디자인류전공 : 디자인색채, 디자인소묘, 면접 면접은 중국문화상식과 언어표달을 테스트한다.
개설학과	1. 중국화-中国画 (산수화-山水, 인물화-人物, 화조화-花鸟, 서예-书法 등) 2. 조형예술-造型艺术(유화-油画, 판화-版画, 벽화-壁画, 조소-雕塑 등) 3. 미술학-美术学(미술사 및 미술이론-美术史与美术理论, 예술비평-艺术批评, 예술관리-艺术管理, 미술문물정검 및 복구-美术文物鉴定与修复, 미술고구학-美术考古学 등) 4. 예술디자인-艺术设计(시각전달-视觉传达, 디지털미디어-数码媒体, 산업디자인-产品设计, 촬영예술-摄影艺术, 패션디자인-服装设计, 출판디자인-出版设计, 애니메이션-动画 등) 5. 건축학-建筑学(건축학-建筑学, 실내디자인-室内设计, 조경디자인-景观设计 등)
비용	신청비 : ¥800 학비 : ¥40,000/년
기숙사	1인실 : ¥50-침대, 책상, 전화, 에어컨, 공동(화장실, 욕실)
기타	* 회화, 조소과는 1학년 때에는 조형예술기초학부에서 공부하고, 2학년 때부터 전공수업을 진행한다. * 2008년 총 유학생 : 300여 명, 본과 입학생 78명.

중앙음악학원 본과(2009)

신청조건	고등학교 졸업 이상 학력소지자, HSK 3급 이상
구비서류	입학신청서, 고등학교 졸업증명서/성적표, HSK증서, 여권사본, 여권사진5장, 신청전공의 30분 분량의 녹음된 연주 혹은 실기 녹음테이프 혹은 본인 창작한 음악작품 혹은 음악논문(关于不同专业所需提供的报考材料,详情请参见网站公布的不同专业与教育层次的招生简章) 준비해서 학교 시험에 참가해야 한다.
신청기간	12월 초부터 시작
시험시기	2~3월
시험과목	전공시험
개설학과	작곡, 视唱练耳, 악대지휘, 합창지휘, 민악지휘, 음악학, 음악예술관리, 음악교육, 피아노, 바이올린, 비올라, 첼로, 콘트라베이스, 플루트, 오보에, 클라리넷, 바순, 색소폰, 관악, 하프, 타악
비용	신청시험비 : 신청+1차시험(￥200)+2차시험+3차시험(￥60) 학비 : ￥33,000/년
기숙사	2인실 : ￥50/인/일 1인실 : ￥100/인/일
기타	작가, 지휘, 음악학, 음악교육 전공신청자는 HSK 고급증서 있어야 한다.

중앙재경대 본과(2009)

신청조건	고졸 이상, 만 18세~35세
구비서류	입학신청서, 고등학교 졸업증명서/성적증명서, HSK증서, 여권사본, 사진 4장
신청기간	2009년 3월~5월 30일
시험시기	2009년 6월 7일
시험과목	필기 : 중국어(HSK 5급 이상 혹은 BCT3급 이상자는 면제) 면접 : 중국개황
개설학과	재정학, 세무, 행정관리, 공공사업관리, 금융학, 국제경제 및 무역, 금융공정, 국제무역/투자관리, 회계학, 등록회계학, 재무관리, 공상관리, 시장 마케팅, 인적자원관리, 경제학, 통계학, 국민경제관리, 정보관리와 정보 시스템, 전자상거래, 관리과학, 컴퓨터과학 및 기술, 물류관리, 법학, 중국어 문학, 문화상업관리, 신문학, 광고학, 아이템관리, 부동산관리, 투자학, 공정관리, 보험학, 보험정산, 노동 및 사회보장, 영어, 사회학, 응용심리학, 국제정치, 수학 및 응용수학, 체육경제, 수리경제 및 수리금융, 국제금융과 기업투자
비용	신청비 : ￥500 학비 : ￥22,000/년
기숙사	유학생기숙사 : 1인실 ￥45 ~ ￥49/日 2인실 ￥41/인/日(욕실, 전화, TV, 냉장고, 세탁기, 에어컨, 스탠드 등)
기타	6월 15일좌우 입학시험 성적 발표한다.

청화미대 본과(2009)

신청조건	고졸 이상, HSK 6급 이상.
구비서류	입학신청서, 유학생지원등기표,고등학교 졸업증명서/성적증명서, 여권/비자 복사본, 사진 3장, HSK 6급, 고등학교 예정졸업생은 예정졸업증명서를 제출(입학 후 졸업증서 보충해야 함). 18세 미만 신청자는 후견인 공증서류 제출. 추천서.
신청기간	인터넷상 접수기간 : 2009년 3월 18일~4월 8일 서류제출 기간 : 2009년 4월 1일~15일 (휴일제외)
시험시기	2009년 5월 9일(전일)~10일(오전)
시험과목	예술디자인. 조형디자인 시험-소묘(100점), 색채(100점), 스케치(50점), 중문작문과 통식(100점. 그중 작문 80점. 통식20점). 작문 800자, 통식시험-인문사회과학과 자연과학 방면. 예술사론 시험-중문작문과 통식(100점. 그중 작문 80점. 통식 20점).
개설학과	예술디자인 艺术设计 복장염직예술디자인 染织服装艺术设计系(염직예술디자인 染织艺术设计3명 패션디자인 服装艺术设计3명) 도자기예술디자인 陶瓷艺术设计系(도자기예술디자인 陶瓷艺术设计5명) 장식예술디자인 装潢艺术设计系(평면디자인 平面设计4명) 환경예술디자인 环境艺术设计系(실내디자인 室内设计3명, 경관디자인 景观设计3명) 공업디자인 工业设计系(상품디자인, 디스플레이디자인产品设计3명, 展示设计专业3명) 정보예술디자인 信息艺术设计系(정보디자인 信息设计3명, 애니메이션 动画设计3명) 공예미술工艺美术系(금속예술 金属艺术3명, 칠공예 漆艺3명) 조형예술 造型艺术 회화 绘画系(중국화 中国画2명, 유화 油画2명, 벽화및 공공예술 壁画及公共艺术2명) 조형 雕塑(조형雕塑3명) 예술사론 艺术史论系 예술사론 艺术史论系(예술디자인학 艺术设计学2명)

비용	신청비 : ￥600 학비 : ￥40,000/년
기숙사	1인실 : ￥75~65 2인 AB실 : ￥70~60 2인실 : ￥40~30
기타	2009년 17개 본과전공방면 해외 유학생 50명 모집함. 입학원칙 : (1) 예술디자인과 조형예술전공 : 작문과 통식시험 점수가 규정된 최소점수 라인에 도달한자는 소묘(스케치 포함)과 색채 총점수 우수한 자부터 입학된다. (2) 예술사론 : 작문과 통식 시험성적 우수한 자부터 입학. 각전공방향 입학 원칙 "예술디자인"과 "조형예술" 입학표준에 도달한 학생은 같은 전공방향 지원자는 높은 점수 순서대로 입학된다(전공 총점수가 같을 경우 작문과 통식점수 높은 자부터 입학된다). 입학순서는 1지망 우선이며 만약 1지망이 합격 안 된 학생은 2, 3지망 순서대로 입학된다. 3개 지망 모두 입학되지 않고 배속에 복종했을 경우 이번 모집전공 내에서 배속한다. 학교의 배속에 복종하지 않은 학생은 입학되지 않는다.

北京航空航天大学外国留学生本科入学考试大纲

(항공항천대 본과시험범위)

(英语)

一. 考试目标

英语考试旨在测试考生的英语基础知识和运用语言的能力。

英语基础知识包括句型、语法和习惯用法。

二. 考试内容和要求

（一）词汇 高中毕业程度应掌握英语词汇量及常用短语和习语

（二）语法

1. 词法

    a. 名词

      名词的复数构成

      专有名词

      不可数名词

      名词数量表达法

      名词所有格

    b. 代词

      人称代词(主格和宾格)：

      I /you/he/she/it/we/they/me/him/her/them etc.

      物主代词：形容词性的物主代词my/your/his/her/its/our/

          名词性的物主代词mine/yours/his/hers/

          its/ours/theirs etc.

      指示代词 this/that/these/those etc.

      疑问代词 what/which/who/whose etc.

      不定代词 some/any/other/another/each/all

          everyone/everybody/everything

          nobody,nothing, none

both/neither/either

one/ones

little/a little/few/a few

many/much/a lot etc.

反身代词　myself/yourself/himself/herself/itself

ourselves/yourselves/themselves

关系代词　who/that/which/whom/whose/as etc.

连接代词　that/what etc.

c. 冠词 (a/an/the基本用法)及零冠词的用法

d. 数词

基数词和序数词的构成及用法

分数的表达,倍数, 百分数的表达及用法

时间、年代、年龄表示法, 算术式的简单表达

e. 形容词和副词

形容词和副词比较级和最高级的构成

几种比较结构：

as…as/not as…as/not so…as

比较级+than

the+最高级…in/of…

more and more

The more…the more…

One of the+形容词最高级+名词复数

f. 介词

常用介词和介词短语

g. 连词

并列连词和从属连词

并列连词：and, both…and, not only…but also, as well as, either…or, neither…nor…, but, yet, however, otherwise, nevertheless etc.

从属连词：that, whether, if, when, since, unless, after, before, until, once, as soon as, whoever, where, wherever, why, as if etc.

h. 动词

动词的种类：实义动词(及物动词和不及物动词)、系动词、助动词、情态动词

时态(8种)：一般现在时、一般将来时、现在完成时、现在进行时、一般过去时，　　过去将来时、过去完成时、过去进行时

语态：主动语态

　　　　　被动语态－－－－－－一般现在时、一般将来时、一般过去时、现在完成时、现在进行时、过去将来时、过去完成时、过去进行时

动词的非谓语：分词　　(作定语、表语、宾语补足语、

状语；否定式、完成式、被动式)

　　　　　　　动名词(作主语、宾语、表语、定语；否定式、完成式、被动式)

　　　　　　　不定式　(作主语、宾语、表语、宾语补足语、定语、状语;否定式、完成式、被动式、与疑问词连用)

2. 句法

　　a. 句子种类，句子成分(主语、谓语、宾语、宾补、表语、定语、状语)

　　　陈述句

　　　疑问句　－　一般疑问句,特殊疑问句,反意疑问句,选择疑问句

　　　祈使句

　　　感叹句

　　b. 句子类型

　　　简单句

　　　主+Vi.

　　　主+Vt.+宾语

　　　主+Vt.+双宾语

　　　主+Vt.+复合宾语

　　　主+link.v. +表语

　　　并列句

复合句

状语从句

定语从句

宾语从句

主语从句

表语从句

同位语从句

三. 考试题型 (试题难易程度为：6：2：2)

I. Grammar (20%)

题型为选择题，有20小题。每小题包括一个不完整的英语句子和四个选项，要求考生从四个选项中选出最合适的答案。

II. Vocabulary (15%)

题型为选择题，有15小题。每小题包括一个不完整的英语句子和四个选项，要求考生从四个选项中选出最合适的答案。

III. Cloze Test (25%)

题型为选择题，有25小题。本题向考生提供两篇短文或一篇短文，中间有25个词或词组被拿掉，在下面的每小题中有四个选项，请考生根据上下文的意思，从中选出最合适的一个词或短语，把文章填完整。

IV. Reading Comprehension (20%)

题型为选择题。本题向考生提供四篇短文，题材多样，包括日常生活、文化、科普知识、人物传记等。每篇短文设置3－5小题，共有20小题。要求考生既能看懂短文的字面意思，又能推论出短文的意思。

V. Writing (20%)

主要测试考生书面表达的基本能力。本题要求考生根据所给的情景提示语(包括所写的材料的目的、对象、时间、地点、内容等)，按照交际的要求写出一篇不少于60词的文段。本题包含可供选择的A、B两道题，考生可任选其中一题。如考生两题均完成，阅卷时只记录A题成绩。

书面表达的文段应符合下列要求：

1. 语言通顺，语句连贯，层次清楚，意思正确。

2. 用词基本恰当，句子结构完整，语法正确。

3. 书写规范，字迹工整，格式符合要求。

北京航空航天大学外国留学生本科入学考试大纲

(物理)

一. 考试要求

本大纲包括力学、热学、电学、光学等知识内容，各部分内容在试卷中所占比例分别为：

力学　　40%

热学　　10%

电学　　40%

光学　　10%

二. 考试内容

第一部分　力学

内　容	说　明
1. 质点	了解质点的概念。
2. 位移和路程	了解位移和路程的区别，知道矢量和标量。
3. 匀速直线运动	会用 $s=vt$ 进行计算；理解匀速直线运动位移图像和速度图像的物理意义。
4. 速度和速率	理解速度. 速率的区别和联系。
5. 变速直线运动 　平均速度 　瞬时速度	了解变速直线运动。 理解平均速度的概念。 理解瞬时速度的概念。
6. 匀变速直线运动 　加速度	会运用匀变速直线运动的三个公式进行计算。 理解匀变速直线运动的速度图像的物理意义。
7. 自由落体运动和重力 　加速度	知道伽利略对自由落体运动的研究，知道重力加速度的意义，会计算自由落体的运动。
8. 力	理解力的概念，会用力的图示法表示力。
9. 重力	了解重力。

10. 弹力	了解胡克定律，并能进行简单计算。
11. 静摩擦力	了解静摩擦力，对最大静摩擦因素不作要求。
12. 滑动摩擦力和动摩擦因数	会用滑动摩擦力公式 $f = \mu N$ 进行计算。
13. 力的合成和分解	计算只取限于能用直角三角形知识求解的问题
14. 力的平行四边形定则	计算只取限于能用直角三角形知识求解的问题。
15. 物体受力分析	会正确画出物体的受力图；只限于受力物体可看作质点的情况。
16. 共点力的平衡条件	会用来解决简单的静力学问题。
17. 牛顿第一定律．惯性	了解力是使物体运动状态改变的原因。了解质量是物体惯性大小的量度。
18. 牛顿第二定律	能综合运用运动学和动力学知识解决简单的综合性问题，但不处理连接体的问题。
19. 牛顿第三定律	了解牛顿第三定律。
20. 功．功率	只计算恒力做功问题；对功率的计算只限于功率恒定，物体处于匀速运动状态，且力与速度在同一方向上的简单问题。
21. 动能．动能定理	会用 $E = \frac{1}{2}mv^2$ 和 $W = \frac{1}{2}mv^2 - \frac{1}{2}mv_0^2$ 进行计算
22. 重力势能 弹性势能	能正确应用重力势能表达式。 定性了解弹性势能。
23. 机械能 机械能守恒定律	理解动能和势能的相互转化， 应用机械能守恒定律解决力学问题。
24. 动量．冲量 动量定理	了解动量．冲量的基本概念与定义。 只要求计算一维直线问题。
25. 动量守恒定律	会应用动量守恒定律解决一维问题。
26. 曲线运动	了解曲线运动中速度．加速度的方向，了解物体做曲线运动的条件
27. 平抛运动	理解运动的合成和分解，会求解平抛运动的问题。
28. 匀速圆周运动．线速度．角速度和周期	理解匀速圆周运动的角速度．线速度和周期之间的关系并利用其进行计算； 关于竖直面上的圆周运动，只要求讨论最高点和最低点时的问题。
29. 向心力．向心加速度	理解向心加速度，会用向心加速度公式进行计算；向心力限于由一个力提供并沿半径方向的情形。
30. 简谐振动	理解弹簧振子的振动；理解简谐振动图像。
31. 振幅．周期．频率	理解周期和频率的关系。
32. 单摆	了解单摆做简谐振动的条件； 会用单摆的周期公式进行计算。
33. 机械波 横波和纵波 波长．频率和波速	了解横波图像的物理意义。 理解波长．频率与波速的关系。并利用其进行计算。
34. 波的干涉	知道干涉现象及产生条件
35. 波的衍射	知道衍射现象及发生明显衍射的条件。

第二部分　热学

内　容	说　明
1. 分子动理论	了解分子的大小和质量；了解阿伏加德罗常数和布朗运动；了解理想气体。
2. 分子的动能，分子的势能	了解分子动能与温度的关系，了解分子势能。
3. 物体的内能	理解改变物体内能的两种方式：做功和热传递。
4. 能的转化和守恒定律	不要求掌握热力学第一定律的表达式。
5. 气体状态的状态参量	了解气体压强的微观解释。
6. 热力学温标	了解绝对零度的意义。

第三部分　电磁学

内　容	说　明
1. 两种电荷，电量，电子电荷	了解电荷的相互作用；了解点电荷，电量单位，电子电荷大小，数量级。
2. 真空中的库仑定律	库仑定律应用只限于两个点电荷的相互作用。
3. 电场，电场强度，电场线	理解匀强电场；理解电场可以叠加；计算限于一条直线上电场强度的叠加。 了解几种典型的电场线图。
4. 电势差	理解电势和等势面的概念，理解电势能的概念。
5. 电势差与电场强度关系	只限于匀强电场情况，会用公式 $U=Ed$ 进行简单计算
6. 电流 　电流强度	了解产生持续电流的条件；了解恒定电流。 理解电流强度与电荷运动的关系。
7. 欧姆定律	理解欧姆定律并能解决简单电路问题
8. 电阻，电阻电律	理解电阻率。会用电阻率公式进行计算
9. 电功，电功率	会用 $W=IUt$ 和 $P=IU$ 进行计算。
10. 焦耳定律	会用 $Q=I^2Rt$ 进行计算
11. 串联电路及其分压作用，并联电路及其分流作用	理解串并联电路的电流，电压和功率分配。会计算串并联电路的简单问题。

内　容	说　明
12. 电动势	了解电动势的概念
13. 闭合电路的欧姆定律　路端电压	能综合运用有关知识解决简单的混联电路问题。理解路端电压与外电路电阻的关系；理解断路．短路时的路端电压和电流。
14. 串联电池组．并联电池组	会计算同种电池正向串联或并联组成的电池组的总电动势和内阻。
15. 伏安法测电阻	会选择合适电路测电阻。
16. 磁场．磁感应强度．磁感线．磁通量	了解磁场．磁感应强度的定义．磁感线．磁通量。
17. 电流的磁场	会用安培定则判断电流磁场的方向。
18. 磁场对通电导线的作用．左手定则	会用左手定则判断磁场对通电直导线的作用力方向。
19. 安培力	会用安培力公式进行计算。
20. 洛仑兹力．带电粒子在匀强磁场中的运动	会计算带电粒子在匀强磁场中的受力及运动情况，仅限于速度与磁场垂直的情况。
21. 电磁感应现象	了解电磁感应现象及产生的条件。
22. 右手定则　楞次定律	会用右手定则判断感应电流的方向；
23. 感应电动势	会用 $\varepsilon = BLv$ 进行计算，只要求 L, B, v 三者垂直且v恒定的情况。

第四部分　光学

内　容	说　明
1. 光的直线传播	知道光在真空中的传播速度
2. 光的反射定律	知道光的反射定律，会用作图法处理平面镜成像问题
3. 光的折射定律．折射率　全反射	会用折射定律进行计算。了解折射率与光速的关系；不要求知道相对折射率。会计算临界角
4. 光的电磁本性	了解电磁波谱
5. 光的波粒二像性	了解光电效应现象及解释。

北京航空航天大学外国留学生本科入学考试大纲

(数学)

一. 考试要求

数学考试旨在考查中学数学的基础知识、基本技能和思维能力、运算能力，以及运用有关数学知识分析问题和解决问题的能力。

二. 考试形式

1. 数学各部分内容在试卷中的占分比例

    代数：约55%

    三角：约20%

    平面解析几何：约25%

2. 题型比例

    填空题和选择题：占总分60%左右

    解答题：占总分40%左右

3. 考试时间及总分

    时间：120分钟

    总分：100分

（一）代数部分

1. 函数、不等式

    (1) 理解集合及其表示，掌握子集、交集、并集、补集的概念，了解空集和全集的意义，了解属于、包含、相等关系的意义，能掌握有关的术语和符号，能正确表示一些简单的集合。

    (2) 掌握不等式的性质，会用基本不等式(限于下列不等式：$a^2+b^2 \geq 2ab, \dfrac{a+b}{2} \geq \sqrt{ab}$)进行简单的推理和运算。

    (3) 掌握一元一次不等式(组)、一元二次不等式的解法，会解简单的分式不等式，了解区间的概念。了解绝对值不等式的性质，会解简单的绝对值不等式。

    (4) 理解函数的概念，能求一些简单函数的定义域。

    (5) 了解反函数的概念及互为反函数的函数图象间的关系，会求一些简单函数的反函数。

    (6) 掌握函数的奇偶性和单调性的概念以及它们图象特征，能判断一些简单函数单调性。会求一些特殊函数的最大值和最小值。

    (7) 理解一次函数、反比例函数的概念，掌握它们的图像和性质，会求它们的解析式。理解二次函数的概念，掌握它的图像和性质，会求它的解析式及最大值和最小值，能灵活运用二次函数的性质解决有关问题。

(8) 理解指数与对数的概念，掌握有关的性质和运算法则。

(9) 理解指数函数、对数函数的概念，掌握它们的图像和性质，解决与之相关的问题。

2. 数列

(1) 了解数列有关概念。

(2) 理解等差数列与等比数列的概念，掌握等差数列与等比数列的通项及前n项和的公式，并运用公式解决有关问题。

(3) 了解数列极限的意义，掌握极限的四则运算法则，会求公比的绝对值小于1的无穷等比数列前n和的极限。

3. 平面向量

(1) 理解平面向量的概念，理解向量的加法、减法、实数与向量的乘法的定义和几何意义；

(2) 掌握向量的坐标表示法，向量与向量的数量积的定义，掌握他们的运算法则，并且能应用它们解决一些简单问题。

(3) 掌握平面两点间的距离公式，线段的中点公式，并能熟练运用，掌握平移公式。

4. 排列组合、二项式定理

(1) 了解分类计数原理和分步计数原理，了解排列组合的概念，会用排列数、组合数的计算公式，会解排列、组合的简单应用题。

(2) 掌握二项式定理和二项式系数的性质，并能用它们计算
一些简单问题。

（二）三角部分

1. 三角比

(1) 了解正角、负角、零角的概念，理解象限角和终边相同
的角的概念，理解弧度的意义，并能正确地进行弧度和
角度的换算。

(2) 掌握任意角三角比的定义，三角比的符号，同角三角比

的基本关系式（$\sin^2 \alpha + \cos^2 \alpha = 1$，$\dfrac{sin\alpha}{cos\alpha} = \tan \alpha$，$\tan \alpha \cdot$

$\cot \alpha = 1$）与诱导公式。

(3) 掌握两角和与差的余弦、正弦、正切公式，二倍角的正
弦、余弦和正切公式，会应用它们进行计算、化简和证
明。通过公式的推导，了解其内在联系，培养逻辑推理
能力。

(4) 掌握正弦定理、余弦定理和三角形面积公式，并应用这
些公式解斜三角形。

2. 三角函数的图像和性质

(1) 掌握正弦函数、余弦函数的图像和性质，会用它们解决
有关问题;了解正切函数的图像和性质。

(2) 了解函数 $y = \mathrm{A}\sin(\omega x + \varphi)$ 与 $y = \sin x$ 的图像之间的关系，
会求函数 $y = \mathrm{A}\sin(\omega x + \varphi)$ 的周期、最大值和最小值。

（三）平面解析几何部分

1. 直线

(1) 掌握直线的倾斜角和斜率的概念、过两点的直线的斜率公式掌握，两条直线的平行和垂直的判断办法。

(2) 熟练掌握直线方程的点斜式、两点式和一般式，会求两条直线的交点和夹角，掌握点到直线距离公式。

2. 曲线与方程

(1) 曲线和方程：掌握直角坐标系中的曲线与方程的关系和轨迹的概念，能够根据所给条件，选择适当的坐标系求曲线方程，并画出方程所表示的曲线。

(2) 圆：掌握圆的标准方程和一般方程，熟练掌握直线与圆的位置关系。

(3) 椭圆：掌握椭圆的标准方程和几何性质。能用定义解决一些问题。

(4) 双曲线：掌握双曲线的标准方程和几何性质。能用定义解决一些问题。

(5) 抛物线：掌握抛物线的标准方程和几何性质，能用定义解决一些问题。

(6) 坐标轴的平移：了解用坐标法研究几何问题的思想，能利用坐标轴的平移化简曲线方程。

北京航空航天大学外国留学生本科入学考试大纲

化 学

一. 考试要求

掌握中学所学化学基本知识，能够正确判断、解释和说明有关化学现象和问题并进行相关计算， 能够运用所掌握的知识对生活、生产、环境等一些具体问题进行必要的分析、解释、论证。

二. 考试形式

选择题(30%)　填空题(30%)　计算题(40%)

一. 化学基本概念和原理

物质结构	1. 原子组成及同位素概念；原子序数．核电荷数．质子数．中子数．质量数之间的关系 2. 1——18号元素的原子结构示意图 3. 核外电子的排布规律，金属元素和非金属元素的原子结构特点 4. 化学键 5. 离子键和离子化合物，共价键和共价化合物
元素周期律和元素周期表	1. 元素周期律的实质 2. 元素周期表及其应用 3. 周期和族：同一周期和同一主族内元素的性质递变规律和原子结构的关系
物质的量	1. 物质的量及其单位——摩尔 2. 摩尔质量 3. 气体摩尔体积 4. 物质的量浓度及其计算 5. 物质的量．物质的量浓度．气体摩尔体积应用于化学方程式的计算

化学反应与能量	1. 化学反应中的能量变化 2. 吸热反应和放热反应
化学反应速率和化学平衡	1. 可逆反应 2. 化学反应速率 3. 化学平衡及勒沙特列原理
电解质溶液	1. 电解质（强电解质和弱电解质） 2. 电离平衡（以水．氨水．醋酸为例） 3. 盐类的水解（强酸弱碱盐和强碱弱酸盐） 4. 离子反应
氧化还原反应	1. 氧化还原反应（从化合价升降和电子得失角度介绍） 2. 氧化剂和还原剂

二. 元素化合物知识

氯族	1. 氯气的物理性质 2. 氯气的化学性质（跟金属．氢气．水．碱的反应） 3. 氯气的用途 4. 氯离子的检验 5. 氯气的实验室制法（以二氧化锰与浓盐酸的反应为例）
氧族	1. 二氧化硫的化学性质（跟氧气．水的反应，漂白作用） 2. 二氧化硫对空气的污染和防止污染 3. 环境保护的重要意义 4. 浓硫酸的性质（吸水性．脱水性．氧化性） 5. 硫酸盐（硫酸钡） 6. 硫酸根离子的检验
氮族	1. 氮气的化学性质（跟氢气．氧气的反应） 2. 氨的物理性质 3. 氨的化学性质（跟水．氯化氢．氧气的反应） 5. 氨的实验室制法 6. 铵盐 7. 铵离子检验

	8. 硝酸的化学性质（酸性. 不稳定性. 氧化性）
碱金属	1. 钠的物理性质 2. 钠的化学性质（跟氧气. 水的反应） 3. 钠的重要化合物（如过氧化钠. 碳酸钠和碳酸氢钠） 4. 焰色反应
铝及其 化合物	1. 铝的化学性质（跟非金属. 酸. 碱. 氧化物的反应） 2. 铝的重要化合物（氧化铝. 氢氧化铝. 明矾） 3. 两性氧化物和两性氢氧化物
铁	1. 铁的化学性质（与非金属. 水. 酸. 盐的反应） 2. 铁盐和亚铁盐 3. 高炉炼铁及炼钢

항공항천대학 본과(2009)

신청조건	고졸 이상, 만 35세 이하, HSK 6급 이상(자연과학 및 관리과학전공은 HSK 5급 이상, 사회과학전공은 HSK 6급 이상)
구비서류	입학신청서, 고등학교 졸업장/성적표, HSK증서/성적표, 여권 사진5장, 여권 사본
신청기간	2009년 3월 10일 ~ 6월 10일
시험시기	2009년 5월 16일,(8：30−10：10 수학, 10：30−12：10 물리와 화학, 14：00−15：40 영어) 혹은 6월 두 번째 토요일
시험과목	영어, 수학, 물리, 화학
개설학과	국제경제무역, 회계학, 금융학, 법학, 행정관리, 영어, 수학/응용수학, 응용물리학, 금속재료공정, 재료과학과 공정, 고분자재료와 공정, 통신공정, 기계설계제조 및 자동화, 재료성형 및 공재공정, 측항기술과 의기, 생물공정, 비행기환경과 생명보증 시스템공정, 컴퓨터과학과 기술, 신다매체예술(新多媒体艺术), 환경공정, 교통운수, 생물의학공정, 비행기설계와 공정, 비행기동력공정, 열에너지와 동력공정, 전기공정 및 자동화, 자동화, 전자정보공정, 응용화학, 전자과학및기술, 광학과 전자정보공정, 차량공정, 공정력학, 전자공정 및 자동화, 비행기제조공정, 비행기환경과 생명보장공정, 항천기술,

	정보관리와 정보시스템, 공업공정, 공상관리, 경제학, 공업설계, 토목공정, 탐측유도와 탐제기술
학비	신청비 : ￥400 학비 : ￥25,000/년 보험비 : ￥600/년
기숙사	1号留学生公寓 : 1인실－￥1,300/개월, 화장실과 주방은 2사람이 공동 사용한다. 2号留学生公寓 : 1인실－￥1,100/개월, 2인실－￥550/인/개월 기숙사 시설 : 에어컨, TV, 전화, 화장실 등 구비.
기타	2008년 〈유학생 현황〉 84여 명 합격. 총 유학생 : 300여 명. 2007년부터 재학생에서 우수 외국유학생에게 〈북경항공항천대 외국유학생 장학금〉 실시.

* 출처 : 북경니하오유학원

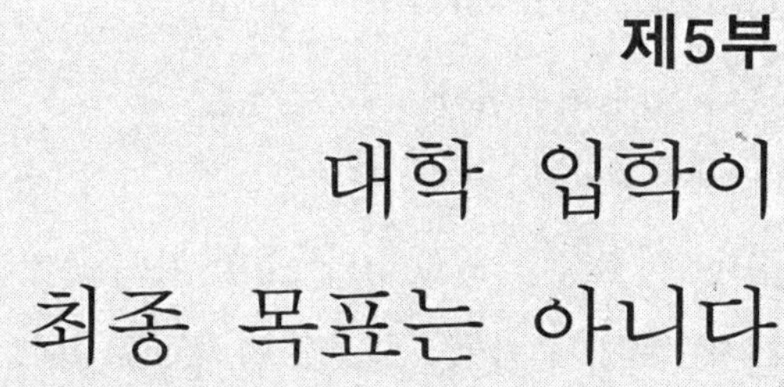

제5부

대학 입학이
최종 목표는 아니다

01

명문대 합격 이후에도 긴장을 늦추지 말자

대학 합격의 기쁨도 잠시

북경대는 어문, 영어, 수학, 역사, 개황 500점 만점 중 350점이 커트라인이었으며, 800여 명이 시험을 치러 130등 이상이 되어야 합격을 합니다. 우리나라와는 다르게 그중에서 학과 선택이 이루어집니다.

2008년 4월 둘째 토요일은 날씨가 쌀쌀하고 추웠습니다. 북경대 시험장은 응달이라 수험생도 추웠고 학부모님과 학원 관계자 역시 추위를 견디기 어려웠습니다. 점심은 학원에서 준비한 김밥도시락으로 해결했습니다. 우리나라와 달리 시험 마친 뒤 점심 먹으러 온 학생들과 얘기도 할 수 있고 다시 오후 시험을 치릅니다. 아이들은 힘이 들지만 다음날 시험을 위해서 귀가를 하든지 도서관에서 다음날 시험 준비를 합니다.

이제 아이들이 그 모든 고비를 넘기고 대학에 입학했습니다.

그렇게 할 수 있었던 것은 아이들 스스로의 노력이 가장 중요했다고 봅니다. 왜 대학에 가야 하는지, 대학에 가기 위해서는 어떻게 해야 하는지, 스스로 그 가치를 깨우치지 못하면 결코 그 수많은 고비를 넘지 못합니다. 아이들에게 미래의 꿈을 이야기하며 어려움을 극복해야 하는 이유를 스스로 깨닫도록 유도했습니다. 물론 학원 선생님들도 아이들의 나태함과 탈선을 막기 위해 부모처럼 아이들과 함께 노력하는 마음을 가져 주셨던 것 같습니다.

한 송이 국화꽃을 피우기 위해서는 많은 조건이 맞아야 가능한 것이지요. 아이들 스스로의 노력 그리고 옆에서 지켜주는

아시아에서 가장 큰 도서관인 북경대 도서관 앞에서

선생님과 부모의 마음이 합쳐졌기 때문에 아이들의 대학 입학이 가능했다고 믿습니다.

1년 반 동안을 전심전력으로 달려 두 아이가 한꺼번에 대학에 입학하는 기쁨을 가졌습니다. 짧지 않은 기간이었지만 지금 생각하면 저 스스로가 무모했다는 생각이 들고, 또 아이들이 힘든 과정임에도 불구하고 엄마의 희망대로 따르고 성취해 주었다는 데 고마움을 느낍니다.

그러나 대학 입학이 결코 끝일 수는 없습니다. 대학은 아이들이 미래의 꿈을 실현시켜 가는 과정에 있어 매우 중요한 전환점의 하나일 뿐이지요. 꿈의 실현을 좌우할 수 있는 결정적 시기입니다.

대학 합격 발표가 나고 아이들과 함께 남편이 있는 한국으로 갔습니다. 아이들에게 잠시 쉴 수 있는 시간이었습니다. 그러나 놀아도 놀아도 그 재미에서 벗어나지 못하는 것이 아이들이기에 한없이 놀도록 내버려 둘 수는 없었습니다. 그래서 영어학원에 등록하여 문법을 공부하면서 공식시험인 IBT의 요령을 익히도록 했습니다. 그리고 서점으로 가서 아이들과 함께 읽고 싶은 책들을 구입했습니다.

입학하기까지 두 달여 기간 동안 아이들은 영어 IBT시험을 준비했습니다. 그리고 틈틈이 한국 역사와 문화에 대한 책도 읽었습니다. 아이들이 무엇을 해야 하는지 깨닫도록 해주면 힘들고 어려워도 스스로 그 길을 헤쳐 나가게 되는 것 같습니다. 자기들의 영어 실력이 어느 정도인지, 한국에 대한 이해도가

청화대 건물 앞에서 하동인, 하현지와 함께

얼마나 부족한지 느끼고 더욱 열심히 해야겠다는 생각을 하게
되는 것 같았습니다.

그렇게 3개월여 한국생활을 보내고, 우리는 성공적인 중국에
서의 대학생활을 기약하며 다시 중국으로 왔습니다.

한국인의 경쟁력을 갖추라

한국 학생이 북경대, 청화대를 다니는 것은 중국 학생들만큼
큰 메리트가 되지 못한다고 생각합니다. 한국 학생들은 외국인

특별전형으로 입학을 했기 때문에 입학의 조건에 있어 혜택을 받았다고 할 수 있습니다. 그래서 대학을 졸업하더라도 중국 학생들처럼 인정을 받지 못합니다. 중국어에 있어서도 한국어와 중국어를 자유롭게 구사하는 180만 조선동포와의 경쟁에서 이기는 것이 쉽지 않다고 생각합니다.

그래서 중국에서 공부하는 유학생들이 경쟁력을 갖추기 위해서는 타 지역 유학생들보다 더욱더 많은 노력을 해야 한다고 봅니다. 중국의 정치, 경제, 문화는 물론, 중국인의 일상생활, 중국의 역사까지 중국의 모든 면에 대해 깊은 이해를 해야 합니다. 중국인보다도 더 깊게 중국을 연구하고 중국인들이 보지 못하는 중국을 볼 수 있는 통찰력을 길러야 합니다. 그러한 객관적 시각을 가질 수 있다는 것이 외국인의 장점이 될 수 있습니다.

중국에 대한 책을 읽되 책을 통해 중국을 이해하려고 해서는 절대 안 되며, 열심히 뛰면서 직접 부딪치는 노력을 해야 합니다. 우선 수도인 북경부터 중국 학생들보다 더 자세히 알도록 노력해야 합니다. 하지만 그래도 아직 길은 멀기만 합니다. 그래서 아이들에게 북경에 대해 누구보다 깊이 있고 상세한 설명을 할 수 있는 가이드가 될 수 있도록 노력하라고 했습니다. 마찬가지로 북경 시내에 대해서도 가이드 이상의 지식과 경험을 가지고 있어야 한다고 생각합니다. 명승지에 대한 설명에서부터, 어디에 가면 어떤 중국의 특성을 볼 수 있는지, 중국 사람은 어떠한지, 북경 사람의 특성은 타 지역 사람과 어떻게 다른지 등등 알아야 할 것은 무척 많고 그러한 것들을 알기 위해서는 참 바빠야 한다고 생각합니다.

하지만 중국을 아는 것만으로는 부족합니다. 대학에 입학한 만큼 학과목에서 최소한 중국 학생들과 대등한 성적을 거두어야 합니다. 특히 전공 관련 전문서적을 영어로 중국어로 이해하고 설명할 수 있는 실력을 갖추는 것이 좋습니다. 어학 능력에 있어서 중국인을 능가하는 영어실력과 조선동포를 능가하는 중국어 실력을 갖추어야 합니다. 적어도 그렇게 되도록 최선의 노력을 다해야 합니다. 또한 한국 역사와 지리, 문화를 제대로 알지 못하는 어정쩡한 한국인이 되어서는 안 됩니다. 한국 역사와 문화, 지리를 공부하고 틈틈이 한국 뉴스도 들으면서 한국에 대한 끈을 놓지 말아야 합니다.

대학은 인생의 미래를 준비하는 기간입니다. 그래서 내가 앞으로 살아갈 길을 그리며 그 길을 가기 위해 필요한 것들을 최선을 다해 준비해야 합니다. 중국어와 영어 실력을 객관적으로 평가해주는 평가시험들에서 우수한 성적을 받아 두어야 하고, 가능하다면 국제 학술지에 나의 생각과 노력의 결실을 올려보기도 하고, 시간을 내어 NGO단체에서 봉사활동도 하고, 자신에게 필요한 국제 자격증도 취득해 봐야 합니다.

대학은 낭만만이 있는 시기가 아닙니다. 할 일이 많은 시기입니다. 최선을 다해 자신이 할 일을 챙기며 해 나갈 때 진정한 낭만을 만끽할 수 있습니다.

이러한 노력은 결코 하고자 하는 마음만으로는 부족합니다.

미래에 대한 굳은 신념과 비전이 없으면 언제든 허물어질 수 있는 모래성 같은 것이지요. 한국인으로서 자존심을 지키고자 스스로를 부단히 질책하는 노력도 필요합니다. 그렇게 할 때만이 중국유학생으로서 진정한 자리를 찾게 될 것이라고 생각합니다.

자기관리가 꿈을 실현하는 기초가 된다

아이들은 대학에 들어가면 공부는 끝이 아닐까 하는 환상을 가지고 있는 것 같습니다. 저 자신도 그 옛날 그런 생각으로 대학에 입학했던 기억이 있습니다. 대학에 들어가면 입시의 지옥에서 벗어나는 것은 사실이나 공부는 죽을 때까지 하는 것이라는 사실을 아이들이 이해하는 데는 시간이 좀 필요할 것입니다. 하지만 적어도 대학 입학이 공부의 끝이 아니라는 것은 입학 즉시 깨닫게 되며 대학 공부도 결코 만만하지 않다는 것을 알게 됩니다. 이제까지는 학교 선생님이 이끌어 주는 대로 공부하면 되었지만 이제부터는 스스로 찾아서 공부도 하고 교양도 쌓고 체력도 길러야 한다는 것을 느끼게 됩니다. 아이들이 대학 생활을 시작하면서부터는 이제까지와 같이 학교와 집을 반복적으로 오가는 입시 준비 때와는 달리 엄마가 아이들을 위해 해줄 수 있는 것도 매우 적어지는 것 같습니다.

그래서 아이들은 길을 찾지 못해 우왕좌왕 하다가 잠시 방황을 하기도 합니다. 입학 초기 선배들로부터 신고식을 치르며 입시 학원에서 느끼지 못했던 자유와 낭만을 만끽하면서 어디로 가야할지, 무엇을 해야 할지 생각할 시간도 없이 허송세월을 보내게 되기도 합니다. 그러한 생활에 빠지게 되면 대학생활에 제대로 적응치 못하고 뼈저린 아픔을 겪을 수밖에 없게 될 것입니다.

대학생활에서는 무엇보다 자기 관리가 중요합니다. 그러기 위해서는 정신적 건강과 육체적 건강을 함께 관리해야 합니다. 정신적 건강은 긍정적 사고방식을 통해 가능합니다. 비타민과 같은 생각, 꿈을 이룰 가능성을 꿈꾸며 꿈이 현실화될 수 있다는 신념을 가져야 합니다.

모든 것은 마음에 기초합니다. 스스로 긍정적 사고를 하게 되면 모든 일은 긍정적 방향으로 이루어집니다. 긍정적 사고는 자신감이 있을 때 나오게 됩니다. 아이들이 매사에 열심히 임하고 스스로 만족하면서 자신의 길을 향해 끊임없이 노력하기를 바란다면 언제나 긍정적 사고와 기운을 갖도록 해주는 것이 필요하다고 봅니다.

대학생활 4년을 풍성하게 할 독서

우리의 인생은 유한합니다. 유한한 기간 동안 인간이 직접 경험할 수 있는 것은 너무나 적습니다. 혼자서 모든 것을 경험할 수 있다면 선생님도 필요 없고 책도 필요 없을 것입니다. 우리는 대부분의 지식을 책을 통해서 얻게 됩니다. 책을 통해 우리는 아득한 옛날로 갈 수도, 아무도 가본 적이 없는 미지의 미래 세계에 갈 수도 있습니다. 또한 책을 통해 우리는 옛 선각자들이 남긴 지혜를 얻을 수도 있으며 스스로 미처 생각지 못한 삶의 등불을 찾아내기도 합니다.

독서에 대해서는 어릴 때 버릇을 들이는 것이 중요합니다. 그러나 어릴 때 버릇되지 않았다고 하여 내버려둘 수 없는 것이 독서 습관입니다. 독서는 하라고 한다고 해서 아이들이 따라주지 않는 것 같습니다. 스스로 그 필요성을 느끼도록 해야 한다고 생각합니다. 책을 많이 읽고 난 이후가 되어야 책의 필요성을 느끼게 되지요. 책을 보면 볼수록 더 많이 궁금한 것이 생기고, 그래서 또 새로운 책을 찾게 되고, 자신의 부족함을 느끼고 무한히 새로운 책을 찾아다니게 되는 것이라고 봅니다. 다행히 우리 아이들의 경우 나름대로 자신들이 좋아하는 분야의 책들이 있고, 어릴 때 익혀둔 속독법이 도움을 주어 책을 읽는데 재미를 느끼고 있어 다행스럽게 생각합니다. 어찌 되었든 아이들에게 독서를 권장하는 최선의 방법은 독서에 재미를 느끼게 만드는 것입니다. 그렇게 되면 자연히 책을 많이 읽게 되니까요. 저는 아이들에게 만화책이든 소설책이든 많이 읽도록 했습니다. 그리고 가끔씩 만화책을 읽는 대가로 다소 재미가 덜한 책을 한 권씩 읽도록 하는 것도 좋은 방법일 것입니다. 특히 딸은 소설을 통해 영어에 더 큰 재미를 느끼고 중국어 배우는 데도 도움이 되었던 것 같습니다. 소설에 재미를 느껴 한국어든 영어든 중국어든 어떤 언어로 된 것이든 소설이라면 재미를 느꼈으니까요.

독서에 재미를 느끼고 습관화가 된 이후에는 책을 읽는 데도 선택이 있어야 하고 중요도에 따라 집중하는 정도도 달라야 합니다. 아무런 책이나 닥치는 대로 모두 읽는 데는 한계가 있습니다. 아직 경험이 부족하고 사고의 체계가 제대로 형성되는 못한 대학 초년생 때에는 스스로 책을 선택하는 것 자체가 쉽지 않은 일이지요. 그럴 때에는 교수님을 찾아뵙고 책을 추천받기도 하고, 인터넷 등을 통해 지혜로운 사람들의 추천을 받기도 해야 합니다.

또한 책을 읽는 데는 한 자 한 자 정독을 해야 할 책이 있고, 대각선으로 한 번 훑어보며 대강의 뜻을 이해하는 정도로 읽을 책도 있습니다. 현대인들은 인쇄 매체와 정보기술의 발달로 엄청난 양의 정보에 노출되어 있습니다. 내가 듣고 읽는 정보가 올바른 것인지, 나에게 유용한 것인지를 판단하는 데 정독을 할 필요는 없는 것이겠지요. 일단 빠른 속도로 읽고 나에게 유용한 올바른 정보라고 판단될 때 세밀히 읽고, 반복해서 읽어 나의 것으로 만들어야 되는 것입니다. 그래서 아이들은 속독을 배울 필요가 있다고 봅니다. 이미 배웠다면 계속 속도가 향상되도록 스스로 노력하고 아직 배우지 않았다면 하루라도 빨리 시작하는 것이 좋다고 생각합니다.

대학생활 4년 동안 전공서적이든 수필집이든 역사서든 전기든 시사평론이든 읽는 만큼 더 풍부해진다는 것을 마음 깊이 새기고 생활해야 한다고 봅니다. 책을 읽은 만큼 세계를 보는 안목도 커지고, 사고의 깊이도 깊어질 수 있으니까요.

　그렇다고 무조건 많이 읽는 것만이 중요한 것은 아닙니다. 그냥 책을 읽는 데 만족해서는 안 되는 것이지요. 책을 읽으면서는 책 속의 내용을 음미하는 습관을 가져야 합니다. 책을 읽되 글로써만 읽는 것이 아니라 뜻으로 읽어야 합니다. 그리고 한 번 속독하는 것으로 다시 볼 필요가 없는 책이 있는 반면, 영원히 곁에 두고 읽고 또 읽어야 할 책도 있습니다. 전 아이들이 대학생활을 하면서 영원한 친구로 자신의 곁에 둘 책을 가능한 한 많이 찾아낼 수 있길 원합니다.

　좋은 책을 읽고 사색을 통해 나의 것으로 체화된 지혜는 일생 동안 자신을 바른길로 인도하는 흔들리지 않는 길잡이가 되어 줄 것입니다.

타임즈가 뽑은 20세기 최고의 책 100선

Ⅰ. 문학
1. D.H.로렌스 / 아들과 연인 / 1913
2. 루쉰 / 아큐정전 / 1921
3. 엘리엇 / 황무지 / 1922
4. 제임스 조이스 / 율리시스 / 1922
5. 토마스 만 / 마의 산 / 1924
6. 카프카 / 심판 / 1925(?)
7. 프루스트 / 잃어버린 시간을 찾아서 / 1927
8. 버지니아 울프 / 등대로 / 1927
9. 헤밍웨이 / 무기여 잘 있거라 / 1929
10. 레마르크 / 서부전선 이상 없다 / 1929
11. 올더스 헉슬리 / 멋진 신세계 / 1932
12. 앙드레 말로 / 인간조건 / 1933
13. 존 스타인벡 / 분노의 포도 / 1939
14. 리처드 라이트 / 토박이 / 1940
15. 브레히트 / 억척어멈과 그 자식들 / 1941
16. 카뮈 / 이방인 / 1942
17. 조지 오웰 / 1984 / 1948
18. 사뮈엘 베게트 / 고도를 기다리며 / 1952
19. 블라디미르 나보코프 / 롤리타 / 1955
20. 유진 오닐 / 밤으로의 긴 여로 / 1956
21. 잭 케루악 / 길 위에서 / 1957
22. 파스테르나크 / 닥터 지바고 / 1957
23. 치누아 아체베 / 무너져내린다 / 1958
24. 귄터 그라스 / 양철북 / 1959
25. 조지프 헬러 / 캐치 22 / 1961
26. 솔제니친 / 수용소 군도 / 1962
27. 가르시아 마르케스 / 백년 동안의 고독 / 1967
28. 움베르토 에코 / 장미의 이름 / 1980
29. 밀란 쿤데라 / 참을 수 없는 존재의 가벼움 / 1984
30. 살만 루슈디 / 악마의 시 / 1989

대학생활 동안 만난 친구는 인생의 자산이다

아이들은 초등학교에서부터 중학교, 고등학교를 거쳐 오면서 많은 친구를 사귀었습니다. 물론 대학생활에서도 많은 친구를 사귀게 됩니다. 친구란 긴 인생을 외롭지 않게 해주는 소금과 같은 존재지요. 그러기에 많으면 많을수록 좋은 것이 친구라고 합니다. 그리고 친구는 오래되면 오래될수록 좋다고도 합니다. 모두 맞는 말입니다. 전 우리 아이들이 대학생활을 하는 동안 많은 친구를 오래오래 사귀기를 바랍니다.

그러나 진정한 친구를 사귀는 것이 결코 쉬운 일이 아닙니다. 우리들이 알고 있는 많은 친구는 그냥 친구일 뿐이지요. 진정 내가 어려울 때 나를 위해 최선의 노력을 다할 친구를 한 명만이라도 가질 수 있다면 참 행복한 삶이라고 말하는 분도 있습니다. 부정하고 싶지만 한평생을 살면서 그런 친구를 가지는 사람이 생각만큼 많지 않은 듯합니다. 아이들에게 진정한 친구를 사귀려면 먼저 나 자신이 그 친구의 진정한 친구가 되어야 한다고 말해 줍니다. 운세를 보러 가보면 어느 시기에 어느 방향에서 오는 귀인을 만날 것이라는 얘기를 듣곤 하지요. 귀인이란 나에게 꼭 필요한 것을 가져다주는 사람입니다. 귀인인 만큼 절대 나에게 해를 끼치지 않습니다. 그래서 우리는 점쟁이가 귀인을 만날 것이라고 얘기하면 반갑게 생각하고 희망을 갖게 되지요.

진정한 친구는 귀인과 같은 것이라고 생각합니다. 내가 상대의 귀인이 될 때 상대도 나의 귀인이 될 것입니다. 때로는 나의 진심이 받아들여지지 않고 믿음이 불신으로 되돌아오는 경우도 빈번합니다. 상대가 나에게 요구만 하고 힘들게만 할 수도 있습니다. 나는 상대의 귀인이 되고 싶은데 상대는 언제나 나에게 악인으로만 다가오는 경우도 있지요. 그럴 땐 그 사람의 진심을 관찰해 보기도 하고 멀리 떨어져 바라보기도 하면서 진정 내가 원하는 친구인지 평가를 해봐야겠지요. 진정한 친구 한 명을 사귀는 것이 얼마나 어려운 것인지 스스로 느끼며 진정한 친구를 찾기 위한 노력을 계속할 수밖에 없는 것이지요. 그러한 과정에서 우리는 많은 친구들을 갖게 될 수 있는 것이 아닐까 생각합니다. 내가 아는 친구들이 많으면 많을수록 보다 용이하게 진정한 친구를 찾을 수 있지 않을까 기대해 봅니다.

저는 아이들에게 중국에 유학하는 동안 한국 친구도 필요하지만 중국 친구를 많이 사귀도록 강조합니다. 주어진 환경을 최대한 활용할 필요가 있으니까요. 우리가 중국에서 공부하는 유학생인 이상 중국은 미래 우리의 인생에서 떼려야 뗄 수 없는 존재가 될 것입니다. 아이들이 한국에서 중국에서 멀리 미국에서 일을 하든 학창시절에 사귄 친구는 영원한 자산입니다. 청화대, 북경대는 중국에서 최고의 대학임은 자타가 공인하는 것이며, 그곳에 입학한 중국 학생들은 중국 최고의 인재임은 두말할 나위가 없지요. 아이들이 청화대와 북경대에 입학한 것은 중국 최고의 영재들과 친구가 될 수 있는 절호의 기회를 가진 데 더 큰 의의가 있다고 생각합니다.

친구로서의 사귐은 결코 저절로 되는 것은 아니라고 봅니다. 앞서 얘기했듯이 내가 먼저 상대의 귀인이 될 수 있을 때 그 친구도 나에게 다가와 귀인이 되는 것이지요. 내 마음이 닫혀 있으면 친구의 마음을 열 수 없는 것이지요. 교실에서건 교정에서건 도서관에서건 내가 만나는 한 사람 한 사람에게 정성을 다하고 그 사람이 필요로 하는 부분에 작은 도움이라도 줄 수 있을 때 친구의 만남은 시작되는 것이 아닐까 생각됩니다. 사람의 인연이란 작은 것에서부터 시작이 됩니다. 그 작은 인연이 시간이 지나면서 점점 커지고 마음 깊은 곳에 기억으로 남게 되는 것이지요.

대학보다는 중·고교 친구가 더 정답고, 중·고교 친구보다는 초등학교 친구가 더 반가운 것은 친구란 오래 될수록 좋은 것이기 때문이지요. 하지만 대학 친구도 결코 늦은 것이 아닙니다. 어쩌면 대학 친구는 같은 분야에서 일할 가능성이 가장 많은 친구들이지요. 지금 깊은 친구가 될 수 없더라도 지금 만나는 모든 친구들에게 깊은 인상을 남겨 두길 바랍니다. 인생을 살면서 다시는 만나지 못하는 사람도 참 많습니다. 그렇다면 그 사람에게 나의 인상을 편하게 심어 두어 기억을 남게 한다면 얼마나 좋을까요. 그리고 그 언젠가 그 사람을 다시 만날 인연을 갖게 된다면 그는 나의 귀인이 되어 줄 것으로 믿습니다.

요즘은 인터넷이 발달하여 지리적으로 가까이 있지 못한다고 하여 친구와의 대화가 단절되지 않습니다. 내가 조금 부지런하게 움직이면 나의 친구는 계속 내 곁에 남아 있을 것입니다. 저는 인터넷이나 책 속에서 좋은 글을 만나면 그동안 제가 만났던 사람이나, 아니면 이름만 들었던 사람에 상관없이 제가 아는 모든 이들과 그 글을 공유하기 위해 메일을 띄웁니다. 그 메일에 답신을 주시는 분은 결코 많지 않습니다. 그러나 섭섭하지 않습니다. 언젠가 그분들을 만났을 때 제 이름과 제 글을 기억해 주실 때 저는 너무도 큰 기쁨과 보람을 느끼게 됩니다. 친구는 관리를 해야 합니다. 제가 아는 어떤 분은 친구를 관리하지 못해 마음은 있으나 생일날 전화 한 번 할 줄을 모릅니다. 얼마간은 그렇게 해도 관계가 유지될 수 있습니다. 그러나 세월이 지나면서 그 친구들은 한 사람 한 사람 그 사람 곁을 떠나게 되지요. 물론 그 사람 역시 그 친구들에 대한 기억을 한 사람 한 사람 잊어 가게 되는 것이고요. 안타까운 일이 아닐 수 없습니다.

어렵게 사귄 내 친구를 관리하지 못해 잃는 것은 눈에 보이는 재산 보다 더 큰 손실입니다. 저는 우리 아이들이 대학생활을 하면서 많은 친구를 만나고 그 만남 하나하나를 고귀하게 생각하면서 나의 것으로 관리해 나가길 바랍니다. 온·오프라인의 모임을 잘 살려서 계속 인적 네트워크를 쌓아 가길 바랍니다. 진정한 친구를 사귀는 데는 많은 노력이 필요한 것 같습니다. 그 많은 노력은 언젠가 한순간에 자신에게 엄청난 기쁨으로 보답해 줄 것이라는 진실을 믿습니다.

중국어, 영어 그리고 제3외국어

현대는 국제화 시대입니다. 우리 아이들이 중국에서 공부하는 가장 큰 이유도 미래의 세계에 뒤쳐지지 않고 적응하고 성공하는 삶을 살도록 하기 위한 것이지요. 저는 아이들이 한국에서 공부하는 것보다 중국에서 공부하는 것이 최소한 한 가지 측면에서는 매우 유리한 조건을 갖는다고 생각합니다. 바로 중국어를 배울 수 있다는 것이지요. 중국어는 세계 최다수의 인구가 사용하는 언어입니다. 13억 중국 땅에 사는 중국 인민은 물론, 동남아 각국을 비롯해 세계 어디를 가나 중국인은 없는 곳이 없습니다. 중국어는 미래 우리 아이들의 인생에 커다란 힘이 되어 줄 것이라는 강한 믿음을 갖고 있습니다.

문제는 중국에서 공부하면서도 중국어를 제대로 익히지 못하는 것입니다. 대학 입시를 위해 중국어를 배워 HSK를 치르고, 대학에 입학해서는 적당히 중국어 구사하는 데 만족하면서 한국 친구들과만 사귀고 놀다 보면 4년 후 남는 것은 아무것도 없을 것입니다. 중국에는 우리나라 유학생만 6만 명이 넘게 중국어를 공부하고 있습니다. 그리고 한국에도 5만 명이나 되는 중국유학생들이 한국어를 배우고 있습니다. 이들은 모두 중국에서 공부하는 유학생들의 잠재적 경쟁자들이지요. 경쟁력은 스스로 노력할 때 생기게 되는 것입니다. 많은 중국 친구와 사귀며 나의 생각과 철학을 자유자재로 표현해 낼 수 있도록 하고, 각종 국제회의, 세미나를 찾아다니며 전문 중국어를 익히고, 학술지에 나의 글을 발표도 해봐야 합니다. 중국어 고전을 읽고 당시(唐詩)를 외우고 송사(宋辭)도 읽으면서 일상적이고 현대적인 중국어를 뛰어 넘어 보다 고급스럽고 우아한 표현도 할 줄 알아야 경쟁에서 이길 수 있습니다.

어학은 자신감이 매우 중요합니다. 지금은 비록 서투르지만 자신 있게 자신을 표현하면서 잘못된 부분을 바로잡아 나가야 합니다. 가만히 있으면 자신의 부족한 부분도 찾지 못하는 것이 어학이지요. 여러 아이들이 함께 모여 있으면 그중에서 중국어를 가장 잘하는 아이가 가장 많은 이야기를 하게 됩니다. 잘하는 아이는 계속 발전을 하고 못하는 아이는 계속 제자리에 머물게 되는 것이지요. 부끄러워 말하기가 겁이 나면 집에서라도 부단히 연습을 해야 합니다. 라디오를 틀어 놓고 한 자 한 자 듣고 빠짐없이 써 보기도 하고, 그렇게 기록한 원고를 큰소리로 읽고 외워 나의 것으로 만들어 나가면, 많은 친구들이 함께 하는 자리에서 자신이 가장 유창하게 중국어를 하게 될 날이 오게 될 것이라도 믿습니다.

국제화 시대에서는 중국어 하나만으로는 절대 부족합니다. 지금의 만국 공통어라고 할 수 있는 영어가 필수입니다. 영어는 모국어만큼 잘할 수 있어야 합니다. 그래야 친구도 많이 사귈 수 있고, 좋은 책도 가장 먼저 읽을 수 있는 것이 아닐까요. 미국, 영국 등 영어권은 물론이고 어느 국가든 우수한 인재들과 영어로 교감할 수 있습니다. 그리고 세계의 유수한 학술지와 서적들을 번역본이 나올 때까지 기다릴 수는 없습니다.

그러면 그만큼 뒤쳐지는 것일 테니까요.

중국에서 공부하는 우리 아이들에게 영어와 중국어는 모두 중요합니다. 하지만 두 언어 중 어느 것이 더 중요하냐는 우문(愚問)에 답해야 한다면 지금 그리고 우리 아이들이 살아가야 할 세계에선 영어가 더 중요하다고 감히 말할 수 있을 것입니다. 중국어를 공부하면서도 영어에 소홀하지 않는 아이들이 되어 주길 바랍니다.

영어, 중국어 능력을 평가하는 데 있어 말하고 듣고 글을 쓰는 능력이 참으로 중요합니다. 그러나 그것만으로는 공신력을 얻지 못합니다. 최소한 대학을 졸업하고 취직을 하든지 대학원을 진학하려고 하면 말입니다. 그래서 저는 아이들에게 대학생활을 하면서 IBT, HSK 등 영어와 중국어 능력시험에서 우수한 성적을 받아 두는 것도 소홀히 해서는 안 된다고 강조합니다. 대학은 우리 인생의 항해를 위해 여러 가지 다방면으로 준비를 해야 하는 가장 중요한 시기입니다.

제가 욕심이 많은 탓도 있지만 인생을 풍부하게 살기 위해서는 영어, 중국어 이외 최소한 또 하나의 외국어를 더 배울 필요가 있다고 생각합니다. 영어와 중국어는 생존을 위해 하는 것이라면, 또 하나 배우는 외국어는 자신이 가장 흥미를 느끼는 그곳의 언어를 추천하고 싶습니다. 프랑스어, 독일어, 스페인어, 아랍어 중 딸은 스페인어와 일본어를, 아들은 아랍어와 일본어를 배우고 싶어 합니다. 아이들이 원한다면 아이들에게 외국어를 배울 수 있는 나라에 가서 그 언어를 배우도록 해주고 싶습니다. 외국어는 한 살이라도 어릴 때 배워야 조금이라도 더 유리할 수 있으리라 생각합니다. 그래서 우리 아이들이 가능한 대학생활을 보내는 동안 새로운 외국어를 하나쯤 더 배울 수 있는 기회를 가질 수 있길 바랍니다.

여기서 간과하지 말아야 할 것. 그것은 한국어입니다. 아무리 영어와 중국어가 능통해도 한국어를 제대로 하지 못한다면 그것은 뿌리가 부실하여 크게 성장할 수 없는 나무와 같습니다. 물론 영원히 외국에서 그 나라 언어만 사용하면서 살 수 있다면 한국어를 양보할 수도 있겠지요. 그러나 우리 아이들이 그렇게 살기란 결코 쉬운 일이 아니며, 설사 외국에서 일을 하더라도 모국어를 할 수 없는 사람이라면 결코 운신의 폭이 클 수 없으리라는 게 제 생각입니다. 그리고 이제까지 제가 경험한 바로는 한국어 능력이 뛰어난 사람이 진정 외국어에도 뛰어난 역량을 발휘할 수 있다고 자신 있게 말할 수 있습니다.

대학생활 중 봉사활동은 필수!

가능하다면 대학생활을 하는 동안 우리 아이들이 국제 NGO 단체나 구호기구 등에서 고통을 당하는 사람들과 함께 하면서 그 고통을 함께 하며 같이 울고 웃는 기회를 많이 가질 수 있길 바랍니다. 인간은 봉사함으로써 성장하고 영혼이 풍부해질 수 있다고 생각합니다. 아이들이 자신의 이익만을 위해 달려가는 사람이 되지 않기를 바라는 마음입니다.

대학생활은 비전을 실현시키기 위해 열정을 가지고 살아야 할 시기입니다. 아이들이 젊고 뜨거운 자신의 열정을 맘껏 발휘하는 시기로 만들어가길 바랍니다. 봉사활동은 자신을 가꾸는 좋은 경험을 가져다 줄 것으로 확신합니다.

저는 가능하다면 우리 아이들이 최소한 4번의 여름방학은 봉사활동을 하면 좋겠다는 생각을 하고 있습니다. 첫 번째 가장 가까운 곳인 연변의 머시코(미국NGO)에 한 달 정도 봉사를 다녀오고, 두 번째 사천성 지진 피해 현장도 다녀오고, 세 번째 여름방학 때에는 인도네시아 쓰나미가 어떻게 복구되고 있는지 가보고, 네 번째는 아프리카에 있는 구호단체로 보내고 싶습니다. 그리고 4번의 겨울방학은 2주나 3주 정도 기간 동안 배낭여행을 다녀왔으면 좋겠습니다. 대학을 졸업하고 나면 장기간 여행을 할 기회가 적기 때문에 가능한 먼 곳을 생각 중입니다. 오세아니아 주와 남미를 추천하고 싶습니다. 아프리카는 봉사활동과 함께 경험을 하면 좋겠습니다.

대학생이 된 자녀를 위한 엄마의 역할

아이들이 대학생이 되었다고 엄마인 저의 임무를 다한 것이 아니라고 생각합니다. 아이들에게 올바른 방향을 알려주고 아이들의 근시안을 일깨우는 노력을 지속해야겠지요. 그리고 아이들의 경력관리도 엄마가 지원해야 합니다. 향후 진로에 대한 방향 설정, 그 방향으로 나아가기 위해 갖추어야 할 것들을 아이에게 알려주는 역할도 해야 한다고 생각합니다. 아이를 위한 일은 결코 힘들지 않고 언제나 기쁜 마음으로 할 수 있는 것 아닐까요. 대학에서 공부하는 아이들의 이력서를 위해 엄마가 꼼꼼히 체크해 나가야 한다고 생각합니다.

미국에서 유행했던 알파맘, 베타맘이라는 엄마 유형이 있는데 어떤 엄마가 우리 아이에게 어울릴 수 있는지 고민해야겠지요. 알파맘이란 아이의 미래를 적극적으로 디자인하는 엄마를 말합니다. 예를 들면,

"나의 게으름과 안이함으로 아이의 재능이 꽃피우지 못하고 접힐까 봐 두려웠다. 그래서 학교 다닐 때보다 더 열심히 공부했고, 연애할 때보다 더 열렬히 아이에게 몰두했다."

ㅣ김연아 선수 엄마의 말

베타맘은 아이 스스로 제 인생을 설계할 수 있도록 돕는 엄마를 말합니다.

아이들이 대학에 입학하고 4년 이후의 모습을 큰 그림으로 그려보도록 했습니다. 딸은 대학을 졸업하고 한국보다는 UN 등 국제기구에서 근무하며 전 세계를 내 집처럼 여기며 살고 싶다는 그림을 그립니다. 아들은 본인이 원하는 한국 외교관으로서 국가를 위해 열심히 일하는 모습을 그리고, 또 하나 한국

에 기반을 둔 다국적 기업에서 일하고 싶다는 뜻을 내보입니다. 그림을 그리는 것은 그것이 반드시 실현될 수 있기 때문이 아닙니다. 그림은 상황에 따라 바뀔 수도 있는 것이지요. 그림은 비전이기에 크면 클수록 좋고, 뚜렷하면 뚜렷할수록 좋은 것이라고 생각합니다. 처음에는 어렴풋하게 그려졌던 그림이 점점 선명해질 때 아이들의 꿈은 실현되어 가는 것이라고 생각합니다.

그래서 먼저 큰 그림을 그리고, 그 속에 작은 그림을 그려 보도록 합니다. 미래의 꿈인 큰 틀이 만들어졌으니 그 꿈을 이루기 위해 필요한 것들을 그 속에 그려 봅니다. 요즘은 전문가 시대를 넘어 멀티플레이어를 원하는 시대입니다. 그러나 전문적 분야를 갖지 못하는 멀티플레이어는 진정한 멀티플레이어가 되지 못한다고 믿습니다. 그래서 저는 대학생활에서는 일단 전문가를 향해 달려가야 한다고 생각합니다. 전문가 역시 그냥 되는 것이 아니지요. 기초가 갖추어져야 가능합니다. 그래서 저는 아이들에게 큰 그림 속에 그려 넣어야 할 작은 그림의 소재들을 제시해 봅니다.

일시 : 2006. 4. 15
장소 : 홍콩 한인상공회의실
강연자 : 이명근 박사(현 NGO MercyCorps 국제이사 겸 존 홉킨스 의대
교수, 전 연세대 의대 교수)

강연 내용 요약

세계 어디서나 미국 대학을 가려고 하면 중·고등학교 시절 미국 대학이 원하는 이력이 무엇인가를 찾아서 준비해야 한다. 일반적으로 미국 대학에 가기 위한 필수사항은 SAT, GPA, 추천서, 자기소개 에세이를 대표적으로 들 수 있다.

한국 학생들의 경우 SAT 점수는 높으나 방과 후 활동 상황(체육 특기로 대회에 참가한 경력이 있는가? 음악 활동이라면 입상 경력이 있는가? 미술이라면 전시회 참가나 상을 받은 경력이 있는가?)과 추천서가 문제가 될 수 있다. 특히 한국 소재 학교나 해외 한국 학교의 경우 선생님이나 교장 선생님의 추천서가 미국 대학의 신뢰를 받지 못하는 실정(추천서라 함은 학생의 단점도 솔직히 서술하고 난 후 그 학생의 학업 성취도나 인품 등을 언급하고 미래 사회에 어떤 기여를 할 것인가를 언급해야 하는데 대부분 미사여구와 솔직하지 못한 표현들로 채워진 경우들이 많다고). 정말 진정한 추천서는 하루아침에 되는 것이 아니라 적십자 단체, 양로원, 고아원 등을 정기적이고 꾸준히 다녀 그곳의 원장님께 인정받아 적어주는 추천서 등을 실제적으로 인정한다고. 또한 봉사를 하려면 한 우물을 파며 남들이 안 하는 특이한 것을 해야 한다. 가령 소방서에서 봉사를 하면 그 봉사를 통해 무엇을 배웠는지를 사회 현상과 대비해 문제의식을 가지고 봉사 경험을 기록해둔다.

인도 쓰나미가 일어난 곳은 처음에 많은 사람들이 가지만 그 이후에 살아남은 사람들이 정상적인 생활을 하기까지 살아가는 과정을 보면서 경험을 기록해 보는 것도 자기소개서 작성에 큰 도움이 될 수 있다.

자기소개서를 작성할 때에도 마찬가지. 중국에 살면서 좋은 곳만 여행 다니지 말고 빈민 지역(간소성, 윈난 성 등)에 자녀를 데리고 가서 어려운 사람들을 만

나고 봉사를 통해 겪은 경험을 적는 것도 좋은 예라 할 수 있다. 가령 예를 들면 윈난성 등은 마약이나 에이즈 문제가 심각한데 이곳을 방문하면서 에이즈 문제에 관심을 갖게 되었고 이것을 계기로 에이즈를 치료하는 전문의를 결심했다고 지원 동기를 구체적으로 적으면 시험관의 이목을 끌 수 있다.

또한 에세이 작성이나 인터뷰 시 지원 동기를 구체적으로 제시한다. '우리 대학을 왜 지원했냐고 할 때 구체적인 이유가 없으면 탈락 대상 1순위. 예를 들면 당신 대학의 모 교수는 자신이 배우고자 하는 분야의 전문가라서 선택했다고 하면 감독관의 이목을 끌 수 있다. 그러려면 그 교수의 논문이나 자료를 공부하는 노력은 기본.

모든 부모들이 자녀들이 일류 대학 가기를 원하지만 성급하게 좋은 학부를 생각하기보다는 자녀의 미래를 먼저 생각해야 한다. 해마다 명문대 학부생의 자살률이 늘고 있다.

하버드대 학부에서 하버드 의대 대학원을 가는 것도 좋겠지만 지명도가 떨어지는 학부라도 성실하게 공부를 준비하면 장학금도 받고 좋은 성적으로 명문 대학원에 진입할 수 있다. 미국에서는 학부가 좋으면 물론 좋겠지만 최종 학력을 가장 중시한다.

마지막으로 당부하고 싶은 것은 자녀를 미국 대학에 보내고 싶으면 자녀와 직접 학교를 가보라.

가기 전에 미리 이메일로 입학 담당자와 미팅을 예약하라. 관계자와 만나서 해당 학교 교수와 관련 논문, 학생의 motivation을 인터뷰하면 서류만 우편으로 보내는 것보다 학생의 가능성을 파악할 수 있는 좋은 기회가 될 수 있다.

www.interaction.org는 전 세계 국제 NGO의 연합회로, 150개 NGO가 등록되어 있어 이곳을 클릭하면 웬만한 단체는 검색 가능합니다. 인턴십을 하고 싶으면 이곳을 통해 신청이 가능합니다.

NGO 단체는 학벌이나 지연 따위는 따지지 않고 현장에 바로 투입이 가능한 훈련된 사람을 원합니다. 무보수 자원봉사이므로 기본적인 생활 보조를 받고 싶으면 '인터 액션'을 통해 신청하면 됩니다(연 1만 불에서 1만 5천 불 정도의 지원이 나오는데 그 금액은 해당 NGO를 통해 전달됨).

유엔이나 NGO가 원하는 인재상은 크게 두 가지로 분류되는데 그중 첫째가 Local Capacity Building이며, 나머지는 Substantiality입니다.

Local Capacity Building란 지역 사회가 건강하게 크도록 키워주는 능력을 의미합니다. 즉 투입된 지역에 직접 봉사하기보다는 그 지역을 자생적으로 성장하게 그 지역 인재들을 교육시키는 것입니다. 예를 들면 NGO에서는 주사를 잘 놓는 간호사보다는 그 지역에 많은 간호사를 양성시킬 능력을 갖춘 인재가 필요한 것입니다.

Substantiality란 임무를 완성해 철수한 후에도 바로 그 지역이 정착할 수 있도록 도와주는 능력을 말합니다. 결국 NGO는 해당 지역에 재정적으로 직접 지원하기보다는 그 지역 부자들이 가난한 사람들을 돕도록 중재 역할을 해야 하며, NGO는 그 일을 감당할 능력과 자질을 갖춘 사람이 필요한 것입니다. NGO 활동은 그 자체로도 충분히 좋은 경험이 되고 전문 NGO인이 되면 보수도 안정적입니다(최저 연봉이 약 미화 6만 불부터 시작).

뿐만 아니라 이런 경험은 의과, 법과대학원 및 MBA 지원에 높은 점수로 작용할 수도 있습니다. 참고로 이 박사가 참여하는 Mercycorps는 크리스천 NGO로 출발, 지금은 종교적 성격을 배제한 NGO입니다. 직원 3,600명 정도이며 주요 사업은 빈민 구제 사업과 Emergency Care입니다.

빈민 구제 사업의 주요 내용은 전 세계 40~50여 개국의 빈민국에 소액 금융대출이며, Emergency Care란 재난 구호 관련 활동입니다. 이것의 일환으로 현재 연변지역에서도 이러한 활동을 펼치고 있습니다. 이곳에는 주로 교육이나 금융, 농민 전문가를 찾고 있지요(www.mercycorps.org).

02

북경대 청화대 탐방

북경대, 청화대 학생들과의 수업

▶ 북경대

북경대 국제관계학원을 다니고 있는 아이의 경우에는 한 반에 중국인 90명, 한국인 30명, 그 외 외국인 10여 명이 함께 수업을 받습니다.

중국은 우리나라와 달리 수업 선택이 까다롭습니다. 많은 수업을 수강할 수 있으나 한꺼번에 수강신청을 하므로 정원에 초과되면 그 수업을 들을 수 없습니다. 또 2주 정도 청강수업을 한 뒤 수업을 결정하며 4주 이상 듣다가 어렵다거나 힘들면 패널티를 내어 수업을 물릴 수가 있습니다.

거의 모든 수업이 중국어로 진행되며 과목 중 10% 정도가 시험을 치르지 않고 리포트로 대체되는 경우도 있으며 오픈북

북경대 08학번 국제관계 MT에서

테스트를 할 경우도 있습니다. 채점기준은 10% 정도 우수생 (85점 이상)의 점수를 주며 이전까지 있던 정원 10% 정도의 과락은 줄어들고 있는 추세랍니다.

중국에서는 졸업이 문제가 아니라 졸업장과 학위증 2개를 모두 받아야 합니다. 이전과는 달리 북경대 유학생 성적이 이전과는 달리 나쁘지 않고 열심히 하는 만큼 성적이 산출되는 것 같습니다.

제적 및 학위취소기준

- 졸업학점 140학점을 채워야 함
- 시험, 논문, 보고서 등에서 부정행위 적발 시
- 연속으로 두 학기 평점 2.0점 이하
- 졸업논문을 통과하지 못한 학생
- 8과목을 낙제하면 자동 제적

▶ 청화대학

청화대 영어과를 다니고 있는 아이의 경우는 한 반 학생들 모두가 유학생인 경우라 중국인과 함께 수업을 하지 않아 많은 아쉬움을 가지고 있습니다.

170~174학점을 이수해야 하므로 여름방학 계절학기가 필수여서 여름방학마다 3주 이상 학교 수업을 받아야 합니다. 청화대학 이과의 경우 수업 내용이나 시험이 어려워 중간에 과락하는 경우가 많습니다.

문과는 유학생 본인이 하는 만큼의 성적은 산출되며 복수전공은 힘들지만 전공과목 외에도 졸업 후를 대비하여 자격증 공부를 하는 경우도 있습니다.

학점이수	• 총이수학점 : 170~174점 • 전공 및 교양 이수학점 : 140학점 • 실천 및 학위논문 : 30점(전공에 따라 다소 차이가 있음)
제적 및 학위취소기준	• 시험, 논문, 보고서 등에서 부정행위 적발 시 • 연속으로 두 학기 평점 1.5점 이하 • 전공기초종합시험에 합격하지 못한 학생 • 졸업논문을 통과하지 못한 학생 • 8과목을 낙제하면 자동 제적

북경대학 학과(문과) 정보

▶ 경제학원

총이수과목

1학년	2학년	3학년	4학년
체육 4과목			
정치 관련 3과목			
경제학원리(1)(2)			전공분류
정치경제학(1)(2)			경제학
고등수학(1)(2)			국제경제무역
컴퓨터기초(1)(2)			재정학
	선형대수(1)		금융학
	계율통계(2)		보험학
	미시경제학(1)		환경자원과 발전경제학
	거시경제학(2)		(각 전공에 따른 필수과목은 개별 제공)

▶ 고고박물학원

총이수과목

학년 \ 학습내용	학습목표	주요 이수 과목	
1학년	4가지 전공의 기초 지식을 두루 알고 활용하기	중국고대사, 고고학도론, 박물관학도론, 문화재보호개론, 고건축도론, 고고학(신석기, 구석기, 夏商周)	
2학년	문이과 계열 심화 및 실습준비	고고학(奏漢~明), 역사문헌, 소묘, 세계고대사, 고고기술	
3학년		고고학	박물관학
		야외발굴실습 (4달가량)	박물관현장실습(2달가량), 박물관설계와 환경설계
4학년	졸업논문준비		

▶ 광화관리학원

총이수과목

	총학점	필수과목	임의 선택과목	3학년	4학년
인력자원 관리	137	103	32	관리사상사, 회사재무관리, 인력자원관리, 생산작업관리, 심리및 인사측량, 조직리론, 기업리론, 중국경제개혁및발전	사회학, 관리학 연구 방법
재무관리	137	92	45	중급재무회계, 성본및관리회계, 관리정보시스템, 회사재무관리, 정권투자학, 재무보고서분석, 재무사례분석, 기업윤리, 중국경제개혁 및발전, 금융시장및금융기구	
회계학	137	92	45	관리회계, 회계정보시스템, 회사재무관리, 중급재무회계(하), 고급재무회계, 사회주의개혁및건설, 세법및세무회계, 기업윤리	회계감사학
시장경영	137	90	47	기업재무관리, 시장연구, 시장분석및예측, 관리정보시스템, 기업윤리, 소비자행위, 국제경영, 인력자원관리, 사회주이개혁및건설	전략관리, 경영사례분석

▶ 국제관계학원

총이수과목

학과명	시간	학점
국제정치개론	3	3
국제정치경제학	3	3
세계사회주의리론 및 실천	3	3
정치학리론	3	3
외교학	3	3
국제패턴 및 국제조직	3	3
국제관계 및 국제법	3	3
현댁국제관계사	3	3
제3세계발전학	3	3
비교정치제도	3	3
영어경독	4	2
영어경독	4	2
중화인민공화국대외관계	3	3
영어듣기말하기	2	1
중국정치개론	3	3
등소평리론개론	3	3
모택동사상개론	3	3
번역리론 및 실천	4	4
영어저작	2	2
전업영어 원작 선택 독서	4	2
중국어 간행물 선택 독서*	3	3
전업 중국어*	3	3
유학생 영어*	3	3

주의 : *부호가 있는 과목은 유학생의 필수 과목입니다.

▶ 법학원

총이수과목

1학년	2학년	3학년	4학년
체육 4과목			
한선(限选) 40학점			
법학원리(1)	물권법(1)	국제공법(1)	
중국법제사(1)	형법분론(1)	국제사법(1)	
헌법학(1)	형사소송법학(1)	상법총론(1)	
컴퓨터기초(상)(1)	경제법학(2)	행정법(1)	
민법총론(2)	민사소송법학(2)	국제경제법(2)	
형법총론(2)	법리학(2)	지식산권법학(2)	
컴퓨터기초(하)(2)	채권법(2)		

* 괄호 안의 숫자는 학기를 나타냄
* 학기마다 과사의 상황에 따라 변동될 수 있습니다.

▶ 사회학과

총이수과목

1) 전공필수과목 : 12점(학점)

과목번호	과목명칭	주시간	학점	개강시간
00831610	문과계산기기초(상)	3	3	가을
00831611	문과계산기기초(하)	3	3	봄
04030150	사상품덕수양	2	2	
	체육 계열 학과		4	

2) 사회학 전업 필수과목

과목번호	과목명칭	주시간	학점	개강시간
00130241	문과고등수학	4	4	가을
03130010	사회학개론	4	4	
	사회작업개론	4	4	
	과목명칭	주시간	학점	개강시간
	사회심리학	4	4	http://www.p kukorean.net
	국외사회학학설(1)	2	2	
	국외사회학학설(2)	2	2	
	사회통계학	4	4	
	데이터분석기술	2	2	
	사회인간학	3	3	
	사회조사 및 연구방법	4	4	
	중국사회	2	2	
	중국사회사상사	2	2	
	조직사회학	2	2	
	발전사회학	2	2	
	로동사회학	2	2	
	인구사회학	2	2	
	농촌사회학	2	2	
	도시시회학	2	2	
	경제사회학	2	2	
	가정사회학	2	2	
	교육사회학	2	2	
	사건작업	3	3	
	시회정치	2	2	
	사회보장 혹은 단체작업	3	3	
	시회작업	3	3	
	커뮤니티작업	3	3	
	커뮤니티문제	2	2	

서방사회사상사	2	2	
사회학특강	2	2	
환경사회학	2	2	
시장조사 및 예측	2	2	
사회상별 연구	2	2	
빈곤 및 발전	2	2	
탈선 및 범죄 사회학	2	2	

▶ 신문방송학원

1) 학과분류

전공분류	영문명칭	학사기간	학위
신문학	Journalism	4년	학사
Radio&TV신문학 (방송학)	Broadcasting	4년	학사
광고학	Advertising	4년	학사
편집출판학	Editing&Publishing	4년	학사

2) 총이수과목

		신문학	방송학	광고학	편집출판학
1학년	1학기	신문전파학입문, 고등수학上(광고학필수)			
	2학기	광고학개론, 방송학개론, 한어수양, 통계학, 고등수학下(광고학필수)			
2학년	1학기	신문전파학개론, 사회조사연구방법, 전파학개론, 편집출판학개론			
3학년, 4학년		신문전파이론, 신문전파역사, 신문평론, 신문취재와	방송신문, 세계방송사업, 시청언어, 신문전파이론,	광고시각전달, 공공관계, 시장경영과 매출원리,	중국도서출판사, 편집실용어문집 필, 출판경영관리,

	집필, 신문편집, 매체경영관리, 대중매체와 사회변화 등	방송연구, 신문취재와 집필, 방송취재와 집필 등	광고기획, 광고심리학, 광고매체연구, 광고관리, 광고유형연구 등	출판법규 및 판권무역, 전자출판기술, 매체경영관리 등

▶ 역사학과

총이수학점 : 136점

1) 필수과목 : 80학점

* 전교공고필수과목 : 29점(체육 4학점, 컴퓨터 6학점 이외의 정치, 군사 관련 과목은 중국 관련 과목으로 대체하여 들어야 함)
* 전업필수과목 : 51점

2) 선택과목 : 50학점 이상

* 본과 소질교육 통일 선택 과목 : 16학점
A. 수학 및 자연과학류 : 최소 2학점
B. 시회과학류 : 최소 2학점
C. 철학 및 심리학류 : 최소 2학점
D. 역사학류 : 최소 2학점
E. 언어, 문학 및 예술류 : 최소 4학점, 이중 최소한 1과목은 예술계열 과목이어야 함
* 전공선택과목 : 34학점 이상

3) 실천학습 : 필수, 무학점

3학년이 끝난 후 여름방학 때 2~3주간 외지에서 실습을 해야 함(유학생은 수업을 (2학점) 듣는 것으로 대체해 주고 있음)

4) 학년논문과 졸업논문 : 6학점

A. 학년논문(3학년) : 2학점
B. 졸업논문 : 4학점

전공필수과목

과목명칭	학점	개강시간
중국고대사(상)	4	1학년 1학기
세계상고사	3	1학년 1학기
중국력사문선(상)	4	1학년 1학기
중국고대사(하)	4	1학년 2학기
세계중고사	3	1학년 2학기
중국역사문선(하)	4	1학년 2학기
중국사학사	3	2학년 1학기
중국근대사	4	2학년 1학기
유럽근대사	3	2학년 1학기
아시아, 아프리카, 라틴아메리카 근대사	3	2학년 1학기
사학개론	3	2학년 2학기
중국현대사	2	2학년 2학기
중화인민공화국사	2	2학년 2학기
세계현대사	3	2학년 2학기
세계당대사	3	2학년 2학기
외국사학사	3	3학년 1학기

▶ 예술학과

총이수과목

전업명칭	영문명칭	학년
방송TV편집(영상편집)	Broadcasting and TV Eding and Directing	4년

　예술학부 유학생은 02학번 이래 현재 재학 중인 한국유학생은 25명이 있습니다. 영상편집학과는 졸업논문(3학점), 졸업작품(3학점)포함 136학점을 이수해야 학사취득이 가능(학번에 따라 약간의 차이는 있으며 입학 후 과사에서 확인이 가능합니다)하며 아래 표는 학년별 전공필수과목 및 학점구성입니다.

전공과목	학점	전공과목	학점
중국영화사 History of Chinese Film-making	4	영상감독Film / TV directing	2
연극예술개론 Introduction to theatre	2	비선성편집(촬영기술) Non-linearediting	2
중국현대문학 Modern Contemporary Chinese Lierature	3	예술개론 Introduction to art studies	2
매체학Studies of Communication	2	미학원리 Introduction to Aesthetics	2
영화분석(1) Film Analysis(1)	2	영화듀读(1) Guided Reading(1)	1
영화분석(2) Film Analysis(2)	2	영화듀读(2) Guided Reading(2)	1
영상예술개론 Introduction to film and TV	2	연출리론 및 실천	2
세계영화사 History of world cinema	2		
외국문학Foreign Literatule	2		
영상편집Screenwriting	2		
영상프로계획 Film/TV program planning	2		

▶ 정부관리학원

총이수학점 : 140학점

필수과목 : 88학점(공공필수과목 : 29학점, 전업기초필수과목 30점, 전업필수과목 : 29점)

* 공공필수과목의 29학점 중 문과계산기 6학점, 체육 계열 과목 4학점

선택과목 : 46학점(통일 선택 과목 : 16학점+전업 선택 과목 : 30학점)

졸업논문 : 6학점

〈통일 선택 과목 규칙〉

A. 수학 및 자연과학류 : 최소 2학점

B. 시회과학류 : 최소 2학점

C. 철학 및 심리학류 : 최소 2학점

D. 역사학류 : 최소 2학점

E. 언어, 문학 및 예술류 : 최소 4학점, 이중 최소한 1과목은 예술계열 과목이어야 함

〈전공선택과목 규칙〉

정부관리학원에서 개설한 전공 중 자신이 선택한 전공 이외의 기타 전공들의 수업을 9~10학점씩 이수해야 하며 그래도 남은 학점을 기타 정치학 분야의 과목을 이수한 학점으로 대체합니다.

〈1학년 과정〉

과목명칭	학점
문과계산기기초(상)	3
문과계산기기초(하)	3
고등수학(상)	4
고등수학(하)	4
미시적경제학	3
일반통계학	2
공공경제학원리	3
공공관리학원리	3
헌법 및 행정법학	3
당대세계경제 및 정치	2
정치학원리	3
중국근현대정치발전사	3

* 2학년 과정부터는 각 전공에 따라 필수과목이 나뉘어져 있으며 행정관리 전공은 개설이 되어 있지 않음

〈정치학 및 행정학 전업〉

과목명칭	학점
비교정치학개론	3
정치경제머릿말	3
당대중국정부 및 정치	3
중국정치사상	3
서방정치사상	3
조직 및 관리	3
사회조사의 리론 및 방법	3
공공정책 분석	3
인력자원 개발 및 관리	3
당대서방국가정치제도	3

〈공공정책학전업〉

과목명칭	학점
공공정책분석	3
현대관리기술 및 방법	3
인력자원개발 및 관리	3
전자정부 및 계산기 기술	3
게임이론 및 정책과학	3
모의결책기술	3
거시적경제정책	3
공공정책사례분석	3

〈도시관리전업〉

과목명칭	학점
지방재정관리	3
거시적경제학	3
도시 및 구역 경제학	3
경제지리학	3
도시관리	3
도시기획	3
데이터도시	3
전략관리	3
현대부동산	3

▶ 중문학과

총이수과목

학년	1학기	2학기
1학년	현대한어(상) 중국고대사(상)	현대한어(하) 중국고대사(하) 고문선독
2학년	중문공구서 중국민간문학 고대한어(상) 중국현대문학(상) 중국고대문학사(1)	서법 중국민속학 고대한어(하) 중국현대문학(하) 중국고대문학사(2)
3학년	실용한어수사 현대한어어휘 중국당대문학(상) 중국고대문학사(3)	한어독해와 작문 중국당대문학(하) 중국고대문학사(4)
4학년	중국고대문화	

▶ 철학과

총이수과목

1학년	2학년	3학년	4학년
체육 4과목			
정치 4과목			
문과컴퓨터(상, 하)			
고대한어, 수리논리, 철학도론, 중국철학사(상), 마르크스철학도론(상), 서방철학사(상)	중국철학사(하), 서방철학사(하), 마르크스철학도론(하)	종교학도론	

청화대학 학과 정보

청화대학의 경우 문과는 영어, 일어, 중문과와 미대가 있으며 이과는 공부하기가 아주 까다로운 곳입니다. 캠퍼스의 크기가 세계 4위가 될 정도로 아주 규모가 큽니다.

현재 청화대학에는 13개 학원(학부)과 54개의 학과가 있습니다. 이중에 이공계열이라고 말할 수 있는 곳은 6개 학원과 28개 학과가 있습니다. 전체 학교의 반 이상을 이공계열이 차지하고 있듯이, 청화대학은 이공계 중점 학교입니다. 현재 외국인 유학생이 입학할 수 있는 이공계열 학과는 총 22개 학과입니다. 각 과에 최소 1명, 많게는 7~8명 정도 입학하는데, 이는 중국 학생 정원의 약 2~3% 비율로 뽑고 있습니다.

북경대 등록비 : ￥800 학　비 : 이과 ￥30,000/년, 문과 ￥26,000/년
청화대 신청비 : ￥600 학　비 : 이과 ￥30,000, 문과 ￥24,000
인민대 신청비 : ￥600 본과생 : ￥21,500($2,600) 법학·신문 및 국제관계 : ￥23,200($2,800)

자녀들의 진로 선택에 대한 조언

고등학교까지의 간접 경험과 독서로 진로를 결정하는 것이 일반적인 예입니다. 대학생이 된 아이들은 얘기를 한 번 하면 그냥 넘어가거나 두 번 하면 '잔소리', 세 번 하면 '전에 들었어요' 하는 경우가 허다합니다.

학기 시작 전 학기계획서를 작성하게 하여 계획을 세우게 하는 것도 좋은 방법이라는 생각이 듭니다. 입학을 하기 전 학업계획서(대학 4년 동안 무엇을 배우며 이것을 활용하여 사회생활을 어떻게 할 것인가?)를 작성하게 하며 학기를 마칠 때마다 수정을 합니다.

또 한국에 오면 시간 나는 대로 성공학 강의를 듣고 간단하게 요약하여 그 이야기를 아이들과 나누는 것도 계획을 알차게 실행해 갈 수 있는 한 방법입니다. 또 현재 전문직에 종사하는 분들을 함께 만나며 대화를 나누고, 북경대, 청화대 총동문회 현황도 체크를 하면서 선배들의 모습을 벤치마킹할 수 있는 기회를 만들어 주는 것도 좋다고 생각합니다.

제6부
중국유학을 꿈꾸는
후배들에게

01

중국유학은 고생길이다

제가 처음 아이들을 데리고 중국에 오면서 참 궁금했지만 막상 누구와도 상담할 수 없었던 아픈 경험이 있기에 유학생활을 시작하는 분들에게 한 발 먼저 시작한 사람으로서 제가 가진 팁을 드리고 싶습니다.

중국에서 유학을 하려면 많은 고민을 하게 됩니다. 중국이 가까운 곳이며 중국에 대해 많은 것을 알고 있다고 생각했는데, 막상 중국유학을 시작하려고 나서면서 과연 내가 중국에 대해 얼마나 알고 있는가 묻게 되면 너무도 아는 게 없다는데 놀라게 됩니다. 저 역시 아이들을 중국으로 데려오면서 많이 부끄러움을 느꼈습니다.

유학을 시작하려면 먼저 유학을 하려는 뚜렷한 목적의식을 가질 필요가 있습니다. 내가 과연 왜 유학을 하려는 것인지, 도대체 유학의 목적이 무엇인지? 굳이 남의 나라에까지 와서 공부를 해야 하는지? 유학생활에서 목적을 잃게 되면 아무것도 남는 것이 없는 이방인이 되어 버립니다.

유학생도 학생입니다. 사람의 도리도 알아야 하고, 선후배 관계만 따지지 말고 함께 하는 선후배에게 무엇을 해 줄 것인지를 고민하고, 선생님께 잘해야 될 것입니다. 이러한 것들은 기본이지요.

그리고 특히 중국유학을 한다면서 중국인을 무시하면 안 됩니다. 당장 눈앞에 보이는 일부분의 모습으로 그들을 평가하지 말고 그들의 삶 속에 녹아 있는 중화사상에 대해 깊이 생각해 봐야 합니다. 우리는 한 발 앞서 발전한 선진국 국민으로서의 수준에 맞게 행동하고 책잡힐 행동은 하지 말아야 합니다. 중·고등학생들이 길거리에서 침 뱉고, 담배 피우고, 술을 마시는 등 바람직하지 못한 일들은 스스로 자제해야 합니다. 예의 없이 수업시간에 MP3를 듣는다든지 휴대폰으로 문자메시지를 주고받는 것도 하지 말아야 합니다. 중국어와 역사를 배우는 시간이 정말 소중한 시간인 만큼 집중을 하고 시간을 낭비해서는 안 됩니다. 외화를 쓰면서 공부를 하고 있는 이상 스스로 부끄럽지 않도록 노력해야 되지 않을까 생각합니다.

외국에 나와 공부하면서 한국 친구들과도 잘 지내야 합니다. 내가 친구를 힘들게 하지 않는지, 공부를 하지 못하도록 유혹하는 것은 아닌지, 공부하는 친구를 왕따 시키는 어리석은 행동에 동참하고 있는 것은 아닌지, 항상 스스로를 돌아보고 엉뚱한 행동을 하지 않도록 해야 합니다. 한국인끼리 서로 노력하고 신선한 자극을 주는 관계가 되어야 하고, 꿈을 위해서 지

금의 어려움을 헤쳐 나가는 그런 좋은 친구가 되기를 바랍니
다.

02

아는 사람의 말을 믿지 말고 전문가와 상담하라

전 세계에 퍼져 있는 우리나라 유학생이 약 15만 명 정도 된다고 들었습니다. 중국만 6만 명이 넘는다고 하지요. 유학을 온 동기나 과정의 얘기를 듣다 보면 아는 사람이 있어서 그 지역으로 유학을 간다고 하시는 분들이 의외로 많습니다. 아는 사람이란 대부분 저처럼 자신들의 자녀만 키운 아마추어들입니다. 그런데 그런 '아는 사람'의 말만 믿고 외국으로 떠나는 것은 너무 경솔한 것이 아닐까 생각이 듭니다. 그것이 내 아이들의 미래와 직결되는 것입니다. 부모가 한 번도 현장에 방문하지 않고 유학을 보내는 경우도 왕왕 보았습니다.

저의 경우에는 중국유학을 위하여 상담했던 유학원이 20개 이상이 되며 이곳저곳 상담을 하다 보니 유학에 대한 시각이 넓어지고 방향이 나왔습니다. 각 분야의 전문가와 상담을 통해서 내 아이의 경우에 합당하는 레이아웃을 정하고, 그 레이아웃을 가지고 다시 상담을 할 때 아이의 미래에 대한 길을 제대로 찾을 수 있지 않을까 생각합니다.

유학원 그리고 입시 전문가들, 홈스테이 담당자들은 우리가 유학을 하고 있는 동안에 불가근, 불가원한 사람들이라고 생각합니다. 언제든지 조언을 받아들여야 된다고 생각하며 항상 그들의 방향을 주시하여 우리 아이에게 도움 줄 만한 것들을 찾아야 된다고 생각합니다.

현재 중국에 있는 유학생들은 전문가의 상담을 얼마나 많이 하고 있나요? 앞으로 상담을 어떻게 받을 것인가에 대해서 질문을 해 봅니다. 유학을 떠나기 전에는 아시는 분들의 얘기만 듣고 경솔하게 결정하지 않기를 바랍니다. 중국에서, 한국에서 그리고 인터넷을 통하여 많은 상담을 하고 경험 있는 분들의 얘기를 듣고 난 이후에 유학을 떠날 것인지를 결정하기 바랍니다.

아이에게 맞는 기디언을 정하는 것도 하나의 방법이지요. 미국, 캐나다, 호주유학을 하면 의무적으로 가디언을 두지만 아직 중국은 가디언 제도가 없습니다. 학교제도, 과외활동에 대해서 상담할 수 있는 유학원보다 가디언을 정하는 것도 좋은 방법이라 생각합니다.

가디언은 조기유학생들에게 부모의 역할을 대신합니다. 다른 점이라면 부모는 자녀를 사랑으로 돌보지만 가디언은 학생을 의무로 돌본다는 것입니다. 좋은 가디언의 조건은 의무감을 가지고 자신의 일을 성실하게 수행하는 데 있습니다. 그 안에서 학생과 가디언 간의 신뢰도 형성되고 사랑도 싹트는 것입니다.

처음부터 사랑이나 신뢰를 기대한다는 것은 무리입니다. 많은 현직 가디언들이 그런 점 때문에 부모나 학생들과 오해가 생기기도 합니다. 어떤 부모님들은 하는 일도 없이 가디언 비용만 받는 가디언들을 원망하기도 합니다. 가디언과 학생 간의 막연한 기대가 서로를 힘들게 하기 때문에 정확한 조건을 제시함으로 해서 오해를 막을 수 있습니다.

① 학습관리
▶ HSK Test : 유학 시작 후 1년이 경과한 시점에서 중학교 이상 고학년을 상대로 실시합니다.(비용별도)

② 학생정서관리
▶ 홈스테이 관리 : 유학생들의 홈스테이는 중국인 가정을 기본으로 하며 홈스테이 가정과의 긴밀한 상호협조를 통하여 유학생의 불편을 해소하고자 노력합니다.
▶ 월 1회 친목 교류회 : 어린 학생들의 정서적인 안정을 위하여 동질감을 가지고 있는 유학생들과의 친목 교류회를 가디언의 감독 아래 가집니다.(운동, 레크리에이션, 바비큐 파티)

▶ 긴급 상황 발생 시 학교와 홈스테이 집과 유기적인 연계를 통한 신속한 조치(24시간 Hotline 설치)
▶ 매주 토요일 가디언 집을 방문하여 한국식 간식과 식사 제공(학생이 원하지 않을 경우는 불참할 수 있음)
▶ 여름방학 기간 중 야외캠프 및 관광 : 여름캠프 참가와 한국 방문 등을 제외한 일정 기간 동안 가디언과 학생들이 함께 캠프와 관광을 합니다.(비용별도)

③ 학교생활관리
▶ 최소 월 1회 부모에게 자녀에 대해 보고합니다.(학생의 홈스테이 가정에의 적응, 학교생활, 영어 등)
▶ 학교 방문 : 최소 2개월에 한 번 담당교사 면담(학교에서 면담 요청 시 학교 방문 필수)

④ 과외활동관리
▶ 계절별로 현지 어린이들과 함께하는 방과 후 프로그램 참가 : 수영, 스키, 축구, 만들기 등(비용별도)
▶ 봄방학, 겨울방학, 여름방학 중 캠프 참가 : 일정 관리를 통하여 개별 또는 일괄 선택(비용별도)
▶ 월 2권 이상 독서(가디언과 영어 튜터의 직접 관리)

⑤ 기타 관리
▶ 생일파티(중국인 친구 초대, 1회/년)(비용별도)
▶ 부모님 방문 시 학교 소개, 학교 선생님 면접(1회/년)
▶ 입출국 시 공항 픽업 서비스
▶ 용돈 관리 : 주 1회 관리, 월 1회 지출 세부사항 보고

03

유학원의 홈페이지나 한인 커뮤니티를 전적으로 믿지 마라

2004년도 중국유학을 위해서 처음으로 문을 두드린 것이 인터넷 서핑을 통한 유학원 홈페이지였고, 가고자 하는 목적지의 한인 커뮤니티였습니다. 처음엔 스펀지처럼 모든 것을 믿고 메모를 하였으나 인터넷에 나와 있는 내용 그대로인지를 확인하기 위하여 서울로 유학원 상담에 직접 나서고 보니 인터넷 내용과 다른 점이 많았습니다. 특히 현지 생활에 필요한 것을 소개한 홈페이지의 내용과 상담했던 것과는 상이한 점이 많아 다시 체크를 해야 했습니다. 그렇게 하지 않으면 시행착오에서 오는 시간과 경비를 너무 낭비하게 될 뻔했습니다.

한인 커뮤니티에서도 개인이 경험한 바를 올려두는 소중한 것들이 나에게는 전혀 다른 경험으로 다가오기도 했고, 글쓴이가 자기 경험이 아닌 다른 사람의 경험을 복사해온 경우도 많았습니다. 글을 읽고 저에게 맞는 정보를 얻기에는 검증이 필요했습니다. 검증 안 된 정보는 오히려 우리를 잘못된 방향으로 안내하기도 합니다.

저는 지금은 카페나 커뮤니티에서 글을 읽을 때 글쓴이가 처음부터 지금까지 썼던 모든 글들을 한꺼번에 모두 읽어보고 글쓴이의 의도를 먼저 파악하여 정보를 얻습니다. 익숙해져 좀더 편해졌지만 처음 인터넷을 통하여 글을 접하는 분들에게는 이 또한 큰 숙제가 아닐 수 없습니다.

정보의 수집과 판단은 개인의 성향에 따라 결정지을 수 있지만 이것을 아이들에게 접목시킬 땐 보다 신중한 전문가의 조언이 필요하다고 생각됩니다.

04

홈스테이의 상황을 수시로 점검해야 한다

저는 홈스테이에서 10일씩 4번 정도 우리 아이들과 함께 머문 경험이 있습니다. 처음엔 심천에서 아이들에게 중국어를 처음 가르치면서 카페를 통하여 만난 분의 집에서 열흘을 머물면서 생활을 했습니다. 잘 해 주려고 하는 주인 부부의 마음은 이해를 하지만 처음 홈스테이 하는 분으로 시스템이 부족한 것을 보았습니다. 솔직하게 말하면 마음만 있을 뿐 구체적인 아이디어가 없었던 것이지요.

어떤 식으로 식사준비를 해야 아이들이 좋아하며, 충분한 영양분을 공급해 줄 수 있는지, 아이들에게 어떤 방법으로 공부에 접근하도록 해주어야 하는지 경험을 못 해보신 분들이었지요. 특히 과외 선생님을 구하는 방법은 크게 기대에 미치지 못했습니다.

그때 초빙된 과외 선생님은 한국인에게 처음으로 중국어를 가르치는 학생으로, 한국인이 중국어를 배우면서 어떤 발음에 가장 힘들어하는지, 한국인에게 성조라는 것이 얼마나 낯설고 배우기 어려운 것인지 전혀 알지 못하고 있었습니다. 당연히 아이들의 실력은 제자리걸음을 할 수 밖에 없었지요.

만약 아이들에게 홈스테이를 시키려면 적어도 10일 정도는 엄마가 아이들과 함께 머물면서 상황을 살펴볼 것을 권유합니다. 제가 만약 아이들과 같이 홈스테이 경험을 하지 않았더라면 우리 아이들에게 효과적이지도 못하고 불편하기만 한 홈스테이를 하도록 하지 않았을까 생각이 듭니다. 그만큼 홈스테이는 아이들 외국에 보내려는 부모들에게 유혹적인 것이니까요.

열흘간 아이들과 함께 홈스테이 생활을 하면서 저 자신이 엄마로서 해야 될 것과 하지 말아야 될 것은 분명히 배우고 왔습니다. 무엇이든지 공짜로 배울 수 있는 것은 아무것도 없었습니다. 시간, 경제력 그리고 마음을 동반해야 많은 것을 배우고 그것을 토대로 미래를 위한 준비를 할 수 있다고 생각합니다.

05

중국에서 한 분야의 전문가가 되겠다고 목표를 정하라

중국은 거대합니다. 저는 대만에서 3년, 홍콩, 심천에서 3년, 청도에서 1년 반, 북경에서 2년 정도 생활을 했습니다. 중국에서 살았던 기간이 모두 9년이 넘습니다. 생활하는 곳마다 다른 나라 같은 문화와 풍습을 가지고 있습니다. 그곳에 살기 위해 가장 먼저 해야 할 전세 계약도 지역마다 판이하게 다르지요.

그래서 중국에는 많은 전문가가 나올 수밖에 없습니다. 중국에서 유학을 하려면 막연하게 중국어나 배우면 될 것이다라는 생각은 빨리 접어야 합니다. 어느 지역에 가게 되면 먼저 그 지역의 전문가가 되어야 합니다. 또한 내가 가장 흥미를 느끼고 앞날이 보장되는 전도가 밝은 분야를 찾아야 합니다. 비전은 남이 못 보는 것을 보는 기술이라고 하는데 내가 자신 있는 분야를 어느 지역에서 펼쳐볼 것인가를 먼저 생각해 보는 것도 좋은 것 같습니다.

예를 들면 북경에서 IT수출입 분야의 전문가가 되겠다라는 목표를 가지고 중국어를 배운다면 그쪽 전문가를 찾을 것이고 거기서 파생되는 중국법, 중국문화를 접하면서 살아가게 될 것입니다. 하지만 심천의 IT수출입 분야의 전문가는 북경의 그것과 다릅니다. 지역별로 적용되는 법률이 다르고 관습이 다르지요. 중국유학을 시작하려면 어느 지역에서 어느 분야의 전문가가 되겠다는 목표를 정하고 시작하기를 바랍니다.

목표를 정하든 그렇지 못하든 처음에는 큰 차이점이 나타나지 않는 듯하지만 시간이 지나 결과를 보면 목표를 가지고 시작한 사람과 목표 없이 시작한 사람은 분명히 다른 결과를 얻게 될 것입니다. 정확한 목표를 확고하게 세우고 유학생활을 시작하면 목표에 보다 빨리 근접할 수 있다고 생각합니다.

06

중국 대학 특수학과에 주목하라

우리 아이들을 북경대학에 보내겠다고 생각하고 북경에 왔지만 결과는 미지수였습니다. 중국에 1,900여 개 대학 중 북경대학을 선택한 이유는 일단 목표를 크고 높게 잡아야 한다는 생각이 우선이었던 것 같습니다. 북경대학이 세계적 명문대학이고 그러기에 세계 각국의 명문 대학들과 교류도 많을 것이라는 생각에 일단 높은 관문에 도전해보자는 마음이었지요. 하지만 내심 불안한 마음은 늘 있었습니다.

그래서 아이들이 등교한 뒤 아이들이 북경대학을 가지 못할 경우에 대비하여 혼자서 컴퓨터를 통해 중국 전역의 특성화된 대학을 찾아보았지요. 외교학원, 우전대학, 정법대학, 대외경제무역대학, 남경대학, 중산대학 등등의 홈페이지를 방문하여 구체적인 정보도 얻고 직접 문의도 하면서 아이들에게 맞는 대학을 찾아보았습니다.

아이들에게 내색은 하지 않았지만 항상 한 가지 길만을 고집

하면 안 되기에 나름대로의 길을 찾아보려고 이곳저곳 유학원을 다니면서 북경대, 청화대를 제외한 다른 대학들의 특성화된 학과를 살펴보고 원서 접수기간, 그리고 자격요건까지 꼼꼼히 살펴보는 시간도 가졌습니다.

중국이 큰 대륙인 만큼 대학도 많습니다. 전문가는 꼭 북경대학을 진학하지 않아도 된다는 생각을 할 수 있었지요. 가장 중요한 것은 스스로 얼마나 노력하느냐 하는 것이 아닐까 생각합니다.

우리의 젊은이들이 중국의 곳곳에서 각 분야의 전문가가 되기 위해 열심히 노력하고 도전하는 모습을 그려 봅니다.

엄마의 밀착 코치 : 성공적인 중국유학을 위한 Key Point! 

① 아는 사람의 말을 믿지 말고 전문가와 상담하라
② 유학원의 홈페이지나 한인 커뮤니티를 전적으로 믿지 마라
③ 홈스테이의 상황을 수시로 점검해야 한다
④ 중국에서 한 분야의 전문가가 되겠다고 목표를 정하라
⑤ 중국 대학 특수학과에 주목하라

07

대학 입시를 준비하면서 아쉬웠던 점

중국의 언어를 알고 문화를 습득하는 반면 그중에 안타깝게도 버려야 할 것도 많았습니다. 10대에 영어, 중국어 2개 외국어를 습득하느라 고전문학, 고전음악을 접할 기회가 적었습니다. 배워야 할 한국 역사, 또래 문화에서 놀 수 있는 것을 놓친 겁니다. 오직 외국어와 문화적 충격에 노출되어 자기 정체성에 대해서 생각할 여유가 없어질 것 같았습니다. 이 때문에 할머니, 할아버지, 친척 간의 괴리감 같은 것이 생겨 앞으로 아이들의 삶에 친척이란 개념이 옅어질 것 같습니다. 또 대학을 향해 앞으로 달려가기에 급급해서 10대에 사고할 수 있는 시간도 뛰어넘어와 대학에 입학하니 악기 하나 제대로 다루는 것이 없고 취미활동도 한 것이 없었습니다. 동아리를 통해서 하고 있지만 10대 정서에 맞는 EQ를 놓친 것이 많습니다. 하지만 지금부터라도 하나씩 배워가야지요. IQ는 변화하기가 힘들지만 요즘은 EQ시대입니다. EQ를 발전시키는 풍부한 감성과 인내심을 갖는 유학의 길을 생각해 봅니다.

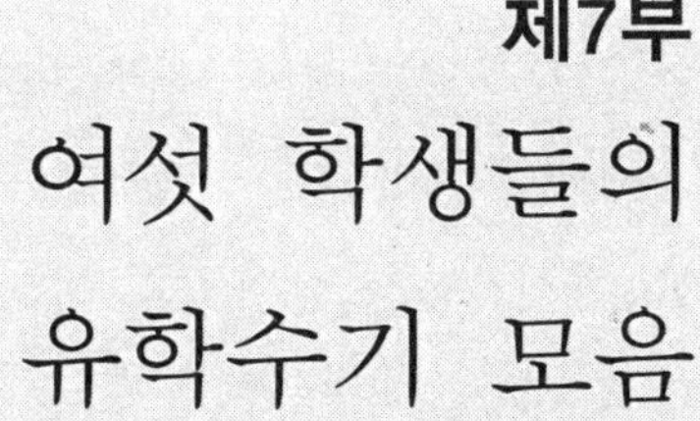

제7부

여섯 학생들의
유학수기 모음

01

다시 대학 입시를 준비하며
성병규 엄마(청화대학 중문과)

중국은 남편 직장 때문에 반강제로 오게 되었습니다. 저의 가족은 한국에서 중국어 학원을 20일 다녔는데, 이것이 중국에 대해 알고 있는 전부였습니다. 중국이라고 하면 물가가 싸고 가깝고 비전 있는 나라이며 꼭 명문대가 아니어도 재능을 살릴 수 있는 중점 대학이 많으며 세계 기업들이 중국으로 몰리고 있다고 들었던 것이 전부였습니다.

2002년 8월 4일 중국 천진에 입성하였으나 정보 부족으로 많은 시간을 낭비했습니다. 큰딸은 중학교 2학년, 아들은 초등학교 6학년, 처음부터 중국 학교 로컬반에 들어가 다음날부터 숙제를 해갔습니다.

푸다오 선생님이 오셔서 숙제를 해주시면 아이들은 그걸 보고 베꼈습니다. 처음엔 공책 한 권에 글자가 빽빽했을 정도로 열심히 공부했습니다.

아들이 중학교 3학년이 되고부터는 우월반에 들어가 수업 받았습니다. 중국 선생님들이 모두 아들 이야기만 할 정도로 아들은 공부를 열심히 했지요.

가장회(학부모회)를 할 때 저는 다른 중국 엄마들의 부러움의 대상이었습니다. 보통 한국 학생은 무시험으로 고등학교에 입학하기도 하는데, 아들의 경우 중카오(고등학교 갈 때 보는 시험)를 학교에서 치르게 해주었습니다.

큰아이가 특례로 한국 대학에 갔기에 작은아이도 당연히 한국 대학에 보내려고 하였습니다. 고등학교 때 한국 대학에 보내려고, 특례학원에, 한국국제학교에 모두 원서를 넣고 면접을 봤습니다. 모든 것이 엄마의 결정이었습니다.

하지만 중3 담임선생님의 설득으로 다시 중국 대학으로 방향을 바꾸었습니다. 중카오 성적도 좋아 고등학교 때에는 장학금 대신 학비도 절감해 주었으며, 고등학교 1학년을 마치고 엄마의 자신감과 자만심으로 월반을 시키면서 한국부로 옮겼습니다. 한국부에서 체계적으로 입시 공부를 시킨다는 말만 듣고, 검증은 하지 않은 채 중국어를 처음 배우는 학생들과 함께 고3 과정을 마쳤습니다. 학기 중에 학교에 가서 선생님들을 만나 상담해 보니 자신감에 차 있었습니다. 하지만 중국 로컬반에서는 외국인 특례과정을 잘 모른다는 것을 모르고 아들에 대해서는 걱정 말라는 말만 믿고 있었습니다.

최고의 실수는 이과로 결정했음에도 불구하고 물리와 화학의 고2 과정을 모두 배우지 못해 기초가 부족하다는 걸 파악하지 못했던 것입니다. 학교에서 시험문제로 출제되는 기출문제는

언제나 쉽게 출제되었으므로 성적이 좋아 대학 입시의 어려움
이나 심각성을 못 느꼈습니다.

2008년 4월 북경대, 5월 청화대 입시를 치르고 난 아들은 다
시 입시공부를 시작하게 되었습니다. 시험에서 물리, 화학을
풀지 못했던 것입니다.

1학년을 마치고 월반하면서 한국부로 옮겼기에 2학년의 수
학, 물리, 화학이 보충되지 못했고, 문과에 흥미가 있는 아들을
이과라고 생각했던 것이 너무 큰 착오였습니다.

결국 북경대 문과반에서 재수를 했습니다만 원하는 대학, 전
공에 입학할 수 있으리란 꿈을 가지고 열심히 공부를 했습니
다. 아들 능력도 중요하지만 어떤 시스템에 맞추어 공부를 시
키느냐가 중요했습니다.

중국에 유학 온 아이들의 부모님께

일부 유학생 중 공부는 뒷전이고 삼삼오오로 짝지어 다니며
노는 데 열중인 학생들이 있습니다. 그런 아이들도 부모님이랑
함께 유학 왔으면 그렇게 밖에서 시간 낭비도 안 할 것입니다

부모님들, 제발 눈살만 찌푸리지 마시고 애정 어린 관심을
주기 바랍니다. 내 아이만 단속한다고 될 일이 아닙니다. 우리
는 중국에 온 이상 내가 아닌 한국 사람입니다. 우리 모두의
문제로 보시고 애정 어린 시선과 조언이 필요할 때입니다. 하

다못해 꼬치집에라도 함께 가서 그들의 고민이 무엇인지 한 번쯤이라도 물어보고 그들의 고민을 들어주면 좋겠습니다. 지금 생각하면 아, 그때 더욱 열심히 한 자라도 더 외우고, 문제 풀걸 하는 후회뿐입니다.

후배들이여, 목표를 세워 목표만을 바라보며 달리다 보면 언젠가 목표 지점에 우리 모두 도달해 있을 것입니다. 너무 학교 수업에만 의존했습니다. 중국 학생과 하는 수업은 의존해도 되지만 국제부 수업의 부족함을 몰랐던 엄마였기에 드리는 말입니다. 건방진 말이지만 천진에서 입시를 체계적으로 준비하기는 어려웠습니다. 역시 입시를 준비하는 데 있어서는 다양한 정보와 문제지를 접할 수 있어 입시학원이 좋았습니다. 만약 지금 로컬 스쿨에서 입시 준비를 하는 학생이 있다면 방학 때 학원 특강을 들어보라고 권하고 싶어요.

목표가 있다면 목표를 이룰 수 있는 시스템을 만드는 것, 어디에서 누구랑 함께 시스템을 운영할 것인가를 한 번 더 고민하면, 원하는 결과를 좀 더 빠른 시간 내에 이루어낼 수 있다고 생각합니다.

공부 잘하는 아들에게 시스템 부족이었던 제가 한심스럽게 여겨지지만 다시는 이런 실수를 하는 후배가 없기를 바라며 부끄러운 글을 씁니다.

(*현재 성 군은 청화대학 중문과에 합격하여 9월부터는 다시 중국 대학의 일원이 되어 이전보다 더 열심히 하겠다는 각오로 신학기를 준비하고 있습니다)

02

북경대학을 진학하여

하동인(북경대학 국제관계학원)

올해로 이제 중국유학 3년이 다 되어 가고 있다. 비록 기간은 짧았지만 일반 중국유학생들이 못해본 것들을 여러 방면에서 접해본 것 같다. 군사훈련이나 중국인 7명과의 기숙사 생활은 중국에서 5년 이상 생활한 학생을 제외하고는 거의 찾아보기가 어렵다. 그만큼 힘든 것도 있었고 재미있었던 것도 있었다.

이 모든 일들을 한 문장으로 표현하기는 어렵겠지만, 지금부터 간단하게 나의 중국유학생활에 대해 써보려 한다.

유학을 오게 된 동기

어떠한 일을 시작할 때에는 항상 동기가 있기 마련이다. 내가 중국유학을 하게 된 주요 동기는 부모님의 영향이 컸다. 3

년의 홍콩생활 뒤 부모님께서는 우리가 중국에 가서 공부를 하게 되면 한국에서 하는 것보다 덜 힘들 거라 생각하셨다. 그렇게 된다면 결국엔 중국어를 배워야 되는데 그럴 바엔 차라리 한국으로 돌아가는 것보단 중국에서 유학하는 것이 우리에게 더 나을 것이라고 판단하신 것 같다. 그래서 어머니의 손에 이끌려 중국유학을 시작하게 되었다. 어떻게 보면 그리 좋은 동기는 아니다. 일단 내가 목표가 없었고, 내가 정말 원해서 시작한 것이 아니었기 때문이다.

하지만 지금은 후회하지 않는다. 처음에는 부모님에 의해 유학을 시작했지만, 지금은 내가 목표도 있고 중국유학 온 것이 한국에서 공부하는 것보다 더 나은 것 같다고 생각한다.

유학 초기

유학 초기에는 열심히 중국어 기초 다지기를 하였다. 홍콩에 있으면서 중국어를 조금 배우기는 했지만, 한국 중·고등학교에서 영어 6년 배운 것보다 나을 것이 없었다.

처음에는 중국에 대해 아무것도 아는 것이 없었기 때문에, 모든 게 다 어려워 보였다. 특히 처음 다닌 학원에서 성인반에 들어가려고 했는데, 원장선생님이 겁도 많이 주고 그래서 처음에는 두려웠다. 또 학원 로비에 붙어 있던 HSK 성적과 이름을 보며, 심지어 4급 받은 사람들을 보고도 중국어를 잘하는 줄 알았다.

초기 때에는 학원 외에도 과외수업을 많이 받았다. 학원은 아침 시간에만 다녔고, 오후에는 집에 돌아와서 4시간 동안 과외를 했다. 중국어를 거의 못했지만 처음부터 중국인 선생님과 과외를 하고, 매일매일 받아쓰기를 하며 어휘력과 중국어 실력을 조금씩 키워나갔다.

처음 2시간은 받아쓰기, 기본 생활 중국어 등을 배우고, 나머지 2시간은 읽기 위주로 진도를 나갔다. 학원에서 HSK도 준비하라고 권유했지만 어머니께서 아직은 이르다고 판단하시고 아예 손도 대지 않았다. 그렇게 한 달을 한 뒤 고등학교 군사훈련을 받았다.

신입생들이 하는 것인데 군사훈련이라 해서 나는 체력 단련하고 좀 힘든 일들을 시키는 줄 알았다. 하지만 중국의 귀공자 같은 아이들에게 어찌 그런 일을 시키리오? 그냥 차렷, 열중쉬어, 잡초 뽑기, 땡볕에 서 있기 등등 아주 쉬운 것들만 해서 다행이었다. 하지만 그때 군관들이 말하는 중국어를 거의 못 알아들어서 눈치로 따라해야만 했다. 비록 같은 반 아이들과 보름 가까이 있었지만 기숙사를 외국인 기숙사를 쓰고, 중국말을 할 줄 몰라 서로 얼굴을 익히는 것만으로 만족해야 했다.

고등학교 시절

고등학교를 다니면서 여러 가지로 많은 일들을 해본 것 같다. 홍콩에 있을 때와 달리 한국 학생들과 자주 어울리고, 중국 아이들과 같이 기숙사에 살고, 중국학교에서 여러 동아리 활동에 참여해 본 것 등 색다른 경험들을 해보았다.

홍콩에서는 국제학교여서 그런지 여러 나라의 아이들이 함께 있고 더 빨리 친해질 수 있었다. 하지만 중국유학을 하면서 왜인지는 잘 모르겠지만 중국 아이들보다는 한국 아이들과 더 많이 어울렸다. 그렇다고 해서 중국 아이들과 아예 안 어울린 것은 아니다. 만약 내가 중국 아이들과 같이 밥도 먹고 같이 다니는 시간이 좀 더 길었더라면 중국어 실력이 훨씬 빨리 늘었을 것 같다.

기숙사 생활도 역시 중국에 와서 처음으로 해 봤다. 8인실이었는데 처음에는 유학생 기숙사에 있다가 나중에 중국인 기숙사로 옮겼다. 중국인 기숙사로 옮긴 뒤 같은 반 아이들과 좀 더 친해질 수 있었다. 또 중국 애들의 습관에 대해 좀 더 잘 알 수 있었다. 중국 아이들은 혼자여서 그런지 먹을 게 있으면 서로 나눠먹지 않고 자기만 먹는다. 또 남의 것도 잘 먹지 않는다.

나를 경악케 한 습관은 잘 씻지 않는 거였다. 기숙사에 살면 일요일 밤에 기숙사에 들어가 토요일 오후에 나올 수 있다. 그런데 공동 샤워실은 화, 수, 목 밖에 열지 않았다. 그 이유는 월요일은 일요일에 씻고 왔고, 금요일은 토요일에 집에 가서 씻을 수 있기 때문이라 한다. 정말 깜짝 놀랐다. 좀 더럽긴 했지만 어쩌겠는가? 중국에 적응하는 수밖에.

중국 고등학교에서 가장 활발하게 활동했던 동아리는 한국어부였다. 한국어부에서는 중국 아이들한테 일주일에 한 번씩 한국말을 가르쳐주는 게 주요 목적이었는데, 나는 중국어 구사 능력이 좀 떨어져 한두 번 정도 가르쳤다.

한국어부를 하면서 우리반외에 다른 반 아이들과 친해질 수 있는 기회를 얻었다. 또 한국어부를 하면서 학생부에 들 수 있는 기회도 얻었다. 나와 다른 한국 아이들은 같이 국제부에 들었다. 비록 중국 아이들과 말은 많이 하지 않았어도 서로 알고 친하게 지내려고 노력했다.

이렇게 중국인과 최대한 어울리려고 노력하면서 고등학교를 다니다가 HSK를 준비했는데 그리 어렵지는 않았다. 그래서 8개월 만에 6급을, 1년 만에 9급을 획득했다. 그리 좋은 성적은 아니지만 주위를 둘러보면 조금 빠른 편에 속했기 때문에 조금은 뿌듯했다.

입시

칭다오에서 고등학교를 다니다가 입시를 하기 위해 북경으로 올라갔다. 처음 올라갔을 땐 인민대 합격도 어려울 것만 같았다.

하지만 북경대 입시를 시작하고 첫 시험을 치고 난 뒤 자신
감이 조금씩 붙기 시작했다. 나도 할 수 있다는 그런 느낌이
조금씩 들기 시작했던 것이다. 이렇게 조금씩 자신감이 붙으면
서 성적도 같이 올라갔다. 그리고 결국엔 재수생반에 들어가게
되었는데 이때 큰 충격을 받았다. 내가 정말로 이 반에 있을
실력이 되는가 싶을 정도로 다른 아이들의 실력이 좋았다. 다
들 어떤 내용이 어느 책 몇 페이지 어느 부분인지까지 다 알
고 있을 정도로 잘하는 거였다.

이렇게 큰 충격을 받고 나도 더 열심히 해야겠다는 생각이
들었다. 그리고 결국엔 북경대에 입학하게 되었다. 만약 나에
게 입시 노하우를 묻는다면 별로 특별한 방법은 없었던 것 같
다. 일단 나의 공부 스타일은 잠이 부족하면 안 됐기 때문에.

나는 12시에 취침해서 7시에 하루를 시작하였다. 그리고는
수업 시간에 최대한 집중을 해서 한 번에 듣고 외우는 방법을
선택했다. 복습하는 건 왠지 모르게 기억 속에서 빨리 사라져
버렸기 때문에, 수업시간에 졸지 않으려고 샤프심으로 찌르기,
쪼그려 앉기 등등 여러 가지 방법으로 최대한 졸지 않으려고
노력했다.

그리고 입시 때 중요한 것 중의 하나가 자투리 시간을 어떻
게 이용하는가이다. 나는 쉬는 시간은 충전하는 시간이라 생각
하고, 잠을 자거나 돌아다니면서 쉬었다. 그리고 내 나름대로
의 정리 방법을 찾아 필요한 것은 다 정리를 해놓았다. 그중에

가장 중요한 것은 포기하지 말아야 한다는 것이다. 시간이 지나면 지날수록 포기하는 사람들이 한두 명씩 생기기 시작했다. 또는 포기하지는 않지만 이전처럼 열심히 하지 않는 사람들도 많이 늘어났다. 이런 사람들을 보면 좀 불쌍하다. 왜냐하면 이런 사람들이 마지막에 아쉽게 몇 점 차로 떨어지거나 원래 실력보다 더 낮게 나왔기 때문이다.

무엇을 하든 절대 미리 포기하지 말고, 지금 조금 잘한다고 해서 자만하지 말아야 하는 것 같다.

현재 그리고 미래

지금 대학에 들어가 첫 학기를 마쳤다. 홍콩에서 다니던 학교가 대학교 같은 시스템을 가지고 있어서 별로 특별한 느낌은 없었다. 단지 대학에 들어오니깐 고등학교 때처럼 선생님들이 우리에게 특별하게 무언가를 강요하지 않고, 학생들에게 공부하라고 매달리는 것 같지는 않았다.

대학에 오니 자기가 알아서 필요한 부분을 스스로 공부해야 되었다. 또 자기계발을 할 수 있는 시간이 많이 늘어남으로써 앞으로 이 시간을 어떻게 사용하느냐가 매우 중요할 것 같다.

지금 나의 첫 학기에 대해 평가를 내린다면 10점 만점에 한 6~7점 줄 것 같다. 시간 활용을 잘 못한 것 같고, 자기가 필요한 것이 뭔지 알면서도 열심히 공부하지 않았던 것에 대해서 반성을 해야 된다.

일단 단기적인 목표로는 대학생활 동안 내가 하고 싶었던 일들을 꼭 해보고, 책을 많이 읽고, 중국 친구들을 많이 사귀고, 학교공부 및 자기 발전을 위해 열심히 노력하는 것이다.

장기적 목표로는 여러 가지가 있는데, 대학졸업 후 석사 및 박사를 마치고 우리 학과 선배처럼 외무고시를 치거나 또는 세계적으로 통용될 수 있는 자격증을 획득하고 싶다.

중국유학생들에게 바라는 점

고등학교를 다닐 때에는 중국유학생들의 문제점을 그리 많이 느끼지 못하였다. 하지만 북경에 온 뒤부터 많은 한국인들을 만나며 느낀 점은 많은 한국유학생들이 국제적 망신을 시킨다는 것이었다.

물론 열심히 공부하는 학생들도 많지만 중국 전체 유학생에 비례하면 너무나도 작은 숫자이다. 다들 놀고 마신다고 바쁘고, 학업은 뒷전인 것이 너무 잘 보인다. 지금 중국이 조금 못산다고 중국 사람을 막 무시하기도 한다. 특히 학원에 다니면서 선생님들을 무시하는 것을 보면 정말 같은 한국인이라는 게 부끄러울 때도 있다. 지금 그 사람들보다 조금 잘산다고 해서 남을 무시하는 것을 보면 중국유학생 수준이 얼마나 낮은지 잘 알 수 있다. 한국유학생들이 얼마나 놀면 한 대학 교수는 이렇

게 말한다. 자기가 세 부류의 학생을 싫어하는데,

　"첫째는 지각하는 학생,

　그 다음은 한국 학생,

　마지막으로는 지각하는 한국 학생이다."

라고 말할 정도이니, 한국유학생들이 중국에서 한국 이미지를 얼마나 많이 깎아내렸는지는 충분히 짐작할 만하다.

중국에 있는 한국유학생들이 자기의 본분을 알고 자기 일만은 열심히 했으면 좋겠다. 학원에 한 달 치 학비를 내고 정작 학원은 2~3번 가는 학생들이 많고, 중국에 같이 오신 부모님들도 놀기만 하고 자기계발을 하지 않으면서 아이들에게 공부를 열심히 하기를 바란다.

최소한 기본적인 의사소통은 할 수 있을 정도의 중국어 실력은 갖추고 놀았으면 한다. 또 앞으로는 놀기만 좋아하는 학생들 말고, 공부도 열심히 하면서 놀기도 잘 노는 그런 유학생들이 많이 생겼으면 좋겠다.

03

청화인을 꿈꾸던 나

하현지(청화대학 영어과)

어디로 대학을 가야 할지 한창 고민을 하던 고2 시절, 부모님은 발전 가능성이 높은 중국을 추천해 주셨고, 난 부모님의 추천에 따라 중국으로 유학을 오게 되었다.

중국인 학교에 들어가서 공부를 해야 했던 나는, 방학을 이용해 아침 8시부터 오후 4시까지 중국어 과외를 계속 받았다. 그리하여 한 달이라는 짧은 기간에 중국어 기초 책 3권 정도를 마칠 수 있었다.

언어를 배우려면 그 나라에 가서 그 나라 사람들과 어울려서 배워야 한다는 말에 기숙사가 있는 학교로 가 중국인들과 기숙사 생활을 하게 되었다.

그 당시 나의 중국어 실력은 그냥 인사말 몇 마디, 아주 기본적인 대화를 하는 정도로 친구들과 의사소통은 불가능했다. 수업 시간에 수업을 들으면서도 그냥 공상을 하는 경우가 더 많았다. 따라가려고 애를 썼지만 수준 차이가 너무 많이 났다.

그래도 중국인들과 같이 생활을 해서 그런지 나의 회화 실력은 정말 빠른 속도로 늘었다. 친구들과 사생활 얘기 정도는 가능했다.

당시 공부가 너무 힘들어 그 정도 실력에 만족하고 학업에 더 이상 신경을 쓰지 않았다. 한국 유학생은 내신 관리는 필요가 없으니까 공부는 할 필요가 없다고 생각했다. 수업 시간에 잠을 자기도 했고, 선생님이 내준 숙제는 하지도 않는 경우가 더 많았다. 그렇게 몇 달을 시간 낭비를 하며 살았던 것 같다.

점점 중국이라는 나라에 적응이 되고, 이제 친구들도 어느 정도 사귀게 되면서 나는 유학생활에서 실패하는 사례 몇몇을 주변으로부터 들을 수 있었다. 그런 얘기들을 들으면서 나도 그렇게 되어 가는 것이 아닌가 하는 두려움이 밀려왔고, 타국에 와서 공부는 안 하고 이렇게 놀고 있는 내 자신이 한심해지기 시작했다. 무언가를 해야겠다라고 생각을 했다. 중국에서 최고라고 불리는 청화대학교 그리고 북경대학교를 목표로 공부를 하기 시작했다.

입시를 위해 모인 한국 학생들과 공부를 하면서 정말 너무나 힘든 일도 많았다. 중국에 온 기간도 짧아 다른 아이들보다 2배로 노력하여 중국 고대 시, 단어, 한자들을 외워야 했고, 교과서 해석이 안 되는 부분도 너무 많아 스트레스를 많이 받았다. 가끔은 정말 HSK 6급을 가지고 갈 수 있는 대학도 가고 싶었고, 굳이 이렇게 어려운 길을 걸어야 하나 하는 생각도 많이 들었다.

그럴 때마다 내가 이 길을 선택함으로 인해 내가 가질 수 있는 밝은 미래 그리고 나의 꿈을 생각했고, 부정적인 생각을 머릿속에서 떨쳐 버리려고 했다. 핸드폰을 어머니께 드리고, 인터넷을 끊고, 그렇게 열심히 6개월을 열심히 공부했다.

잠이 와도 덜 자려고 노력했고, 다른 학생들이 나가서 술을 마시고 놀면, 나가지 않고 앉아서 공부를 했다. 역시 어디서나 마찬가지로 노력은 결과를 배신하지 않는 것 같다. 6개월 동안의 나의 노력 덕분에 나는 청화대학교에 합격할 수 있었다. 대학교에 들어오면 그래도 뭔가 쉬워질 줄 알았다.

그런데 그건 큰 착각이었다. 대학교에 들어와서 나는 중국어 공부를 더 열심히 해야 했다. 교수님들의 강의는 고등학교 때보다 더욱더 빨랐고 유학생들이라고 우리를 배려해 주는 경우도 많이 드물었다. 중국 친구들과 경쟁을 해야 했고, 그만큼 더 노력을 해야 했다.

대학교에선 배울 것이 더 많은 것 같다. 중국 최고의 대학교에 합격했다고 자만하지 않고, 자기의 꿈과 야망을 위해 열심히 노력하고 공부하는 중국 학생들의 모습을 보며 무언가 배울 것이 있다고 느꼈다.

고등학교 때 기숙사 생활을 하면서 내가 가지고 있던 중국의 이미지를 많이 바꿀 수 있었다. 중국에 오기 전 중국 사람들은 잘 씻지도 않고, 옷도 많이 갈아입지 않고, 정말 더럽다고 들었다.

하지만 기숙사 생활을 하면서 중국 사람들은 아침에도 일찍 일어나서 씻고 자기 미래를 위해 열심히 노력하는 모습에 많은 감동을 받았다. 학원을 다니지 않고 오로지 자습으로만 대학을 준비하는 모습에도 우리나라와 다른 점을 발견할 수 있었던 것 같다.

많은 사람들이 중국은 도피 유학을 하는 장소라고 생각한다. 하지만 나는 중국으로 유학 온 것에 대해 후회하지 않는다. 내가 나의 목표를 이룬 장소라고 생각하기 때문이다. 앞으로도 내 인생의 목표를 세우고, 그 목표를 이루기 위해 어디에서라도 노력하도록 할 것이다.

주변의 너무 많은 유혹들로 인해 유학생활에 실패하는 경우도 너무 많다. 하지만 목표를 세우고 시작한다면 유학생활이 달라질 것이라고 믿는다. 어떤 목적이든 유학생활을 하면서 목표를 달성했다면 그것은 성공적인 유학생활이라고 생각한다.

목표를 이루기 위해 노력을 하면서 몇 번의 슬럼프, 또 많은 유혹들이 있을 것이다. 어떤 나쁜 유혹에 빠질 것 같으면, 내가 처음에 유학을 왜 왔는지, 나의 목표가 무엇인지, 날 위해서 고생하고 계시는 부모님을 마음속으로 생각하면서 하루하루를 생활한다면 우리나라 유학생들이 이렇게 큰 중국 땅에서 많은 것을 얻고 배울 수 있을 거라고 믿는다.

중국은 비전이 있는 나라이다. 인구가 너무 많아서 더럽고 수준이 떨어지는 사람들도 많이 볼 수 있지만, 우리나라 인구보다 더 많은, 미국보다 더 많은 부자들이 살고 있는 나라가

중국이다. 중국은 정말 배울 것이 많은 나라이다. 시각적으로
보이는 것만으로 중국을 무시하고 유학생활을 한다면, 유학생
활을 결코 즐기지 못할 것이다. 무엇 하나 더 배우려고 하는
자세 그리고 내가 무엇을 해야 하겠다는 목표, 이 두 가지가
유학생활을 하면서 가장 중요한 것이 아닐까 싶다.

04

베이징 하늘에 희망을 쏘다
이소연(청화대학 영어과)

　중학교를 마치고 중국으로 유학을 오게 되었다. 한국인이 많은 곳에서 한국인끼리 모여 지내다 보면 외국어를 배우기가 어렵다고 생각하신 부모님은 외국인이 매우 적은 지역을 택하셨다. 학교는 국제학교가 아닌 로컬학교를 다녔는데 유학생이 정말 단 한 명도 없는 학교였다.

　한국에서 미리 중국어 공부를 해온 것도 아니었고, 전혀 모르는 상태에서 하루 종일 수업을 듣는 것은 고문이나 마찬가지였다. 모든 과목 중에서 유일하게 영어 수업만 알아들을 수 있었기에 그전까지 영어 실력이 형편없던 나는 영어에 흥미가 생겨 영어를 잘할 수 있게 되었고 그때 공부했던 것이 나중에 입시 때 큰 도움을 주었다. 그 1년 동안 영어를 제외한 다른 수업은 정상적으로 따라갈 수가 없어서 나중에 다시 공부하느라 애를 먹었다.

　외국인을 한 번도 받아본 적이 없는 학교라 유학생을 위한 중국어 수업이 따로 있을 리가 없었다. 결국 처음 1년 동안은 오전만 학교를 가고, 오후에는 집에서 조선족 선생님에게 중국어를 배웠다. 6개월이 지나자 중국어가 조금씩 들리기 시작했고, 1년이 되자 간단한 회화를 구사할 수 있게 되었다. 그전까지는 친구들과 영어로 대화했는데 나도 불편하고 친구들도 불편해 해서 친해지기가 어려웠다. 그러나 내가 중국어로 얘기할 수 있게 되자 친구들과 조금씩 친해지게 되었고 고문이었던 학교생활이 점점 괜찮아졌다.

처음 1년이 지나고 HSK를 쳤다. 내가 있던 곳에서는 HSK 교재도 없고 학원도 없었는데, HSK에 관해 잘 몰랐던 나는 한국과 북경에서 교재를 구입해서 혼자 공부해야 했다. 북경에 가서 시험을 치렀고 아슬아슬하게 8급을 획득할 수 있었다. 자신감이 생긴 나는 다음해에 고급 HSK시험을 치러 11급을 받았는데, 11급이 나에게 도움을 준 동시에 부담을 안겨주었다. 중국어를 체계적으로 배우지 않아서인지 HSK시험은 잘 봤지만 학교에서 치르는 어문과목의 시험에선 좋은 성적을 거둘 수가 없었다.

고3 겨울방학 때 입시 준비를 위해 북경으로 오게 되었다. 사실 올 수밖에 없었다. 대학을 가기 위해 어떤 준비를 어떻게 해야 하는지에 대한 정보가 전혀 없었기 때문이다. 그렇게 학원을 다니게 됐고 북경대를 목표로 공부했다. 그동안 중국 아이들과만 지내다 보니 다른 유학생들과 교류할 수도 없었고 또 공부는 어떻게 얼마나 하는지도 전혀 알 수가 없었는데, 학원을 다니면서 다른 유학생들을 보고 내 위치를 가늠할 수 있었다.

학원에 늦게 등록해서 다른 애들보다 늦게 시작한 만큼 처음에는 공부하는 데 굉장히 힘들었다. 소홀히 생각했던 것들을 다시 제대로 공부해야 했다. 열심히 했지만 북경대에 낙방하고 청화대에 입학을 하였다.

유학생이 적은 곳으로 유학을 가면 확실히 중국어는 빨리 배우게 되는 것 같다. 또 내가 다니던 학교가 외국인을 처음 받는 학교라서 비자를 만들 때에도 내가 직접 처리했는데 그때의 경험들이 중국어를 빨리 배우게 도와준 것 같다. 하지만 그 반면에 유학생에게 불리한 점도 많다. 우선 유학생에게 유익한 정보가 너무나 부족해서 앞으로의 방향을 잡기가 힘들다는 것인데, 나도 고3 때 그것 때문에 무척 힘들었다. 어느 대학을 가야 할지, 무엇을 어떻게 준비해야 하는지, HSK나 입시 준비를 하기에도 좋은 환경이 되지 못했다.

지금 생각해보면 부모님의 결정에 감사드린다. 유학생이 없는 곳에 유학을 보내주신 건 정말 다행이라고 생각한다. 덕분에 중국어를 비교적 빨리 배울 수 있었으니까. 그렇지만 아쉬움으로 남는 것은 내 고등학교 시절이 무미건조했다는 것이다. 나중에 중국어를 할 수 있게 되었지만 간단한 중국어였을 뿐이고 아무래도 감정표현을 다 하기엔 힘들었는데 그 때문인지 중국 친구들과 깊게 사귈 수가 없었다. 또 외국인이 적은 곳이라 나를 신기하게 보았지만, 외국인 친구는 낯설어서 그런지 거리감을 느꼈을 수도 있다. 나도 가까워지고 싶었지만 중국 친구들 사이의 벽을 느꼈다. 모두들 나에게 잘해주었고 많이 신경 써줬지만 왠지 모를 거리감이 느껴졌다. 한국에서 중학교를 다닐 때에는 친구들과 함께한 즐거운 추억이 참 많았는데 고등학교 와서는 그런 것들이 없어서 많이 힘들었고 또 외로웠다. 그렇게 힘들 때 가족들이 함께 있어서 얼마나 다행이었는지 모른다. 특히 엄마가 있어서 정신적으로 많은 도움이 되었다. 고등학교 때 난 스스로 이미 다 컸다고 생각했지만 그래도 부모님이 필요한 시기였나 보다.

새삼 지난 유학생활을 되돌아보니 느낀 것이 많다. 나중에 대학을 졸업하고 지난 대학생활 4년을 되돌아봤을 때 후회스럽지 않도록 열심히 해야겠다.

05 아름다운 사회를 향하며

서병준(청화대학 정보관리학과)

중국. 내 20대의 반을 함께한 곳이며 지금도 내가 소재하고 있는 곳. 중국유학을 꿈꾸는 학생들과 학부모님들에게 이곳에서 있었던 나의 일상들과 주위 사람들의 사례를 통해 무분별한 중국유학 계획이 아닌 현실을 직시한 중국유학 계획을 세울 수 있도록, 자신 또는 자제분들의 인생 진로 결정에 도움이 되고자 20대의 끝자락에서 바라본 중국유학 수기를 적어본다.

내가 중국유학을 결심하게 된 건 2001년 초 대학 진학을 앞두었을 때였다. 아버지가 중국에서도 사업을 확장하시던 터라 북경에 자주 계시게 되었고 북경의 명문대학에 욕심이 있으셔서 중국유학을 권유하셨다.

누나 역시 호주의 명문대학에 재학 중이어서 유학에 대한 두려움 없이, 어린 나이에 유학이라는 말에 귀가 솔깃해 바로 중국어 준비를 시작했다. 성조와 병음, 독음을 마칠 무렵 이곳저곳 알아본 끝에 대한민국 신체 건장한 남자에겐 국방의 의무가 있기 때문에 유학을 하기 위해서는 보증인까지 필요하다는 것을 알게 되었다. 부모님의 번거로움을 덜어드리기 위해, 또 '집에서 새는 바가지, 밖에서도 새는 일'을 사전에 방지하기 위해 유학을 접게 되었다.

그리고 맞이한 대학생활. IMF로 위태로웠던 국가 경제가 한층 나아졌을 무렵 화려한(?) 대학교 1년의 생활을 마치고 그해 12월 말썽꾸러기 아들에서 어른이 되고자 군에 자원입대를 하였다. 26개월의 군복무 기간 동안 특수한 부대의 사정으로 정기휴가 외에는 바깥구경을 거의 하지 못하였으며 덕분인지 본의 아니게 정신적, 육체적으로 고독한 유학생활을 버틸 수 있게끔 단련되었다.

병장 진급 무렵, 어렸을 때 배워둔 영어로 한국에서 개최한 2003 DAEGOO UNIVERSIADE에 통역병으로 파견되어 외국인들을 접하면서 잊었던 유학의 꿈이 다시금 기승을 부리기 시작하였다.

제대 직후 복학할 것인지 유학의 꿈을 다시 펼쳐 볼 것인지 아직 결정이 되지 않았을 무렵, 아버지로부터 다시 한 번 중국 유학의 권유를 받았다. 제3국의 유학도 생각이 있었으나 제대 후 23살의 나이에 이미 어른이 되었다고 생각한 나는 부모님의 짐을 조금이나마 덜어드리기 위해 중국유학을 결심하게 되었다.

2004년 3월 1일. 설레는 마음으로 조국을 떠나 북경에 도착, 나의 유학생활은 이때부터 시작된다. 그저 어학이나 하러 온

유학의 발걸음이 아닌 '성공'이라는 두 글자로 반드시 금의환향하겠다는 굳은 결의로 북경 ○○학원을 등록했다. 그곳의 기숙사 체제의 어학연수 코스체제를 선택하여 아침 6시 반 기상, 30분 체력단련 및 샤워, 조식, 7시 20분 학원 등교의 규칙적인 생활 습관을 만들었다. 그리고 모든 학업은 기초가 중요하다는 말을 새겨듣고 식사 시간을 제외한 모든 시간을 어학에 투자하였다. 덕분에 4월 중순경에는 bo, po, mo, fo부터 시작한 중국어 교재를 타 학생들보다 빠른 속도로 끝내고 월반을 했다. 중국어를 만만하게 본 나는 겁도 없이 홀로 여행을 떠났다.

일주일이 채 못 되는 짧은 여정 동안 본인의 자만에 대한 어리석음을 크게 깨닫고 학원으로 돌아와 다음 학업과정에 충실히 임했다. 1학기 과정을 등록했지만 학원의 피치 못할 사정으로 입시준비 기간까지 학업을 잠시 쉬기도 하였다.

2004년의 어느 여름날, 그해 다가오는 9월이면 중국 전역의 대학들이 신입생을 맞이하는 시기이므로 유학생들 역시 학교 입학을 위해서는 원하는 학교에 입학원서를 제출하여야 했다. 대부분의 학교들은 무시험 입학제도도 있었으나 앞에서도 언급한 바와 같이 금의환향하겠다는 큰 포부가 있었기에 청화대학 이공계열에 도전하고 싶었다. 그리고 언제나와 같이 주어진 단 한 번뿐인 기회, 힘이 들 것이라는 점, 불가능할지도 모른다는 불안감도 있었지만 주어진 기회에 감사하며 일단 도전했다. 그리고 8월 말 찾아온 학원에서의 개인별 능력평가 시험. 이미 학업에서 손을 뗀 지도 오래 되었고 군대도 다녀왔던 터라 입학 성적은 실로 말하기도 부끄러운 전 과목 한 자리 점수. 시험지를 받았을 땐 절망적이었다. 과연 내가 다음해 5월에 있을 입시시험에 통과할 수 있을까. 내가 해야 할 과목, 수학, 물리, 화학, HSK 6급(이 당시에는 영어가 없었다), 앞이 깜깜했다.

그때 내 상황에 맞는 좋은 생각이 떠올랐다. 전에 흘려들은 얘기로, 누군가 선생님이나 교수님을 모시고 살며 입시 준비를 했다는 말을 들은 적이 있었다. 그래서 전에 친분이 있던 수학 선생님께 찾아가 자초지종을 말씀드리고 도움을 구하였더니 흔쾌히 허락하셨고 아버님께도 도움을 청하였고 승낙을 하셨다. 선생님을 모시고 산다는 것이 반드시 쉬운 일이 아니라는 것은 다 알 것이다. 나이 차, 성격 차, 내 개인 사정, 선생님의 개인 사정. 하지만 나의 꿈은 너무나도 컸기에 모든 것을 인내해낼 수 있었던 것 같다. 모시고 사는 선생님의 지도 하에 역시나 6시 반 기상 운동 및 샤워, 7시 20분 등교, 8시부터 하루 학업의 시작. 저녁 9시까지 학원 규정대로 공부를 하고 9시 반 열차를 타고 집으로 돌아와 씻고 일주일에 3회 수학 과외. 처음에 공부하는 것에 숙달되지 않았던 나에게는 너무나도 힘든 일정들이었으나 힘겹게 참아내며 꿈을 향해 앞으로 전진하였다. 다음으로 찾아온 고비는 학원 수업 문제였다.

나는 학원 체제도 중요하지만 본인의 학습능력을 먼저 아는 것이 더 중요하다고 생각한다. 중국어 학습 기간이 짧았던 나로서는 수학 기호조차 낯선 나에게 무용지물의 수업이었고 학원 규정을 어기고 수업을 듣지 않고 수학 기호들이 익숙해질 무렵까지 한 달여를 자습실에서 공부했다. 다음으로는 HSK 시험이 문제였다. 입학을 하려면 HSK 6급이 필요하였고 학원 입학은 9월 중순, HSK 시험은 12월 초였다. 이 짧은 시간 안에 급수를 얻어 놓지 못하면 다음해 5월에나 있는 다음 시험을 치러야 했다. 한어공부도 놓을 수가 없고, 이공계 수업을 같이 들어야 하므로 고작 한어 한 과목에 발목 잡힐까 두려웠다.

기회는 왔을 때 잡아야 한다. 다른 과목들이야 아직 바닥권이었지만 수학 점수는 차근차근 오르고 있었고, 한어시험만 끝난다면 이 짧은 기간에 6급만 얻을 수 있다면 대학 입학이 꿈만은 아닐 것이라고 자기 자신에게 최면을 걸며 한어시험 공부에 큰 비중을 두었다. 그리고 그해 12월, 시험을 마치고 결과에 연연하지 않고 더 이공계 공부에 박차를 가했다. 1월 한어시험 결과 발표 후 나는 더 자신감을 가지고 공부를 하게 되었고 2005년 2월 시험에서 처음으로 수학 부문에서 통과점수를 얻으며 그동안 노력에 작게나마 보답을 받았다.

그리고 어쩌면 이 일로 해이해져 버렸을지도 모르는 정신 상태를 다시 꽉 옭아매줄 대상들이 등장했다. 바로 각 지방에서 공부하던 조기유학생들이었다. 중국어를 한국어만큼 구사하며 각 과목 성적이 우수해 곧장 학원 상위권을 차지해버렸다. 승부욕이 강한 나로서는 그들의 등장이 큰 자극으로 작용했던 것 같다.

이렇게 꾸준히 각 과목별로 중요도에 맞춰 알맞은 학습을 하였고 그해 5월 나는 그동안의 노력을 확인받기 위해 시험장을 향하였다.

인생에서 처음으로 마음을 먹고 공부를 했던 터일까. 고사장을 향하는 발걸음은 두 번째임에도 불구하고 긴장감으로 가득해 5월의 따뜻한 햇살과 시원한 기온조차 느낄 수 없었다. 긴장되는 마음으로 시험을 마치고 내가 할 수 있었던 건 기다림뿐. 합격자 발표일, 그날의 쾌감은 평생 잊을 수 없을 것이다. 해냈다는 성취감과 갈망하고 염원하던 것을 이루어 내었다는 말로 표현할 수 없는 그 어떤 짜릿함. 그날은 평생 기억될 것이다.

나는 현재 청화대학 정보관리학과 4학년에 재학 중이며 자유로운 대학생활의 황혼기에 서 있다. 대학생활 4년을 돌이켜 보니 새삼 느낀 바가 많았다.

대학이라는 곳은 앞으로의 인생을 결정하는 데 있어서 매우 중요한 위치이다. 주어지는 자유와 시간을 분배하고 즐기는 법을 배우고 진로를 결정하여야 하며 그에 맞게 노력하여야 한다. 또한 각기 다른 환경에서 살던 사람들이 어우러져 살아가는 사회의 첫 단계이기에 학업뿐만 아니라 대인관계에도 배울 것이 많은 곳이다. 대학에서 자유라는 것이 아름답고 달콤하지만 잘못 사용하면 나에게 큰 해를 입히는 무서운 양날의 검이라는 것을 깨달았다. 내 주위에 같이 입학했던 많은 동기들 및 선후배들이 중도에 학업을 그만두거나 졸업하지 못한 채로 학업을 마무리 지어야만 했다. 그것을 보며 그들 인생이 잘못된 것은 아니지만 자유를 잘못 사용한 것이 아닐까라고 조심스레 생각해 보았다.

최고의 법학도를 꿈꾸며

임두현(북경대 법학과)

마지막 시험, 영어시험을 남겨두고 원래 영어는 좋아하는 편이라서 조금 편안한 마음으로 시험장에 입장할 수 있었다. 그래도 누가 그랬던가, 입시는 실력도 실력이지만 운도 많은 작용을 한다고.

그래서 끝까지 마음을 놓지 않으려고 노력했다. 그렇게 시험이 끝이 났다. 2007년 9월 25일부터 2008년 4월 13일까지의 길다면 엄청 길고, 짧다면 엄청 짧은 입시가 끝이 났다. 이제 당락을 결정짓는 것만을 남겨 놓고 있다. 얼마나 치열했는지, 이제서야 4월의 공기가, 바람이, 주변에 피어 있는 꽃들이 눈에 들어오기 시작한다. 그리고 주변에 또 바쁘게 다니는 사람들까지도. 입시 기간 모든 정신을 '입시' 이 두 글자에 맞춰놨던 나라서(모두가 그랬었겠지만) 너무나도 많은 당연한 것들이 새롭게 느껴졌다. 그리고 그렇게 느끼는 나 스스로에게 격려와 칭찬을 아끼지 않았다. 결과 발표까지의 시간은 아직 많이 남

하동인(국제관계학원), 임두현(법대) 북경대 도서관 앞에서

아있지만. 7, 8개월간의 시간을 돌이켜보면 정말 멋진, 명품 같은 생활을 했기 때문이다.

똑똑히 기억한다. 9월 24일 북경대학의 입시를 준비하기 위해 입시학원으로 발걸음을 옮겼다. 앞으로 공부를 할 기숙사에 짐을 빨리 풀고, 이제 정말 출발점에 섰다는 생각을 하며 항상 가지고 다니는 일기장을 펴 다짐과 목표를 써내려갔다.

2007년 9월 25일 (목)

두현아, 이제 정말 출발점에 서 있다. 처음 중국을 올 때 북경대 가야지라는 마음을 먹고 온 지가 벌써 3년 그리고 지금 정말 북경대와 마주하고 공부를 시작하려고 한다.

고1 때 많이 쳐지는 중국어 실력에도 불구하고 중국 애들과 같이 공부 아닌 공부를 하며 항상 많이 부족했지만, 한 번도 고개를 숙이지 않고 넘어져도 다시 일어나고 매일 밤을 새워가며 공부를 했다. 그때 그렇게 쓰러지지 않게 마음을 잡아 준 것이 바로 북경대였다.

그때 당시 생각했다. "내가 여기서 고개 숙이고 못하는 것을 인정해버린다면 과연 내가 목표로 하는 북경대는 어떻게 갈 것이며, 또 가더라도 정말 중국 천재들과 어떻게 경쟁을 하며 버텨낼 것인가, 아니 어떻게 이길 것인가."

그리고 한국에서 부모님께 했던 다짐이 생각났다. "공부할 상황만 만들어 주세요. 공부는 제 스스로 하는 거니깐. 상황만 만들어 주면 열심히 하겠습니다."

그렇게 중국어 실력과 의지를 갈고 닦은 기나긴 준비 기간. 그리고 이제 정말 실전만을 남겨두고 시작을 하려고 한다. 항상 잘 알고 있듯이 내 머리는 좋지 않다. 그러나 나는 뭐든지 다 할 수 있다.

이제부터는 절대로 약해져서도 안 되고 무슨 일이 있어도 공부에 초점을 더더욱 맞춰야 하고 설령 거만하다는 느낌을 사람들에게 심어줄 수 있어도 무조건 넘치는 자신감으로 스스로의 불안감을 이겨내야 한다. 그렇다면 내년 4월 기분 좋게 웃을 수 있도록 열심히 생활하자. 멋진 생활을 한다면 공부는 내 손에 달려 있는 것이다.

그렇게 시작된 입시 명품생활을 만들어냈다. 저녁 11시 30분에, 늦어도 12시 30분에는 무조건 취침을 그리고 아침 6시 30분~7시에는 무조건 기상을, 식사는 한 끼도 놓치지 않고, 남는 시간은 책을 보고, 수업 시간 사이사이 10분 쉬는 시간을 하루 모으면 1시간이라는 시간이 나오니 그 시간에 숙제 또는 복습을. 그리고 기숙사로 돌아와서 30분 취침을 그리고 간단한 운동을 했다. 자습시간에는 하루하루 계획을 짜서 한 시간씩 모든 종류별 공부를 골고루 했고, 그렇게 하루가 지나갔다.

이렇게 시작된 명품생활은 시행착오를 겪어가며, 내 생활리듬에 맞춰 좀 더 구체적으로 계속 보완했다. 심지어 하루 커피를 마시는 시간도 정했다. 그리고 입시를 2주 앞둔 시점에선 역시 수면 시간을 줄여 5시에 일어나서 공부를 했다. 유일한 취미, 책보기……

지금 와서 돌이켜 보면 스스로도 정말 대견할 정도로 멋진 생활을 했던 것 같다. 현 북경대 법학과 2학년에 재학 중인 나는 예전 같은 규칙적인 생활을 하지 않는다. 왜냐하면 역시 대학은 또 다른 규칙이 존재하기 때문이다. 규칙이 제일 없으면서도 또 제일 엄격한 규칙이 존재하는 것이 바로 대학인 것 같다, 쉽게 변칙이라고나 할까?

입시가 끝나고 기대하고 기대하며 들어온 대학, 모두가 입시할 때와 같이 생활한다면 못할 것 없다. 하지만 대학은 또 다른 많은 생활이 존재한다. 이 모든 것들은 자신의 선택에 의해 행하기에 더더욱 많은 책임을 물게 된다. 그렇다고 고등학생처럼 지낸다면 그것 역시도 대학생활을 진정으로 즐기는 방법이 아니라고 생각한다. 나 역시 대학생활을 아직 얼마 하지 않았지만, 그래도 한 학기 한 학기 많은 변화를 주며 살아 보려고 한다. 스스로를 시험해보고 싶기 때문이다. 얼마나 내가 더 많은 일을 해낼 수 있을까? 어떤 일이 진정으로 나에게 이득이 되는 것인가?

내가 위에 로봇 같은 생활을 명품생활이라 자칭해가며 적어 놨지만 입시는 힘들지만 가장 많은 추억을 만들 수 있는 기간이다. 로봇 같은 생활을 하면서도 마음 맞는 친구들을 많이 만들었고, 어려울 때 연락을 할 수 있는 선생님들을 알게 되었다. 그리고 한 번씩 청승 떨 때 곱씹을 수 있는 추억을 많이 간직할 수 있었다.

각자 가는 길은 다르겠지만 모두가 열심히 해서 함께 정상에서 만났으면 좋겠다.

★ 한국 대학 → 중국 대학 편입 시 주의할 점
① 한국에서 중국 대학으로 편입할 시에는 동일 전공으로 밖에 편입이 되지 않습니다.
② 동일전공의 범위도 극히 제한적이며, 한국의 중국어 관련학과(중문과, 중국어과, 중어중문학과, 관광중국어과 등)에서 중국의 중국어 관련학과(대외한어과, 중문과)로밖에 편입이 안 됩니다.
③ 예외로 중국의 일부 대학에서는 경제계열(한국) → 경제계열(중국)이나 어문계열(한국) → 어문계열(중국) 등의 동일 전공의 편입이 가능한 대학들이 있습니다.

★ 중국 대학 → 한국 대학 편입 시 주의할 점
① 중국 대학에서 한국 대학으로 편입할 때는 동일 학과로 편입이 가능하며, 편입 지원 자격은 외국의 대학에 2년 이상 수업과정을 거치며, 졸업 학점의 절반 이상 학점을 이수해야 하며, 전공과목에 관한 편입시험을 봐야 합니다(대외한어과생이나 중문과생 모두 지원 가능).
② 매년 결원이 생기면 편입시험이 열리게 되며 한국의 각 대학 교학처로 문의하면 됩니다.
③ 참고로 편입 시에는 전공과목의 시험을 보게 되는데 최소한 HSK 9급 이상이 되어야 응시해볼만 합니다.

편입 가능한 학교 (2009년)

NO	학교명	HSK조건	신청비	학 비	신청마감일	편입전공	학 점	편입시험	최고편입 학년	비 고
1	북사대	HSK 급수 없어도 신청 가능 함.	¥500	¥12400/학기	~12월15일	대외한어	학점 보충 불가능.	12월20일	2학년 1학기	반드시 대외한어과 혹은 중문과 본과 1년 학습경력 증서 있어야 함.
2	북경외대	2학년 : 5급 3학년 : 7급	¥400	¥12150/학기	~12월30일	대외한어	학점 인정, 보충 가능.	개학후 한어필기시험.	3학년 1학기	본과 학습경력 없어도 신청 가능함.
3	수사대	2학년 : 6급 3학년 : 7급	¥450	¥10800/학기	3월학기 : 12.29	대외한어	학점 보충 불가능.	개학후 한어필기시험.	3학년 1학기	반드시 대외한어과 혹은 중문과 본과 학습경력 증서 있어야 함.
4	어언대	2학년 : 6급	¥800	¥23200/년	3월학기 : 12.29	대외한어	학점 인정 불가능. 보충 가능.	개학후 한어필기시험.	2학년 1학기	본과 학습경력 없어도 신청 가능함.
5	복장대	무	¥400	¥12360/학기		본과 전공	학점 인정, 보충 불가능.	면접.	3학년	해당 전공 본과 학습경력 있어야 함.
6	상해복단대	2학년 : 5급 3학년 : 6급	¥800	¥23000/년	9월학기 :	대외한어		개학후 한어필기시험.	3학년 1학기	9월 학기만 편입가능 함.
7	동제대학	2학년 : 5급 3학년 : 6급	¥410	¥10000/학기	3월학기 : 1.15	대외한어		편입시엽 미정.	3학년 1학기	본과 학습경력 있어야 함.(전과도 가능)
8	상해교통대	2학년 : 5급 3학년 : 6급	¥800	¥24800/년	9월학기 : 6월 말	대외한어		편입시엽 미정.	3학년 1학기	본과 학습경력 있어야 함.
9	상해사범대	2학년 : 5급 3학년 : 6급	¥420	¥19900/년	3월학기 : 1월 말 9월학기 : 8월 말	대외한어		12월 : 한어 필기시험 9월 : 한어필기시험		
10	천진대학	2학년 : 4~5급 3학년 : 5~6급	¥420	¥8300/학기	9월학기 : 8월 말	대외한어	학점 보충 불가능.	편입시험 무.	3학년 1학기	본과 학습경력 있어야 함.(전문대 가능.)
11	천진재경	2학년 : 5급 3학년 : 6급	¥400	¥7380/학기	3월학기 : 1월 말	본과 전공		전공 편입시험 없음. 면접전용.		(대외한어 전공 없음.)기타 전공 편입 가능함.

NO	학교명	HSK조건	신청비	학 비	신청마감일	편입전공	학 점	편입시험	최고편입 학년	비 고
12	천진공업대	2,3학년 : 문과 : 6급 이과 : 4급	$50	$2000/년	9월학기 : 6월	본과 전공		편입시험 없음. 면접전용.		(대외한어 전공 없음.)기타 전공 편입 가능함.
13	천진 외대	2학년 : 4급 3학년 : 6급	¥400	¥14600/년	9월학기 : 5월 말	대외한어		무시험.		3학년 편입시 : 편입금 : 2000원 지불해야 함.
14	남개대	2학년 : 5급 3학년 : 6급	¥300	¥2000/년	3월학기 : 1.26	대외한어	2학년 편입생 : 학점 비용 : ¥10000 지불하면 학교 자체에서 학점 보충 가능. 3학년 편입생 : 학점 보충 불가능.	무시험		3학년 편입시 본과 1년이상 학습경력 있어야 함.
15	천진사범대	2학년 : 3급 3학년 : 6급	¥240	¥14400/년	9월학기 : 6월 말	본과 전공		무시험		2학년 편입전공 : 대외한어+기타전공 3학년 편입전공 : 대외한어,한어언문화,한어언문학
16	절강대학	2학년 : 5급 3학년 : 6급	¥400	¥19800/년	9월학기 : 5월 말	대외한어	학점 인정 가능 함.	편입시험 무.		3학년 편입시 반드시 본과 2년이상 학습경력 있어야 함.
17	절강공업대	문과 : 6급 이과 : 4급	$30	$950	9월학기 : 8월 말	본과 전공	전공에 따라 학점 인정 가능 함.	전공실험 통과해야 함.		대응 전공이야만 편입가능 함.
18	남경대	2학년 : 5급 3학년 : 6급	¥400	¥9500/학기	3월학기 : 12월 말 9월학기 : 6월 말	대외한어	학교자체에서 학점 보충수료 가능 함.	편입시험 없음.		
19	흑룡강대학	3학년 : 6급	¥260	¥7750/학기	9월학기 : 8월 말	대외한어	학교자체에서 학점 보충수료 가능 함.	7월5일 : 한어필기 시험 9월5일 : 한어필기 시험		2학년 편입 : HSK 증서 없이도 가능.(어학연수 1년 수료 이상.) 3학년 : 어학연수 2년 수료 이상)

1년 반 만에 북경대·청화대 입학하기
– 이채경 엄마가 들려주는 두 아이의 중국유학 성공 풀 스토리

초판 1쇄 발행일 | 2010년 3월 22일

지은이 이채경
펴낸이 박영희
편집 이선희·김미선
표지 강지영
교정·교열 이은혜
책임편집 강지영
펴낸곳 도서출판 어문학사
　　　　132-891 서울특별시 도봉구 쌍문동 525-13
　　　　전화 : 02-998-0094 / 팩스 : 02-998-2268
　　　　홈페이지 : www.amhbook.com
　　　　e-mail : am@amhbook.com
　　　　등록 : 2004년 4월 6일 제7-276호

인지는 저자와의 합의하에 생략함

ISBN 978-89-6184-109-2 03980

정가 20,000원

※ 잘못 만들어진 책은 교환해 드립니다.